电梯安装与使用维修实用手册

第2版

李向东　姜　武　主编

机 械 工 业 出 版 社

本书是根据电梯安装维修工职业技能要求编写的，主要内容包括：电梯概述，电梯法律法规体系和相关标准，电梯机械系统，电梯电气控制系统，电梯安全保护与救援系统，电梯安装与技术检验，电梯改造与修理，电梯使用、管理、维护与常见故障排除等内容。

本书可供从事电梯安装、修理、维护和保养等工作的专业技术人员使用，也可作为职业院校电梯专业师生参考用书。

图书在版编目（CIP）数据

电梯安装与使用维修实用手册/李向东，姜武主编. —2版. —北京：机械工业出版社，2017.5（2022.6重印）

ISBN 978-7-111-56586-4

Ⅰ.①电… Ⅱ.①李… ②姜… Ⅲ.①电梯-安装手册②电梯-维修-手册 Ⅳ.①TU857-62

中国版本图书馆CIP数据核字（2017）第078402号

机械工业出版社（北京市百万庄大街22号 邮政编码100037）
策划编辑：林运鑫 责任编辑：王振国 责任校对：刘秀芝
封面设计：张 静 责任印制：常天培
固安县铭成印刷有限公司印刷
2022年6月第2版第4次印刷
184mm×260mm · 12.25印张 · 300千字
标准书号：ISBN 978-7-111-56586-4
定价：39.80元

凡购本书，如有缺页、倒页、脱页，由本社发行部调换

电话服务	网络服务
服务咨询热线：010-88361066	机 工 官 网：www.cmpbook.com
读者购书热线：010-68326294	机 工 官 博：weibo.com/cmp1952
010-88379203	金 书 网：www.golden-book.com
封面无防伪标均为盗版	教育服务网：www.cmpedu.com

前言

《电梯安装与使用维修实用手册》自 2000 年 5 月出版以来，已连续印刷多次，取得了较好的社会效益，受到了广大读者的欢迎和好评。

自 2000 年以来，我国电梯行业经过十几年的发展，不仅获得了突飞猛进的成果，并且具有了相当大的规模。根据统计数据，截至 2015 年年底，我国各类电梯生产制造企业已由 2000 年的 200 家发展到 696 家，在用电梯量已由 2000 年的 40 万台发展到 426 万台，约占全球在用电梯量的 28%。2015 年我国共生产电梯 76 万台，约占全球电梯产量的 65%，连续多年保持全球第一电梯生产大国地位，向全球 145 个国家和地区出口电梯 7.4 万台；另外，获得电梯安装改造维修许可的企业为 10326 家，持特种设备作业人员证的作业人员为 697843 人，电梯行业产值约 2000 亿元，电梯行业从业人员约 80 万人。我国已是世界上名副其实的电梯制造和使用大国。

现代科学技术的不断发展和进步，大大提高了电梯的技术性能。但是，电梯设备能否安全可靠地运行，不仅取决于电梯设备的内在质量，而且安装质量、日常维护保养情况以及使用管理等诸多因素，都会严重影响电梯安全正常运行。为此，我们组织了部分行业专家对《电梯安装与使用维修实用手册》进行了修订。另外，电梯属于特种设备，2013 年《中华人民共和国特种设备安全法》出台，电梯的监管工作走上了依法监管的轨道。本次修订也充分考虑了电梯技术和法律法规知识的最新进展。

本书的修订工作是由江苏省特种设备安全监督检验研究院完成的。修订后，本书共 8 章，增加了电梯法律法规知识和电梯改造知识，并且在对部分章节进行适当调整的基础上，对原手册的内容也进行了较大修改。

本书由李向东、姜武担任主编并负责统稿，查继明、刘兵、涂春磊、杨乐等参加了编写，具体分工如下：第 1 章由李向东编写；第 2 章由李向东编写；第 3 章由杨乐、李向东编写；第 4 章由姜武编写；第 5 章由查继明、涂春磊编写；第 6 章由刘兵编写；第 7 章由姜武、查继明编写；第 8 章由李向东、姜武编写。另外，本手册第 1 版的作者——蒋春玉、张元培、陈家芳等前辈对本书进行了审阅并提出了许多宝贵意见，在此向他们表示衷心的感谢和崇高的敬意！

由于编者水平有限，本书肯定有许多不足之处，恳请读者批评指正。

编　者

目录

第1章

电梯概述

1.1 电梯发展史

随着现代化建设的发展，电梯已成为建筑物中最重要的垂直交通运输工具，广泛应用于住宅、商业、工业、交通枢纽和各类社会公共服务的建筑中，是名副其实的社会公共产品。

截至2015年年底，我国在用电梯的数量已达426万台，约占全球电梯在用量的28%。2015年我国共生产电梯76万台，约占全球电梯产量的65%，连续多年保持全球第一电梯生产大国的地位，向全球145个国家和地区出口电梯7.4万台；取得电梯整机制造许可的企业为696家，获得电梯安装改造维修许可的企业为10326家，持特种设备作业人员证的作业人员为697843人，电梯行业产值约2000亿元，电梯行业从业人员约80万人。

电梯起源于古代农业和建筑业中的起重升降机械，如我国古代周朝时期，即公元前1000年左右，就出现了人力提升地下水使用的辘轳，即由竹或木制成的支架、卷筒、曲柄和绳索组成的简易卷扬机。公元前236年，古希腊的科学家阿基米德设计并制造出了由人力驱动的卷筒式卷扬机。这些竹、木结构的拖动机械，是以人力或畜力驱动的，其运动速度较低。自英国瓦特于1765年发明蒸汽机之后，1835年在英国出现了用蒸汽机拖动的升降机。1845年英国汤姆逊制作了水压升降机械，这是现代液压升降机——液压梯的雏形。

1854年，在美国纽约水晶宫举行的世界博览会上，美国人伊莱沙·格雷夫斯·奥的斯第一次向世人展示了他的发明——历史上第一台安全电梯。从那以后，随着高层、超高层建筑的大量涌现，电梯在世界范围内得到了广泛应用。

近30年来，电梯技术得到了突破性发展：

1）控制方式经历了手柄开关操纵、按钮控制、信号控制、集选控制和群控等发展阶段，控制元件则从继电器、可编程序控制器（PLC）发展到单片机等。

2）拖动方式从交流单速、交流双速、直流调速、交流调速发展到变频调速。

3）传动方式从蜗轮蜗杆、斜齿轮、行星齿轮发展到无齿轮的永磁同步曳引机。

4）从单层轿厢、双层轿厢电梯发展到一个井道运行两台电梯，大大节省了井道空间。

5）出现了不同外形的扇形、三角形、半棱形、圆形轿厢观光电梯，以及自动起动的自动扶梯和变速式自动人行道。

6）电梯的运行参数也屡屡创新纪录，速度为16~20m/s的电梯不断涌现。

1.2　电梯的分类

电梯的分类方法很多，常按类型、用途、额定速度、控制方式、驱动方式、机房型式、减速器型式、调速方式和《特种设备目录》等进行分类。

1. 按《特种设备目录》分类

电梯属于特种设备，按最新《特种设备目录》，电梯是一个种类，分为4个类别和10个品种，见表1-1。

表1-1　特种设备目录（电梯）部分

代码	种　类	类　别	品　种
3000	电梯		
3100		曳引与强制驱动电梯	
3110			曳引驱动乘客电梯
3120			曳引驱动载货电梯
3130			强制驱动载货电梯
3200		液压驱动电梯	
3210			液压乘客电梯
3220			液压载货电梯
3300		自动扶梯与自动人行道	
3310			自动扶梯
3320			自动人行道
3400		其他类型电梯	
3410			防爆电梯
3420			消防员电梯
3430			杂物电梯

注：电梯是指动力驱动，利用沿刚性导轨运行的厢体或者沿固定线路运行的梯级（踏步），进行升降或者平行运送人、货物的机电设备，包括载人（货）电梯、自动扶梯、自动人行道等。非公共场所安装且仅供单一家庭使用的电梯除外。

2. 按《电梯主参数及轿厢、井道、机房的型式与尺寸》标准（GB/T 7025系列标准）分类

（1）Ⅰ类　为运送乘客而设计的电梯。

（2）Ⅱ类　主要为运送乘客，同时也可运送货物而设计的电梯。

（3）Ⅲ类　为运送病床（包括病人）及医疗设备而设计的电梯。

（4）Ⅳ类　主要为运输通常由人伴随的货物而设计的电梯。

（5）Ⅴ类　杂物电梯。

（6）Ⅵ类　为适应大交通流量和频繁使用而特别设计的电梯，如速度为 2.5m/s 以上及更高速度的电梯。

3.《电梯、自动扶梯、自动人行道术语》（GB/T 7024—2008）分类

（1）乘客电梯。

（2）载货电梯。

（3）客货电梯。

（4）病床电梯。

（5）住宅电梯。

（6）杂物电梯。

（7）船用电梯。

（8）防爆电梯。

（9）消防员电梯。

（10）观光电梯。

（11）非商用汽车电梯。

（12）家用电梯。

（13）无机房电梯。

4. 按运行速度分类

（1）低速电梯　$v \leqslant 1m/s$ 及以下的电梯。

（2）中速电梯　$1m/s < v \leqslant 2.5m/s$ 的电梯。

（3）高速电梯　$2.5m/s < v \leqslant 6m/s$ 的电梯。

（4）超高速电梯　$v > 6m/s$ 或更高的电梯。

5. 按控制方式分类

（1）手柄操纵控制　电梯司机转动手柄位置（开断/闭合）来操纵电梯运行或停止。

（2）按钮控制　由轿厢内操纵盘上的选层按钮或层站呼梯按钮来操纵，某层站乘客将呼梯按钮揿下，电梯就起动运行去应答；在电梯运行过程中如果有其他层站呼梯按钮揿下，控制系统只能把信号记存下来，不能去应答，而且也不能把电梯截住，直到电梯完成前应答运行层站之后方可应答其他层站呼梯信号。

（3）信号控制　把各层站呼梯信号集合起来，将与电梯运行方向一致的呼梯信号按先后顺序排列好，电梯依次应答接运乘客。电梯运行取决于电梯司机操纵，而电梯在何层站停靠由轿厢操纵盘上的选层按钮信号和层站呼梯按钮信号控制。电梯往复运行一次可以应答所有呼梯信号。

（4）集选控制　在信号控制的基础上把召唤信号集合起来进行有选择的应答。电梯可有（无）司机操纵。在电梯运行过程中可以应答同一方向所有层站呼梯信号和操纵盘上的选层按钮信号，并自动在这些信号指定的层站平层停靠。电梯运行响应完所有呼梯信号和指令信号后，可以返回基站待命；也可以停留在最后一次运行的目标层待命。

（5）下集选控制　下集选控制时，除最低层和基站外，电梯仅将其他层站的下方向呼梯信号集合起来应答。如果乘客欲从较低的层站到较高的层站去，须乘电梯到底层基站后再乘电梯到要去的高层站。

（6）并联控制　并联控制时，两台电梯共同处理层站呼梯信号。并联的两台电梯相互通信、相互协调，根据各自所处的层楼位置和其他相关信息，确定一台最适合的电梯去应答每一个层站呼梯信号，从而提高电梯的运行效率。

（7）梯群控制　将两台以上电梯组成一组，由一个专门的群控系统负责处理群内电梯所有层站呼梯信号。群控系统可以是独立的，也可以隐含在每一个电梯控制系统中。群控系统和每一个电梯控制系统之间都有通信联系。群控系统根据群内每台电梯的楼层位置、已登记的指令信号、运行方向、电梯状态、轿内载荷等信息，实时将每一个层站呼梯信号分配给最适合的电梯去应答，从而最大程度地提高群内电梯运行效率，群控系统中通常还可以选配上班高峰服务、下班高峰服务、分散待梯等多种满足特殊场合使用要求的操作功能。

6. 按机械驱动方式分类

（1）曳引驱动电梯　依靠摩擦力驱动的电梯。

（2）强制驱动电梯　用链或钢丝绳悬吊的非摩擦方式驱动的电梯。

（3）液压电梯　依靠液压驱动的电梯。

（4）施工升降梯　电梯导轨加工成齿条，轿厢装上与齿条啮合的齿轮，电动机带动齿轮旋转使轿厢升降的电梯。

（5）其他驱动方式电梯　这种电梯数量较少，如螺杆式电梯等。

7. 按电梯机房型式分类

（1）有机房电梯　由建筑物内提供封闭的专门机房用于安装电梯曳引主机、控制柜、限速器等设备的电梯。

（2）无机房电梯　不需要建筑物内提供封闭的专门机房用于安装电梯曳引主机、控制柜、限速器等设备的电梯。

8. 按有无减速器分类

（1）有齿轮电梯　电梯的曳引机构由电动机、减速器（其中有蜗轮蜗杆、斜齿轮、行星齿轮等）和制动装置构成。

（2）无齿轮电梯　电梯的曳引机构由电动机和制动装置构成。

9. 按电梯调速方式分类

（1）交流单速电梯　使用单速小功率电动机，电梯直接起动和制动。

（2）交流双速电梯　采用交流双速电动机，制动时实行高速向慢速转换的电梯。

（3）直流调速电梯　采用直流供电并对直流电动机进行调速，从而达到对电梯运行速度实现无级调速的电梯。

（4）交流调压调速电梯　采用交流电动机，实行降压起动、能耗或者涡流制动，使电梯得到较好的起制动特性和舒适感的电梯。

（5）交流变频变压调速电梯　通过分别改变供电电源频率和电压的方式对交流电动机进行调速，从而达到对电梯运行速度实现无级调速的电梯。

1.3　电梯的主参数

电梯主参数包括额定载重量和额定速度，分别按优先数系 R5 和 R10 选取。《电梯主参

数及轿厢、井道、机房的型式与尺寸》（GB/T 7025 系列标准）规定了六个级别级的电梯主参数：

1. Ⅰ、Ⅱ、Ⅲ和Ⅵ类乘客电梯的主参数

1）额定载重量（kg）：320，400，450，600/630，750/800，900，1000/1050，1150，1275，1350，1600，1800，2000，2500。

2）额定速度（m/s）：0.4，0.5/0.63/0.75，1.0，1.5/1.6，1.75，2.0，2.5，3.0，3.5，4.0，5.0，6.0。

速度 0.5~6.0m/s 常用于电力驱动电梯。速度 0.4~1.0m/s 常用于液压电梯。

2. Ⅳ类电梯（通常用来运送货物）**的主参数**

（1）额定载重量

A 系列水平滑动门（kg）：630，1000，1600，2000，2500，3000，3500，4000，5000。

A 系列垂直滑动门（kg）：1600，2000，2500，3000，3500，4000，5000。

B 系列水平或垂直滑动门（kg）：2000，2500，3000，3500，4000，5000。

（2）额定速度

A 系列额定速度为（m/s）：0.25，0.40，0.50，0.63，1.00。

B 系列额定速度为（m/s）：0.25，0.40，0.50，0.63，1.00，1.60，1.75，2.50。

3. Ⅴ类电梯（杂物电梯）**的主参数**

1）额定载重量（kg）：40，100，250。

2）额定速度（m/s）：0.25，0.40。

注意：两种承载类型（单位面积的载荷）说明，A 系列装载符合《电梯制造与安装安全规范》（GB 7588—2003）或《液压电梯制造与安装安全规范》（GB 21240—2007）规定的可运载乘客和货物的载货电梯。B 系列装载不符合《电梯制造与安装安全规范》（GB 7588—2003）规定的载货电梯。

1.4　电梯常用术语

《电梯、自动扶梯、自动人行道术语》（GB/T 7024—2008）规定了电梯有关的术语。

1. 电梯类型术语

（1）电梯　服务于建筑物内若干特定的楼层，其轿厢运行在至少两列垂直于水平面或与铅垂线倾斜角小于 15°的刚性导轨运动的永久运输设备。

（2）乘客电梯　为运送乘客而设计的电梯。

（3）载货电梯（货客电梯）主要运送货物的电梯，同时允许有人员伴随。

（4）客货电梯　以运送乘客为主，可同时兼顾运送非集中载荷货物的电梯。

（5）病床电梯（医用电梯）　运送病床（包括病人）及相关医疗设备的电梯。

（6）住宅电梯　服务于住宅楼供公众使用的电梯。

（7）杂物电梯　服务于规定层站固定式提升装置。具有一个轿厢，由于结构型式和尺寸的关系，轿厢内不允许人员进入。

（8）船用电梯　船舶上使用的电梯。

（9）防爆电梯　采取适当措施，可以应用于有爆炸危险场所的电梯。

（10）消防员电梯　首先预定为乘客使用而安装的电梯，其附加的保护、控制和信号使其能在消防服务的直接控制下使用。

（11）观光电梯　井道和轿厢壁至少有同一侧透明，乘客可观看轿厢外景物的电梯。

（12）非商用汽车电梯　其轿厢适用于运载小型乘客汽车的电梯。

（13）家用电梯　安装在私人住宅中，仅供单一家庭成员使用的电梯。它也可安装在非单一家庭使用的建筑物内，作为单一家庭进入其住所的工具。

（14）无机房电梯　不需要建筑物提供封闭的专门机房用于安装电梯驱动主机、控制屏、限速器等设备的电梯。

（15）曳引驱动电梯　依靠摩擦力驱动的电梯。

（16）强制驱动电梯　用链或钢丝绳悬吊的非摩擦方式驱动的电梯。

（17）液压电梯　依靠液压驱动的电梯。

2. 电梯一般术语

（1）额定乘客人数　电梯设计限定的最多允许乘客数量（包括司机在内）。

（2）额定速度　电梯设计所规定的轿厢运行速度。

（3）检修速度　电梯检修运行时的速度。

（4）额定载重量　电梯设计所规定的轿厢载重量。

（5）提升高度　从底层端站地坎上表面至顶层端站地坎上表面之间的垂直距离。

（6）机房　安装一台或多台电梯驱动主机及其附属设备的专用房间。

（7）辅助机房（隔层、滑轮间）　因设计需要，在井道顶设置的房间，不用于安装驱动主机，可以作为隔音层，也可用于安装滑轮、限速器和电气设备等。

（8）层站　各楼层用于出入轿厢的地点。

（9）层站入口　在井道壁上的开口部分，它构成从层站到轿厢之间的通道。

（10）基站　轿厢无投入运行指令时停靠的层站。一般位于乘客进出最多并且方便撤离的建筑物大厅或底层端站。

（11）预定层站（待梯层站）　并联或群控控制的电梯轿厢无运行指令时，指定停靠待命运行的层站。

（12）底层端站　最低的轿厢停靠站。

（13）顶层端站　最高的轿厢停靠站。

（14）层间距离　两个相邻停靠层站层门地坎之间垂直距离。

（15）井道　保证轿厢、对重（平衡重）和（或）液压缸柱塞安全运行所需的建筑空间。注意：井道空间通常以底坑底、井道壁和井道顶为边界。

（16）单梯井道　只供一台电梯运行的井道。

（17）多梯井道　可供两台或两台以上电梯平行运行的井道。

（18）井道壁　用来隔开井道和其他场所的结构。

（19）井道宽度　平行于轿厢宽度方向测量的两井道内壁之间的水平距离。

（20）井道深度　垂直于井道宽度方向测量的井道壁内表面之间的水平距离。

（21）底坑　底层端站地面以下的井道部分。

（22）底坑深度　底层端站地坎上平面到井道底面之间的垂直距离。

（23）顶层高度　顶层端站地坎上平面到井道天花板（不包括任何超过轿厢轮廓线的滑

轮）之间的垂直距离。

（24）井道内牛腿（加腋梁）　位于各层站出入口下方井道内侧，供支撑层门地坎所用的建筑物突出部分。

（25）围井　船用电梯用的井道。

（26）围井出口　在船用电梯的围井上，水平或垂直设置的门口。

（27）开锁区域　层门地坎平面上、下延伸的一段区域。当轿厢停靠该层站，轿厢地坎平面在此区域时，轿门、层门可联动开启。

（28）平层　在平层区域内，使轿厢地坎平面与层门地坎平面达到同一平面的运动。

（29）平层区　轿厢停靠站上方和（或）下方的一段有限区域。在此区域内可以用平层装置来使轿厢运行达到平层要求。

（30）平层准确度　轿厢依控制系统指令到达目的层站停靠后，门完全打开，在没有负载变化的情况下，轿厢地坎上平面与层门地坎上平面之间铅垂方向的最大差值。

（31）平层保持精度　电梯装卸载过程中轿厢地坎和层站地坎间铅垂方向的最大差值。

（32）再平层（微动平层）　当电梯停靠开门期间，由于负载变化，检测到轿厢地坎与层门地坎平层差距过大时，电梯自动运行使轿厢地坎与层门地坎再次平层的功能。

（33）轿厢出入口　在轿厢壁上的开口部分，它构成从轿厢到层站之间的正常通道。

（34）轿厢出入口宽度（开门宽度）　层门和轿门完全打开时测量的出入口净宽度。

（35）轿厢出入口高度　层门和轿门完全打开时测量的出入口净高度。

（36）轿厢宽度　平行于设计规定的轿厢主出入口，在离地面以上 1m 处测量的轿厢两内壁之间的水平距离，装饰、保护板或扶手，都应当包含在该距离之内。

（37）轿厢深度　垂直于设计规定的轿厢主出入口，在离地面以上 1m 处测量的轿厢两内壁之间的水平距离，装饰、保护板或扶手，都应当包含在该距离之内。

（38）轿厢高度　在轿厢内测得的轿厢地板到轿厢结构的顶部之间的垂直距离，照明灯罩和可拆卸的吊顶应包括在上述距离之内。

（39）电梯司机　经过专门训练、有合格操作证的经授权操纵电梯的人员。

（40）液压缓冲器工作行程　液压缓冲器柱塞端面受压后所移动的最大允许垂直距离。

（41）弹簧缓冲器工作行程　弹簧受压后变形的最大允许垂直距离。

（42）轿底间隙　轿厢使缓冲器完全压缩时，从底坑地面到安装在轿厢底下部最低构件的垂直距离（最低构件不包括导靴、滚轮、安全钳和护脚板）。

（43）轿顶间隙　对重使它的缓冲器完全压缩时，对轿厢顶部最高部分至井道顶部最低部分的垂直距离。

（44）对重装置顶部间隙　轿厢使缓冲器完全压缩时，对重装置最高的部分至井道顶部最低部分的垂直距离。

（45）电梯曳引型式　曳引机驱动的电梯，曳引机在井道上方（或上部）的为上置曳引型式；曳引机在井道侧面的为侧置曳引型式；曳引机在井道下方（或下部）的为下置曳引型式。

（46）电梯曳引绳曳引比　悬吊轿厢的钢丝绳根数与曳引轮轿厢侧下垂的钢丝绳根数

之比。

3. 电梯功能术语

（1）火灾应急返回　操纵消防开关或接受相应信号后，电梯将直驶并回到设定楼层，进入停梯状态。

（2）消防员服务　操纵消防开关使电梯投入消防员专用状态的功能。该状态下，电梯将直驶回到设定楼层后停梯，其后只允许经授权人员操作电梯。

（3）独立操作（专用服务）　通过专用开关转换状态，电梯将只接受轿内指令，不响应层站召唤（外呼）的服务功能。

（4）紧急电源操作　当电梯正常电源断电时，电梯电源自动转接到用户的应急电源，群组轿厢按流程运行到设定层站，开门放出乘客后，按设计停运或保留部分运行。

（5）自动救援操作（停电自动平层）　当电梯正常电源断电时，经短暂延时后，电梯轿厢自动运行到附近层站，开门放出乘客，然后停靠在该层站等待电源恢复正常。

（6）防捣乱功能　当检测到轿内选层指令明显异常时，取消已登记的轿内运行指令的功能。

（7）地震管制　地震发生时，对电梯的运行做出管制，以保障电梯乘客安全的功能。

（8）运行次数计数器　对电梯的运行次数做出累计并显示的计数器。

（9）超载保护　电梯超载时，轿厢内发出音频或视频信号，并保持开门状态，不允许起动。

（10）满载直驶　轿厢载荷超过设定值时，电梯不响应沿途的层站召唤，按登记的轿厢内指令行驶。

（11）误指令消除　可以取消轿厢内误登记指令的功能。

（12）门受阻保护　当电梯在开、关门过程中受阻时，电梯门向相反方向动作的功能。

（13）提前开门　为提高运行效率，在电梯进入开锁区域内，在平层过程中即进行开门动作的功能。

（14）驻停（退出运行）　当起动此功能开关后，电梯不再响应任何层站召唤，在响应完轿厢内指令后，自动返回指定楼层停梯。

（15）语音报站　语音通报轿厢运行状况和楼层信息的功能。

（16）关门保护　在关门过程中，通过安装在轿厢门口的光电信号或机械保护装置，当探测到有人或物体在此区域时，立即重新开门。

（17）对接操作　在特定条件下，为了方便装卸货物的货梯，在采取了适当的安全措施之后，在轿厢门和层门均开启的情况下，在规定距离内，使轿厢从平层位置低速向上运行，与运载货物设备相接的操作。

（18）检修操作　在电梯检修状态下，手动操作检修控制装置使电梯轿厢以检修速度运行的操作。

（19）隔层停靠操作　相邻两台电梯共用一个候梯厅，其中一台电梯服务于偶数层站，而另一台电梯服务于奇数层站的操作。

4. 电梯零部件术语

（1）缓冲器　位于行程端部，用来吸收轿厢或对重动能的一种缓冲安全装置。

（2）液压缓冲器　以液体作为介质吸收轿厢或对重动能的一种耗能型缓冲器。

（3）弹簧缓冲器　以弹簧变形来吸收轿厢或对重动能的一种蓄能型缓冲器。

（4）非线性缓冲器　以非线性变形材料来吸收轿厢或对重动能的一种蓄能型缓冲器。

（5）减振器　用来减小电梯运行振动和噪声的装置。

（6）轿厢　电梯中用以运载乘客或其他载荷的箱形装置。

（7）轿底（轿厢底）　在轿厢底部，支承载荷的组件。它包括地板、框架等构件。

（8）轿厢壁（轿壁）　与轿厢底、轿厢顶和轿厢门围成一个封闭空间的板形构件。

（9）轿顶（轿厢顶）　在轿厢的上部，具有一定强度要求的顶盖。

（10）轿厢装饰顶　轿厢内顶部装饰部件。

（11）轿厢扶手　固定在轿厢内的扶手。

（12）轿顶防护栏杆　设置在轿顶上方，对维修人员起保护作用的构件。

（13）轿架（轿厢架）　固定和支撑轿厢的框架。

（14）门机　使轿门和（或）层门开启或关闭的装置。

（15）检修门　开设在井道壁上，通向底坑或滑轮间供检修人员使用的门。

（16）手动门　靠人力开关的轿门或层门。

（17）自动门　靠动力开关的轿门或层门。

（18）层门（厅门）　设置在层站入口的门。

（19）防火层门（防火门）　能防止或延缓炽热气体或火焰通过的一种层门。

（20）轿门（轿厢门）　设置在轿厢入口的门。

（21）门保护装置（安全触板）　在轿门关闭过程中，当有乘客或障碍物触及时，使轿门重新打开的机械式门保护装置。

（22）光幕　在轿门关闭过程中，当有乘客或物体通过轿门时，在轿门高度方向上的特定范围内可自动探测并发出信号使轿门重新打开的门保护装置。

（23）单光束保护装置（电眼）　在轿门关闭过程中，当有乘客或物体通过轿门时，在轿门高度方向上的某一点或数个特定点可自动探测并发出信号使轿门重新打开的门保护装置。

（24）铰链门（外敞开式）　门的一侧为铰链连接，由井道向候梯厅方向开启的层门。

（25）栅栏门　可以折叠，关闭后成栅栏形状的层门或轿门。

（26）水平滑动门　沿门导轨和地坎槽水平滑动开启的门。

（27）中分门　层门或轿门门扇由门口中间分别向左、右开启的层门或轿门。

（28）旁开门　层门或轿门的门扇向同一侧开启的层门或轿门。

（29）左开门　站在层站面对轿厢，门扇向左方向开启的层门或轿门。

（30）右开门　站在层站面对轿厢，门扇向右方向开启的层门或轿门。

（31）中分多折门　层门或轿门门扇由门口中间分别向左、右两侧开启，每侧有数量相同的多个门扇的层门或轿门，门扇打开后成折叠状态。例如：中分四扇、中分六扇等。

（32）旁开多折门　有多个门扇，各门扇向同侧开启的层门或轿门。

（33）垂直滑动门　沿门两侧垂直门导轨滑动向上或下开启的层门或轿门。

（34）垂直中分门　门扇由门口中间分别向上、下开启的层门或轿门。

（35）曳引绳补偿装置　用来补偿电梯运行时因曳引绳造成的轿厢和对重两侧重量不平衡的部件。

（36）补偿链装置　用金属链构成的曳引绳补偿装置。

（37）补偿绳装置　用钢丝绳和张紧轮构成的曳引绳补偿装置。

（38）补偿绳防跳装置　当补偿绳张紧装置由于惯性力作用超出限定位置时，能使曳引机停止运转的安全装置。

（39）地坎　轿厢或层门入口处的带槽踏板。

（40）轿顶检修装置　设置在轿顶上方，供检修人员检修时使用的装置。

（41）轿顶照明装置　设置在轿顶上方，供检修人员检修时照明的装置。

（42）底坑检修照明装置　设置在井道底坑，供检修人员检修时照明的装置。

（43）轿厢位置显示装置　设置在轿厢内，显示其运行位置和（或）方向的装置。

（44）层门门套　装饰层门门框的构件。

（45）层门位置显示装置　设置在层门上方或一侧，显示轿厢运行位置和方向的装置。

（46）层门方向显示装置　设置在层门上方或一侧，显示轿厢运行方向的装置。

（47）控制屏　有独立的支架，支架上有金属绝缘底板或横梁，各种电子器件和电器元件安装在底板或横梁上的一种屏式电控设备。

（48）控制柜　各种电子器件和电器元件安装在一个有防护作用的柜形结构内的电控设备。

（49）操纵盘（操纵箱）　用开关、按钮操纵轿厢运行的电气装置。

（50）报警按钮　设置在操纵盘上用于报警的按钮。

（51）急停按钮（停止按钮）　能断开控制电路使轿厢停止运行的按钮。

（52）梯群监控盘　梯群控制系统中，能集中反映各轿厢运行状态，可供管理人员监视和控制的装置。

（53）曳引机　包括电动机、制动器和曳引轮在内的靠曳引绳和曳引轮槽摩擦力驱动或停止电梯的装置。

（54）有齿轮曳引机　电动机通过减速齿轮箱驱动曳引轮的曳引机。

（55）无齿轮曳引机　电动机直接驱动曳引轮的曳引机。

（56）曳引轮　曳引机上的驱动轮。

（57）曳引绳　连接轿厢和对重装置，并靠与曳引轮槽的摩擦力驱动轿厢升降的专用钢丝绳。

（58）绳头组合　曳引绳与轿厢、对重装置或与机房承重梁等承载装置连接用的部件。

（59）端站停止开关　当轿厢超越了端站时，强迫其停止的保护开关。

（60）平层装置　在平层区域内，使轿厢达到平层准确度要求的装置。

（61）平层感应板　可使平层装置动作的板。

（62）极限开关　当轿厢运行超越端站停止开关后，在轿厢或对重装置接触缓冲器之前，强迫电梯停止的安全装置。

（63）超载装置　当轿厢超过额定载重量时，能发出警告信号并使轿厢不能运行的安全装置。

（64）称量装置　能检测轿厢内荷载值，并发出信号的装置。

（65）呼梯盒（召唤盒）　设置在层站门一侧，召唤轿厢停靠在呼梯层站的装置。

（66）随行电缆　连接于运行的轿厢底部与井道固定点之间的电缆。

（67）随行电缆架　架设随行电缆的部件。

（68）钢丝绳夹板　夹持曳引绳，能使绳距和曳引轮绳槽距保持一致的部件。

（69）绳头板　架设绳头组合的部件。

（70）导向轮　为增大轿厢与对重之间的距离，使曳引绳经曳引轮再导向对重装置或轿厢一侧而设置的绳轮。

（71）复绕轮　为增大曳引绳对曳引轮的包角，将曳引绳绕出曳引轮后经绳轮再次绕入曳引轮，这种兼有导向作用的绳轮为复绕轮。

（72）反绳轮　设置在轿厢架和对重框架上部的动滑轮。根据需要曳引绳绕过反绳轮可以构成不同的曳引比。

（73）导轨　供轿厢和对重（平衡重）运行的导向部件。

（74）空心导轨　由钢板经冷轧折弯成空腹T形的导轨。

（75）导轨支架　固定在井道壁或横梁上，支撑和固定导轨用的构件。

（76）导轨连接板（件）　紧固在相邻两根导轨的端部底面，起连接导轨作用的金属板（件）。

（77）导轨润滑装置　设置在轿厢架和对重框架上端两侧，为保持导轨与滑动导靴之间有良好润滑的自动注油装置。

（78）承重梁　敷设在机房楼板上面或下面，井道顶部，承受曳引机自重及其负载和绳头组合负载的钢梁。

（79）底坑隔障　设置在底坑，位于轿厢和对重装置之间，对维修人员起防护作用的隔障。

（80）速度检测装置　检测轿厢运行速度，将其转变成电信号的装置。

（81）盘车手轮　靠人力使曳引轮转动的专用手轮。

（82）制动器扳手　松开曳引机制动器的手动工具。

（83）机房层站指示器　设置在机房内，显示轿厢运行所处层站的信号装置。

（84）选层器　一种机械或电气驱动的装置。用于执行或控制下述全部或部分功能：确定运行方向、加速、减速、平层、停止、取消呼梯信号、门操作、位置显示和层门指示灯控制。

（85）钢带传动装置　通过钢带，将轿厢运行状态传递到选层器的装置。

（86）限速器　当电梯的运行速度超过额定速度一定值时，其动作能切断安全回路或进一步导致安全钳或上行超速保护装置起作用，使电梯减速直到停止的自动安全装置。

（87）限速器张紧轮　张紧限速器钢丝绳的绳轮装置。

（88）安全钳　限速器动作时，使轿厢或对重停止运行保持静止状态，并能夹紧在导轨上的一种机械安全装置。

（89）瞬时式安全钳　能瞬时使夹紧力达到最大值，并能完全夹紧在导轨上的安全钳。

（90）渐进式安全钳　采取弹性元件，使夹紧力逐渐达到最大值，最终能完全夹紧在导轨上的安全钳。

（91）钥匙开关　一种供专职人员使用钥匙才能使电梯投入运行或停止的电气装置。

（92）门锁装置（联锁装置）　轿门与层门关闭后锁紧，同时接通控制回路，轿厢方可运行的机电联锁安全装置。

(93) 层门安全开关　当层门未完全关闭时，使轿厢不能运行的安全装置。

(94) 滑动导靴　设置在轿厢架和对重（平衡重）装置上，其靴衬在导轨上滑动，使轿厢和对重（平衡重）装置沿导轨运行的导向装置。

(95) 靴衬　滑动导靴中的滑动摩擦零件。

(96) 滚轮导靴　设置在轿厢架和对重装置上，其滚轮在导轨上滚动，使轿厢和对重装置沿导轨运行的导向装置。

(97) 对重装置（对重）　由曳引绳经曳引轮与轿厢相连接，在曳引式电梯运行过程中保持曳引能力的装置。

(98) 平衡重　为节约能源而设置的平衡轿厢重量的装置。

(99) 消防开关　发生火警时，可供消防人员将电梯转入消防状态使用的电气装置。一般设置在基站。

(100) 护脚板　从层站地坎或轿厢地坎向下延伸、并具有平滑垂直部分的安全挡板。

(101) 挡绳装置　防止曳引绳或补偿绳越出绳轮槽的防护部件。

(102) 轿厢安全窗（轿厢紧急出口）　在轿厢顶部向外开启的封闭窗，供安装、检修人员使用或发生事故时援救和撤离乘客的轿厢应急出口。窗上装有当窗扇打开或没有锁紧即可断开安全回路的开关。

(103) 轿厢安全门（应急门）　同一井道内有多台电梯时，在两部电梯相邻轿厢壁上向轿厢内开启的门，供乘客和司机在特殊情况下离开轿厢，而改乘相邻轿厢的安全出口。门上装有当门扇打开或没有锁紧即可断开安全回路的开关装置。

(104) 近门保护装置　设置在轿厢出入口处，在门关闭过程中，当出入口附近有乘客或障碍物时，通过电子元件或其他元件发出信号，使门停止关闭，并重新打开的安全装置。

(105) 紧急开锁装置　为应急需要，在层门外借助三角钥匙孔可将层门打开的装置。

(106) 紧急电源装置（应急电源装置）　电梯供电电源出现故障而断电时，供轿厢运行到邻近层站或指定层站停靠的电源装置。

(107) 轿厢上行超速保护装置　当轿厢上行速度大于额定速度的115%时，作用在轿厢、对重、钢丝绳系统、曳引轮等部件或曳引轮轴上，至少能使轿厢减速慢行的装置。

(108) 夹绳器　一种轿厢上行超速保护装置。当轿厢上行超速时，通过夹紧机构夹持曳引钢丝绳，使电梯减速的装置。

(109) 扁平复合曳引钢带　由多股钢丝被聚氨酯等弹性体包裹形成的扁平状曳引轿厢用的带子。

(110) 永磁同步曳引机　采用永磁同步电动机的曳引机。

(111) 轿门锁　当轿厢在开锁区外时，防止从轿内打开轿门的装置

(112) 能量回馈装置　可将电梯机械能转换成有用电能的装置。

(113) 到站钟　当轿厢将到达选定楼层时，提醒乘客电梯到站的音响装置。

(114) 楼宇自动化接口　连接楼宇自动化系统的接口。可传送电梯运行信号和其他相关信号。

(115) 读卡器（卡识别装置）　设置在轿厢内，乘客通过身份卡操纵轿厢运行的装置；或设置在层站门一侧，乘客通过身份卡召唤轿厢停靠在呼梯层站的装置。

（116）残疾人操纵盘　特殊设计的轿厢操纵盘，以方便残疾人使用，尤其是轮椅使用人员操纵电梯。

（117）副操纵盘　在电梯的轿厢中轿门两侧设置有两个操纵盘，或在轿厢侧壁增加设置一个操纵盘，以便于乘客操作电梯运行。

（118）内部通话装置（对讲系统）　内部通话装置用于轿厢内和机房、电梯管理中心等之间的相互通话，在电梯发生故障时，它帮助轿内乘客向外报警，同时便于电梯管理人员及时安抚乘客、减小乘客的恐惧感；在电梯调试或维修时，方便不同位置有关人员之间相互沟通。

5. 液压电梯术语

（1）速度控制　通过控制进出液压缸的液体流量，实现轿厢运行过程的速度调节。

（2）多极开关控制阀调速系统　利用常规的开关阀使多台并联的节流阀油路通断而组成对电梯运行速度进行有级调节的固定节流调速系统。

（3）电液比例调速系统　利用电液比例流量控制阀对电梯运行速度进行无级调节的节流调速系统。

（4）容积调速系统　利用变量泵对进入液压缸的流量进行控制，从而达到对电梯运行速度进行无级调速的系统。

（5）变频调速系统　利用改变电动机的供电频率从而改变进入液压缸流量，即对电梯运行速度进行无级调速的系统。

（6）上行额定速度　轿厢空载上行时的设计速度。

（7）下行额定速度　轿厢载以额定载重量下行时的设计速度。

（8）运行速度　轿厢上行额定速度与下行额定速度两者中的较高值。

（9）液压电梯机房　安装液压泵站和电控柜（屏）等有关设备的房间。

（10）绕绳比　间接驱动的液压电梯，两端均具有独立的端接装置的一根钢丝绳或链条，在液压电梯的一个液压缸驱动装置上缠绕的次数，与它在轿厢上缠绕的次数之比。此比值不能约分。

（11）间接驱动（非直顶式驱动）　液压缸通过钢丝绳或链条，间接地与轿厢架连接，驱动轿厢运行的方式。

6. 自动扶梯和自动人行道术语

（1）自动扶梯　带有循环运行梯级，用于向上或向下倾斜输送乘客的固定电力驱动设备。

（2）自动人行道　带有循环运行（板式或带式）走道，用于水平或倾斜角不大于12°输送乘客的固定电力驱动设备。

（3）倾斜角　梯级、踏板或胶带运行方向与水平面构成的最大角度。

（4）提升高度　自动扶梯或自动人行道进出口两楼层板之间的垂直距离。

（5）额定速度　自动扶梯或自动人行道设计所规定的速度。

（6）理论输送能力　自动扶梯或自动人行道，在每小时内理论上能够输送的人数。

（7）名义宽度　对于自动扶梯与自动人行道设定的一个理论上的宽度值，一般指自动扶梯梯级或自动人行道踏板安装后横向测量的踏面长度。

（8）变速运行　自动扶梯或自动人行道，在无乘客时以预设的低速度运行，在有乘客时，自动加速到额定速度运行的方式。

（9）自动启动　自动扶梯或自动人行道，在无乘客时停止运行，在有乘客时，自动启动运行的方式。

（10）扶手装置　在自动扶梯或自动人行道两侧，对乘客起安全防护作用，也便于乘客站立扶握的部件。

（11）扶手带　位于扶手装置的顶面，与梯级、踏板或胶带同步运行，供乘客扶握的带状部件。

（12）扶手带入口保护装置　在扶手带入口处，当有手指或其他异物被夹入时，能使自动扶梯或自动人行道停止运行的电气装置。

（13）护壁板（护栏板）　在扶手带下方，装在内侧盖板与外侧盖板之间的装饰护板。

（14）围裙板　与梯级、踏板或胶带两侧相邻的金属围板。

（15）内侧盖板　在护壁板内侧、联接围裙板和护壁板的金属板。

（16）外侧盖板　在护壁板外侧、外装饰板上方，联接装饰板和护壁板的金属板。

（17）外装饰板　从外侧盖板起，将自动扶梯或自动人行道桁架封闭起来的装饰板。

（18）桁架（机架）　架设在建筑结构上，供支撑梯级、踏板、胶带以及运行机构等部件的金属结构件。

（19）中心支撑（中间支撑、第三支撑）　在自动扶梯两端支承之间，设置在桁架底部的支撑物。

（20）梯级　在自动扶梯桁架上循环运行，供乘客站立的部件。

（21）梯级踏板　带有与运行方向相同齿槽的梯级水平部分。

（22）梯级踢板　带有齿槽的梯级上竖立的弧形部分。

（23）梯级导轨　供梯级滚轮运行的导轨。

（24）梯级水平移动距离　为使梯级在出入口处有一个导向过渡段，从梳齿板出来的梯级前缘和进入梳齿板梯级后缘的一段水平距离。

（25）踏板　循环运行在自动人行道桁架上，供乘客站立的板状部件。

（26）胶带　循环运行在自动人行道桁架上，供乘客站立的胶带状部件。

（27）梳齿板　位于运行的梯级或踏板出入口，为方便乘客上下过渡，与梯级或踏板相啮合的部件。

（28）楼层板　设置在自动扶梯或自动人行道出入口，与梳齿板连接的金属板。

（29）驱动主机（驱动装置）　驱动自动扶梯或自动人行道运行的装置。

（30）梳齿板安全装置　当梯级、踏板或胶带与梳齿板啮合处卡入异物时，能使自动扶梯或自动人行道停止运行的电气装置。

（31）驱动链保护装置　当梯级驱动链或踏板驱动链断裂或过分松弛时，能使自动扶梯或自动人行道停止的电气装置。

（32）附加制动器　当自动扶梯提升高度超过一定值时，或在公共交通用自动扶梯和自动人行道上，增设的一种制动器。

（33）主驱动链保护装置　当主驱动链断裂时，能使自动扶梯或自动人行道停止运行的电气装置。

(34) 超速保护装置 自动扶梯或自动人行道运行速度超过限定值时，能使自动扶梯或自动人行道停止运行的装置。

(35) 非操纵逆转保护装置 在自动扶梯或自动人行道运行中非人为的改变其运行方向时，能使其停止运行的装置。

(36) 手动盘车装置（盘车手轮） 靠人力使驱动装置转动的专用手轮。

(37) 检修控制装置 利用检修插座，在检修自动扶梯或自动人行道时的手动控制装置。

(38) 围裙板安全装置 当梯级、踏板或胶带与围裙板之间有异物夹住时，能使自动扶梯或自动人行道停止运行的电气装置。

(39) 扶手带断带保护装置 当扶手带断裂时，能使自动扶梯或自动人行道停止运行的电气装置。

(40) 梯级、踏板塌陷保护装置 当梯级或踏板任何部位断裂下陷时，使自动扶梯或自动人行道停止运行的电气装置。

1.5 电梯机房与井道

1. 电梯机房

电梯机房是电梯驱动主机及其附属设备等的专用房间，一般设置在井道的上面，即常见的上置式机房。当井道上部不能设置机房时也可以设置在井道旁的底层，也称为下置式机房。为了节省建筑成本或建筑物不能单独提供封闭的电梯专用机房时，出现了无机房电梯，即电梯驱动主机等设备安设在井道顶部和导轨上，或安设在井道侧壁的开孔空间内，或安设在轿厢上，或安设在底坑地面上，由于空间有限，这些主机一般制造得比较紧凑轻巧。这里主要介绍专用电梯机房的基本要求。

(1) 机房的结构要求 机房应有实体的墙、顶和向外开启的有锁的门（或活板门），机房要用经久耐用、不易产生灰尘和非易燃的材料建造，要保证不渗漏、不飘雨，地面应用防滑材料或进行防滑处理。通常，驱动主机（含减速器）、控制柜、限速器等工作部件安放在机房内，机房结构应能承受预定的载荷和力，驱动主机、驱动主机底座与承重梁的安装应符合产品设计要求。在机房顶板或横梁的适当位置上，应装备一个或多个适用的具有安全工作载荷标示的金属支架或吊钩，以便起吊重载设备。机房一般不应用于电梯以外的其他用途，也不设置与电梯无关的设备或作电梯以外的其他用途，但这些房间可以设置：

1）杂物电梯或自动扶梯的驱动主机。

2）该房间的空调或采暖设备，但不包括以水蒸气和高压水加压的采暖设备。

3）火灾探测器和灭火器，应具有较高的动作温度，适用于电气设备，有一定的稳定期和合适的防意外碰撞保护。

(2) 机房尺寸要求 机房整体布置一般按照制造厂的图样尺寸，也可参照国标《电梯主参数及轿厢、井道、机房的型式与尺寸》（GB/T 7025 系列标准）确定单梯机房或多梯共用机房的尺寸。例如：标准中Ⅰ、Ⅱ和Ⅵ类单台电梯机房的平面尺寸见表 1-2。

表 1-2 Ⅰ、Ⅱ和Ⅵ类单台电梯机房的平面尺寸

参数	额定速度 v /(m/s)	额定载重量/kg			
		320~630	800~1050	1275~1600	1800~2000
电梯机房(最小宽度/mm×最小深度/mm)	(0.63~1.75)	2500×3700	3200×4900	3200×4900	3000×5000
	(2.0~3.0)		2700×5100	3000×5300	3300×5700
	(3.5~6.0)		3000×5700	3000×5700	3300×5700
液压电梯机房(如有)	(0.4~1.0)	住宅电梯:井道宽度或深度×2000mm			

通向机房通道门的宽度不应小于0.60m，高度不应小于1.80m。供人员进出的检修活板门，其净通道尺寸不应小于0.80m×0.80m，且开门后能保持在开启位置。

机房内供活动的净高度不应小于1.8m，工作区域的净高度不应小于2m，主机旋转部件的上方应有不小于0.3m的垂直净空距离。控制柜前面应有一块深度不小于0.70m、宽度为柜宽且不小于0.5m的检修操作场地。在进行人工紧急操作（盘车）和对设备进行维修和检查的地方，应有不小于0.5m×0.6m的水平净空面积。通往净空场地的通道宽度应不小于0.5m，对没有运动件的地方，此值可减少到0.4m。

机房内地面上的开口尺寸在满足使用的前提下应当尽可能小，位于井道上方的开口必须采用圈框，此圈框应当凸出楼板或完工地面至少50mm。

当驱动主机承重梁需埋入承重墙时，埋入端长度应超过墙厚中心至少20mm，且支承长度不应小于75mm，如图1-1所示。

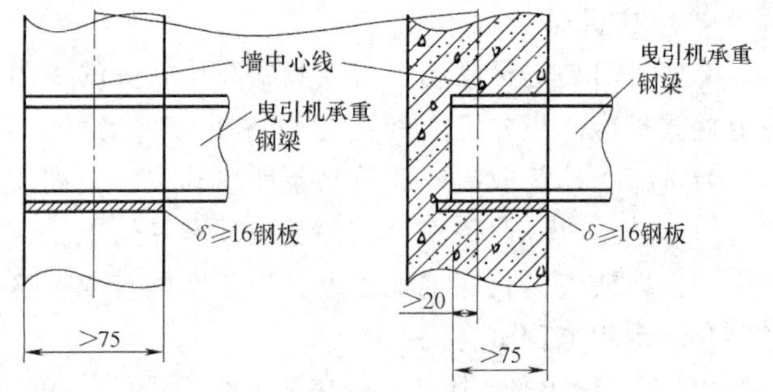

图1-1 承重梁埋入长度示意图

（3）防护要求 电梯工作人员应能方便地进入机房而不需要临时借助于其他辅助设施，通往机房的通道不应经过私人房间，进入机房的通道有高度差时应优先考虑使用楼梯，否则可使用符合下列条件的梯子：

1）通往机房和滑轮间的通道不应高出楼梯所到平面4m。

2）梯子应牢固地固定在通道上而不能被移动。

3）梯子高度超过1.50m时，其与水平方向夹角应在65°~75°，并不易滑动或翻转。

4）梯子的净宽度不应小于0.35m，其踏板深度不应小于25mm。对于垂直设置的梯子，踏板与梯子后面墙的距离不应小于0.15m。踏板的设计载荷应为1500N。

5）靠近梯子顶端，至少应设置一个容易握到的把手。

6）梯子周围1.50m的水平距离内，应能防止来自梯子上方坠落物的危险。

机房门或检修活板门应装有带钥匙的锁可以从机房内不用钥匙打开，只供运送器材的活板门只能从机房内部锁住。在通往机房或活板门的外侧应设有简短警告须知："电梯驱动主机危险 未经许可禁止入内"。对于活板门应有永久性的须知提醒活板门的使用人员："谨防坠落——重新关好活板门"。

检修活板门除非与可伸缩的梯子连接外不得向下开启，如果门上装有铰链应属于不能脱

钩的型式。检修活板门开启时应有防止人员坠落的措施，如设置护栏等。当检修活板门处于关闭位置时，均应能支撑两个人的体重，每个人按在门的任意 0.20m×0.20m 面积上作用 1000N 的力，门应无永久形变。

机房内地面高度不一且相差大于 0.5m 时，应设置楼梯或台阶，并应设置高度不小于 0.9m 的安全防护栏杆。机房地面有任何深度大于 0.50m 的坑槽时均应盖住。

（4）通风和照明　机房内应有适当的通风，同时必须考虑到井道通过机房通风。从建筑其他部分抽出的陈腐空气不得直接排入机房内，应防止灰尘、有害气体和湿气对设备的损害。机房的环境温度应保持在 5~40℃，否则应采取降温或取暖措施。

机房应有固定的电气照明，地面上的照度不应小于 200lx。在机房内靠近入口（或多个入口）处的适当高度应设有一个开关或类似装置，控制机房照明。为便于检修等用途，机房内至少设有一个符合要求的电源插座。

2. 井道

井道是电梯轿厢和对重装置或液压缸柱塞运动的空间，由井道顶、井道壁和底坑底围成。井道应为电梯专用，不得装设与电梯无关的设备和电缆，采暖设施不能用热水或蒸汽作热源，且采暖设备的控制与调节装置应装在井道外面。井道的顶一般就是机房的地板，曳引机的承重梁一般支承在井道壁上端。井道壁上还要安装导轨和层门，底坑底上要安装缓冲器装置和支承导轨，所以井道结构应至少能承受下列载荷：驱动主机施加的载荷，轿厢、对重在安全钳动作时经导轨施加的载荷，有防跳装置作用的载荷，缓冲器动作产生的载荷，以及轿厢装卸载所产生的载荷等。

（1）材料与结构要求　井道应用坚固的、非易燃和不易产生灰尘的材料制造，一般用钢筋混凝土整体浇灌或钢筋混凝土框架加砖填充，也有用钢结构和玻璃壁构成的。由于现在井道内部结构的安装大都采用膨胀螺栓，所以对井道壁的质量要求比较高。为了保证电梯的安全运行，井道壁应具有下列机械强度：用一个 300N 的力均匀分布在 $5cm^2$ 的圆形或方形面积上，垂直作用在井道壁的任一点上，应无永久形变且弹性变形不大于 15mm。

电梯应由井道壁、底板和井道顶板或足够的空间与周围分开。一般情况下井道应由无孔的墙、底板和顶板完全封闭起来，只允许层门开口、通向机房的功能性开口和必要时设置的井道安全门、检修门，以及通风孔、排烟孔等开口。只有在不要求井道起防止火灾蔓延的场合，如与瞭望台、竖井、塔式建筑物连接的观光梯等，井道可以不完全闭封，但要提供以下功能：

1）在人员可正常接近电梯处，围壁的高度应足以防止人员遭受电梯运动部件的危害，直接或用手持物体触及井道中电梯设备而干扰电梯的安全运行。若符合图 1-2 和图 1-3 的要求，则围壁高度即可满足要求：

① 在层门侧的高度不小于 3.50m。

② 其余侧，当围壁与电梯运动部件的水平距离为最小允许值 $D=0.50$m 时，高度应满足 $H \geqslant 2.50$m；若该水平距离 $D>0.50$m 时，高度 H 可随着距离的增加而减少；当距离 $D=2.0$m 时，高度可减至最小值 $H=1.10$m。

2）围壁应是无孔的。

3）围壁距地板、楼梯或平台边缘最大距离为 0.15m。

4）应采取措施防止由于其他设备干扰电梯的运行。

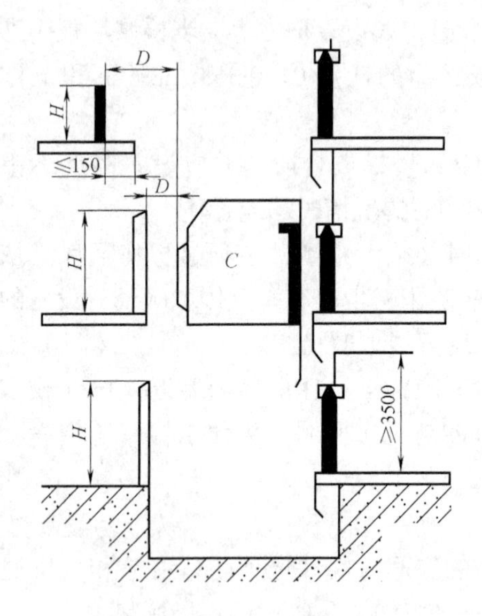

图 1-2　部分封闭井道示意图
C—轿厢　H—围壁高度
D—与电梯运动部件的距离

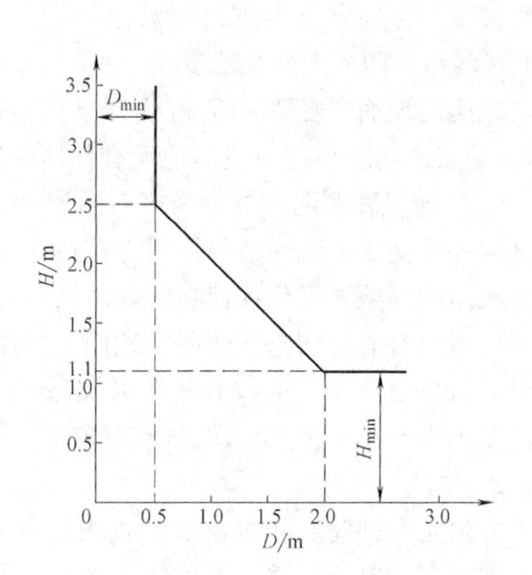

图 1-3　部分封闭井道的围壁高度 H 与电梯运动部件的距离 D 之间的关系

5）对露天电梯，应采取特殊的防护措施。

面对轿厢入口的层门与井道壁或部分井道壁的结构要求，适用于井道的整个高度。层门侧的井道壁与层门的组合体，除门的动作间隙外在整个轿厢入口宽度上形成一个无孔的表面，并且每个层门地坎下的井道壁应符合下列要求：

① 应形成一个与层门地坎直接连接的垂直表面，它的高度（图 1-3 中的 H）不应小于 1/2 的开锁区域加上 50mm，宽度不应小于门入口的净宽度两边各加 25mm。

② 这个表面应是连续的，由光滑而坚硬的材料构成。如金属薄板，它能承受垂直作用于其上任何一点均匀分布在 $5cm^2$ 圆形或方形截面上的 300N 的力，弹性形变应不大于 10mm 且无永久形变。

③ 该井道壁任何凸出物均不应超过 5mm。而超过 2mm 的凸出物应倒角，倒角与水平面的夹角至少为 75°。

④ 此外，该井道壁应连接到下一个门的门楣，或采用坚硬光滑的斜面向下延伸，斜面与水平面的夹角至少为 60°，斜面在水平面上的投影不应小于 20mm，如图 1-4 所示。

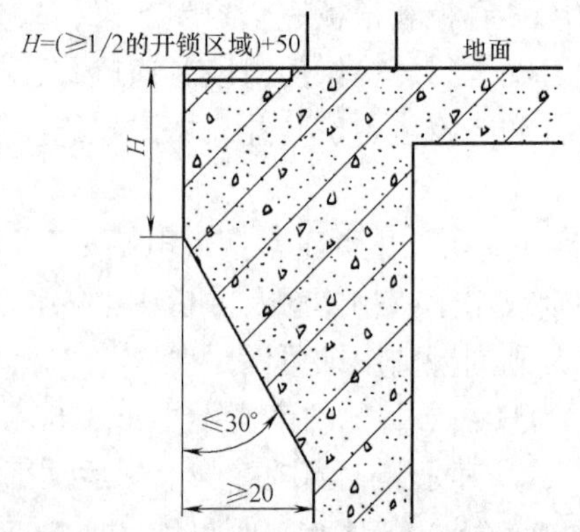

图 1-4　层门地坎下井道壁尺寸

当相邻两层门地坎间的距离大于 11m 时，其间应设置井道安全门，以确保相邻地坎间的距离不大于 11m，井道安全门严禁向井道内开启。如果相邻轿厢间的水平距离不大于 0.75m，可不设置井道安全门而使用轿厢安全门。轿厢安全门不应向轿外开启，且不应设置在对重运行的路径上或设置在妨碍乘客从一个通道往另一个轿厢的固定障碍物的前面。井道安全门和轿厢安全门均应配有一

电气安全装置，只有在其验证门已锁紧后电梯才有可能恢复运行。

井道安全门和轿厢安全门的高度不应小于 1.80m，宽度不小于 0.35m，均应无孔并应具有与层门一样的机械强度，且应符合建筑物防火规范的要求。

（2）井道的顶部空间　井道的总高度是由极限行程加上顶部间距和底坑安全间距构成的。顶部间距是为保障电梯的运行安全和保护在轿顶工作的维修人员而在井道上部保留的一个安全空间。曳引驱动电梯的顶部间距是当对重完全压在它的缓冲器上时，应同时满足下面的四个条件：

1）轿厢导轨长度应能提供不小于 $0.1+0.035v^2$（m）的进一步制导行程。即图 1-5 中 $H_1 \geqslant 0.1+0.035v^2$（m）。

2）轿顶上最高处可站人的面积不小于 $0.12m^2$（其短边不应小于 0.25m）的水平面（不包括第 3 项所述的部件面积），与位于轿厢投影部分井道顶最低部件的水平面（包括梁和固定在井道顶下的零部件）之间的自由垂直距离不应小于 $1.0+0.035v^2$（m）。即图 1-5 中 $H_4 \geqslant 1.0+0.035v^2$（m）。

3）井道顶的最低部件与轿顶固定设备最高部件之间的自由垂直距离不小于 $0.3+0.035v^2$（m），即图 1-5 中 $H_3 \geqslant 0.3+0.035v^2$（m）；与导靴或滚轮、曳引绳附件的最高部分间的自由垂直距离不小于 $0.1+0.035v^2$（m），即图 1-5 中 $H_2 \geqslant 0.1+0.035v^2$（m）。

4）轿顶上方应有至少一个能放进一个 0.5m×0.6m×0.8m 的矩形立方体空间，任何一面朝下放置均可。

当轿厢完全压在它的缓冲器上时，对重导轨应能够提供不小于 $0.1+0.035v^2$（m）的进一步制导行程。

上述所有计算式中的 $0.035v^2$，是对应 115%额定速度时的重力制停距离的 1/2。当物体在外力作用下垂直向上运动时，在外力消失后物体由于惯性还会向上运行一段距离，然后在重力作用下，再向下坠落，这段距离就是重力制动距离。由于存在空气阻力和导轨摩擦力等的影响，所以在计算时，采用重力制停距离的 1/2。

当电梯在端站的减速被可靠监控，并在超速状态下可以强迫减速时，对额定速度不大于 4m/s 的电梯，$0.035v^2$ 可以减少 1/2 且不应小于 0.25m，对额定速度大于 4m/s 的电梯可以减少 1/3 且不应小于 0.28m。对具有补偿绳并带补偿绳张紧轮及防跳装置（制动或锁闭装置）的电梯，计算间距时，$0.035v^2$ 这个值可用张紧轮可能的移动量（随使用的绕法而定）再加上轿厢行程的 1/500 来代替，考虑到钢丝绳的弹性，替代的最小值为 0.20m。

（3）底坑　底坑是井道位于最低层站地坎以下的部分，底坑的底部应光滑平整，不得漏水或渗水。由于导轨和缓冲器都支承在底坑的地面，当安全钳和缓冲器动作时，地面将受到很大的垂直作用力。如果轿厢和对重导轨的数量均为 2，安全钳和缓冲器动作时的垂直作用力可以用下列各式近似计算：

轿厢滚柱式以外的瞬时式安全钳：$F \approx 25(P+Q)$

轿厢滚柱式瞬时式安全钳：$F \approx 15(P+Q)$

轿厢渐进式安全钳：$F \approx 10(P+Q)$

轿厢缓冲器：$F \approx 40(P+Q)$

对重缓冲器：$F \approx 40(P+qQ)$

式中　F——各种垂直作用力（N）；

P——空轿厢和部分随行电缆、补偿装置的质量和（kg）；

Q——额定载重量（kg）；

q——平衡系数。

当底坑下有人可以进入的空间（如地下室、车库、通道等），底坑地板的强度应能承受不小于 5000N/m^2 的负荷，且应满足：在对重（或平衡重）上装设安全钳装置或将对重缓冲器安装于（或平衡重运行区域的下面）一直延伸到坚固地面上的实心桩墩上。

底坑中也应有个安全空间，当轿厢完全压在缓冲器上时，应同时满足下面三个条件：

1）底坑中应有足够的空间，该空间的大小以能容纳一个不小于 0.50m×0.60m×1.0m 的长方体为准，任一平面朝下放置均可。

2）底坑底和轿厢最低部件之间的自由垂直距离不小于 0.50m。当垂直滑动门的部件、护脚板和相邻的井道壁之间或轿厢最低部件和导轨之间的水平距离在 0.15m 之内时，这个距离可最小减少到 0.10m；当轿厢最低部件和导轨之间的水平距离大于 0.15m 但不大于 0.5m 时，此垂直距离可按线性关系增加至 0.5m。

如图 1-6a 所示，如果当护脚板为轿厢的最低部件，当 $L_1>0.15\text{m}$ 时，$H_1\geqslant0.5\text{m}$；当 $L_1\leqslant0.15\text{m}$ 时，$H_1\geqslant0.1\text{m}$。如果导靴为轿厢的最低部件，该导靴和导轨的水平距

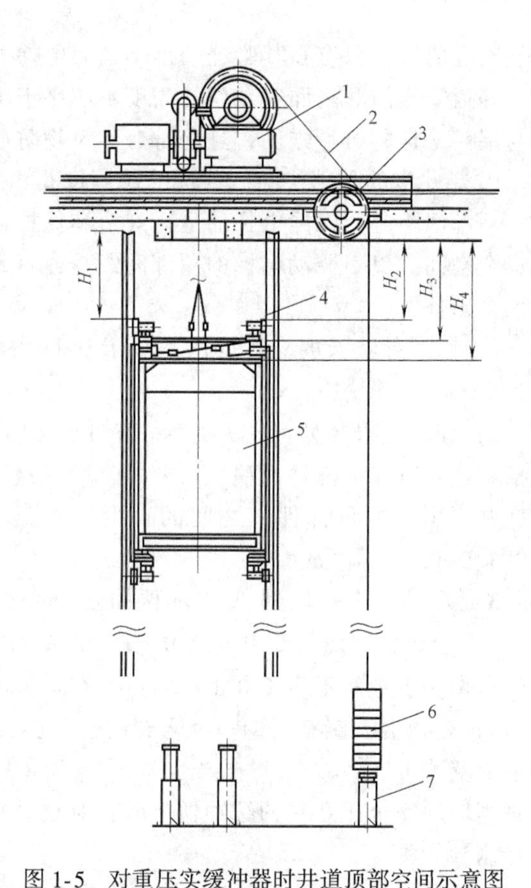

图 1-5　对重压实缓冲器时井道顶部空间示意图

1—曳引机　2—曳引钢丝绳　3—导向轮　4—导靴　5—轿厢　6—对重　7—缓冲器

H_1—导靴至轿厢导轨顶部的距离

H_2—井道顶的最低部件与导靴之间的间距

H_3—井道顶的最低部件与轿顶设备的最高部件之间的间距

H_4—井道顶可以站人的最高面积的水平面与相应井道顶最低部件的水平面之间的自由垂直距离

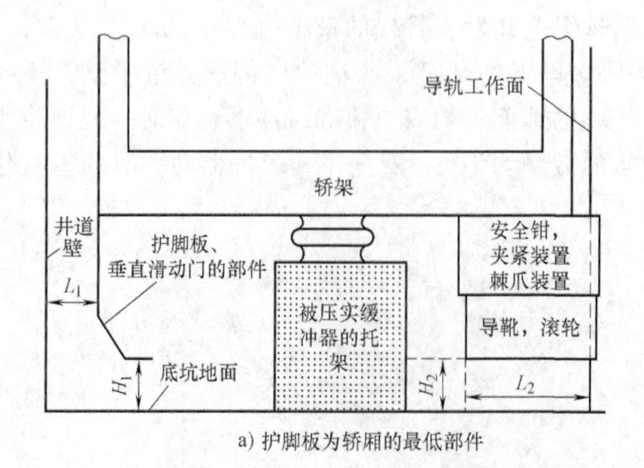

a) 护脚板为轿厢的最低部件

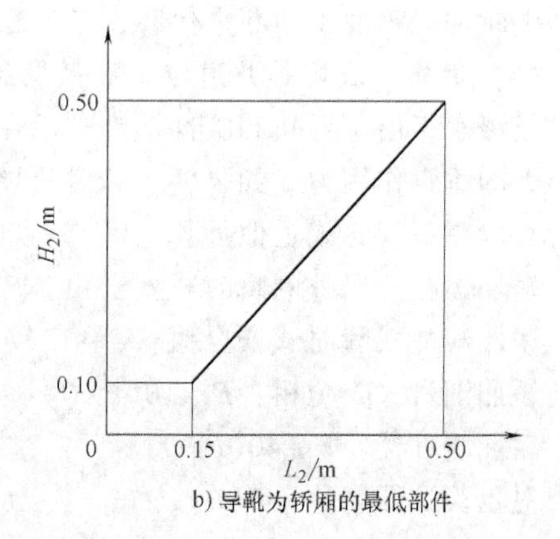

b) 导靴为轿厢的最低部件

图 1-6　轿厢最低部件在底坑中的安全距离

离 L_2 与其到底坑地面的垂直距离 H_2 关系如图 1-6b 所示。

3）底坑中固定的最高部件，如补偿绳张紧装置位于最上位置时，其和轿厢的最低部件之间的自由垂直距离不应小于 0.30m，上述第 2 项所列情况除外。

当底坑深度大于 2.50m 且建筑物布置允许时，应设置一个符合要求的进入底坑的门。当没有进入底坑的其他通道时，为了便于检修，应设置一个从层门进入底坑的永久性装置，且此装置不得凸入电梯运行的空间。

在底坑中对重的运行区域应采用刚性的护栏进行防护，防护设施应从底坑地面上 0.3m 开始延伸到至少 2.50m 的高度，其宽度应比对重宽度各边宽 0.1m。在装有多台电梯的井道中，不同电梯的运行部件之间应设置隔障，这种隔障应至少从轿厢、对重（或平衡重）行程的最低点延伸到最低层站楼面以上 2.50m 高度，要求其宽度应能防止人员从一个底坑通往另外一个底坑（一般要求在隔障宽度方向上隔障与井道壁之间的间隙不应大于 150mm）。如果轿厢顶部边缘和相邻电梯运动部件（轿厢、对重）之间的水平距离小于 0.50m，这种隔障应贯穿整个井道高度，其宽度至少等于该运动部件或运动部件需要保护部分的宽度每边各加 0.10m。

如果上述隔障是网孔型的，则应遵循《机械安全防止上下肢触及危险区的安全距离》（GB 23821—2009）中的相关规定。

（4）通风与照明　井道应有适当的通风，一般可在顶部设置通风孔，但不能与其他空间联通。井道顶部通风孔的面积一般不小于井道横截面的 1%，钢丝绳等通过的工艺开孔面积也可计算在内。

井道内应设置永久性电气照明，即使在所有的门关闭时，在轿顶顶面以上和底坑地面以上 1m 处的照度均至少为 50Lx。在井道最高点和最低点 0.5m 以内各装一盏灯，再设中间灯，主要供维护检修时使用。对于采用部分封闭的井道，如果井道附近有足够的电气照明，井道内可以不设照明。注意，应分别在机房和底坑设置井道照明控制开关。

（5）井道尺寸　井道尺寸是指垂直于电梯设计运行方向的井道截面沿电梯设计运行方向投影所测定的井道最小净空尺寸，该尺寸一般由电梯生产厂家的土建布置图决定，也可参照国标《电梯主参数及轿厢、井道、机房的型式与尺寸》（GB/T 7025 系列标准）确定电梯井道的尺寸。

安装对重安全钳时，井道深度或者宽度尺寸应适当增加，增加量可达到 200mm。

多台电梯并排共用一个井道时，井道内尺寸应按照以下方式确定：多台电梯井道的总宽度应为单个井道宽度和加上两井道之间间隔宽度之和，每个间隔的宽度至少为 200mm；多台电梯井道各组成部分的深度与这些电梯单独安装时井道的深度相同。

井道尺寸的垂直偏差及层门开口的偏差应符合以下要求：高度≤30m 时为 0~+25mm；高度 30~60m 时为 0~+35mm；高度 60~90m 时为 0~+50mm；高度>90m 时应符合电梯土建布置图要求。

两个连续层站间的最小距离：层门高度为 2000mm 时为 2450mm，层门高度为 2100mm 时为 2550mm。

（6）候梯厅　候梯厅是等候电梯和进出电梯的场地，按照国标《电梯主参数及轿厢、井道、机房的型式与尺寸》（GB/T 7025 系列标准）的要求，在整个单台（或多台）电梯井道的宽度范围内保持下列规定的候梯厅深度（即在轿厢深度方向上测得的候梯厅墙壁间的距离)：

1）住宅用Ⅰ类电梯：此类电梯最多4台群控，可以并列成排布置，液压电梯推荐最多两台并列成排布置，其候梯厅深度至少等于最大的轿厢深度，且不应小于1500mm；适用于残障人使用的电梯的候梯厅深度最小应为1800mm。

2）非住宅用Ⅰ类、Ⅱ类、Ⅲ类和Ⅵ类电梯：此类电梯最多4台并列成排布置，其候梯厅深度不小于最大轿厢深度的1.5倍；除病床电梯外，4台并列电梯候梯厅的深度应不小于2400mm。

3）面对面群控电梯的最大数量为8（2×4）台，候梯厅的深度不小于面对面布置的电梯轿厢深度之和，除病床梯外，此距离不得大于4500mm。

第2章

电梯法律法规体系和相关标准

2.1 电梯安全监管的历史进程

电梯是载人的特种设备，电梯的使用涉及人身和财产安全，国家对电梯的安全监管经历了以下几个历程：

1988—2000年：国家对危险性较大的生产设备进行了监管，包括电梯、起重机械、厂内机动车辆、防爆电气和避雷针等。

2000年：《特种设备质量监督与安全监察规定》（国家质量技术监督局13号令）首次提出特种设备的概念，将电梯、起重机械、厂内机动车辆、客运索道、游乐设施列为特种设备进行监管。

2003年：《特种设备安全监察条例》（国务院373号令），对锅炉、压力容器、压力管道、电梯、起重机械、场（厂）内机动车辆、客运索道、大型游乐设施等纳入特种设备进行监管。注意：此时，叉车和旅游观光车分别纳入起重机械和大型游乐设施进行安全监管。

2009年：修订后的《特种设备安全监察条例》（国务院549号令），将场（厂）专用机动车辆纳入监管范围，在增补的特种设备目录予以明确。另外监管的内容增加了节能和事故调查等要求，形成了真正意义的八大类特种设备。

2013年：《中华人民共和国特种设备安全法》（2013年6月29日第十二届全国人民代表大会常务委员会第三次会议通过），2014年1月1日实施。

2.2 电梯法律法规体系结构及其进展

电梯法律法规体系包括：法律、法规、规章、特种设备安全技术规范、强制性标准等层次，如图2-1所示。

1. 法律

法律一般由全国人大制定，并以国家主席令的形式发布。特种设备的主体法律是《中华人民共和国特种设备安全法》。相关法律还有：《中华人民共和国安全生产法》《中华人民共和国行政许

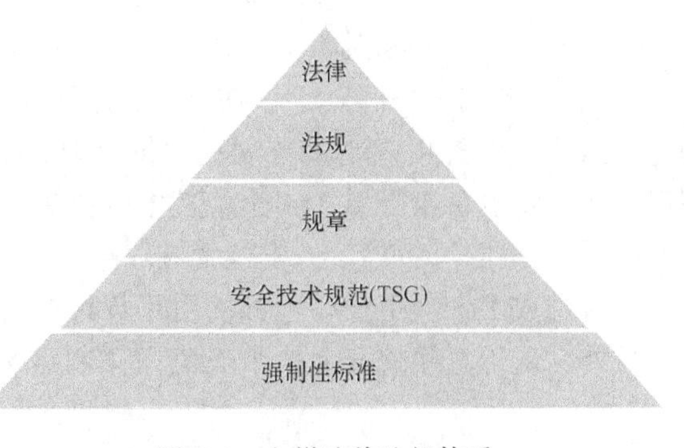

图2-1 电梯法律法规体系

可法》《中华人民共和国产品质量法》《中华人民共和国标准化法》《中华人民共和国计量法》《中华人民共和国合同法》《中华人民共和国劳动法》《中华人民共和国建筑法》《中华人民共和国突发事件应对法》《中华人民共和国进出口商品检验法》和《中华人民共和国节约能源法》等。

2. 法规

法规分为国务院的行政法规和地方人大制定的地方法规两种：

（1）国务院行政法规及法规性文件

1）《特种设备安全监察条例》（2003年2月19日国务院373号令发布；国务院549号令修订，2009年5月1日实施）。

2）《生产安全事故报告和调查处理条例》（2007年4月9日国务院493号令发布）。

3）《国务院对确需保留的行政审批项目设定行政许可的决定》（2004年6月29日国务院412号令发布）。

4）《国务院关于特大安全事故行政责任追究的规定》（2001年4月21日国务院302号令发布）。

（2）地方法规

地方法规由省、自治区、直辖市人大以及具有立法权的市制定，如《江苏省特种设备安全监察条例》《浙江省特种设备安全管理条例》《山东省特种设备安全监察条例》《广东省特种设备安全监察条例》《黑龙江省特种设备安全监察条例》《重庆市种设备安全监察条例》和《南京市电梯安全监察条例》等。

3. 规章

规章可分为国家质检总局规章和地方政府规章。

（1）国家质检总局特种设备规章　《特种设备质量监督与安全监察规定》（国家质量技术监督局第13号令，2000年6月29日）、《特种设备事故报告和调查处理规定》（总局第115号令）、《高耗能特种设备节能监督管理办法》（总局第116号令）、《特种设备作业人员监督管理办法》（总局第140号令）。

（2）地方规章　电梯属载人设备，涉及公共安全，各地对电梯安全都极为重视，相继出台了一些电梯规章。如《北京市电梯安全监察办法》《上海市电梯安全监察办法》《广东省特种设备安全监察规定》等。

4. 特种设备安全技术规范（TSG）

TSG由《中华人民共和国特种设备安全法》提出，国家质检总局负责制定。常见形式有《×××规程》《×××规则》《×××细则》《×××大纲》。

《特种设备安全条例》于2003年颁布后，国家质检总局2004年年底开始策划启动TSG的建设工作，并提出355个规划；根据需要，2006年又提出将TSG的数量压缩为150个。现已出台特种设备TSG共144个：其中电梯9个（TSG T），综合类15个（TSG Z），见表2-1和表2-2。按照《特种设备安全发展战略》，TSG最终目标共20个左右，电梯专项安全技术规范将合成1个（电梯许可和使用环节除外），即“大规范”。

另外，由于电梯的安全技术规范尚在制定与完善过程中，一些要求仍体现在规范性文件中：

1）关于印发《机电类特种设备制造许可规则（试行）》的通知（国家质检总局国质检锅

表 2-1　电梯专用类安全技术规范（TSG T）

序号	代号	名　　称
1	TSG T6001—2007	电梯安全管理人员和作业人员考核大纲
2	TSG T5001—2009	电梯使用管理与维护保养规则
3	TSG T7001—2009	电梯监督检验和定期检验规则——曳引与强制驱动电梯
4	TSG T7002—2011	电梯监督检验和定期检验规则——消防员电梯
5	TSG T7003—2011	电梯监督检验和定期检验规则——防爆电梯
6	TSG T7004—2012	电梯监督检验和定期检验规则——液压电梯
7	TSG T7005—2012	电梯监督检验和定期检验规则——自动扶梯与自动人行道
8	TSG T7006—2012	电梯监督检验和定期检验规则——杂物电梯
9	TSG T7007—2016	电梯型式试验规则

表 2-2　特种设备通用安全技术规范（TSG Z）

序号	代号	名　　称
1	TSG Z0001—2009	特种设备安全技术规范制定程序导则
2	TSG Z7001—2004	特种设备检验检测机构核准规则
3	TSG Z7002—2004	特种设备检验检测机构鉴定评审细则
4	TSG Z7003—2004	特种设备检验检测机构质量管理体系要求
5	TSG Z7005—2015	特种设备无损检测机构核准规则
6	TSG Z0003—2005	特种设备鉴定评审人员考核大纲
7	TSG Z0004—2007	特种设备制造、安装、改造、维修质量保证体系基本要求
8	TSG Z0005—2007	特种设备制造、安装、改造、维修许可鉴定评审细则
9	TSG Z0002—2009	特种设备信息化工作管理导则
10	TSG Z0006—2009	特种设备事故调查处理导则
11	TSG Z6002—2010	特种设备焊接操作人员考核细则
12	TSG Z7004—2011	特种设备型式试验机构核准规则
13	TSG Z6001—2013	特种设备作业人员考核规则
14	TSG Z8002—2013	特种设备检验检测人员考核规则
15	TSG Z8001—2013	特种设备无损检测人员考核规则

〔2003〕174 号）。

2）关于印发《机电类特种设备安装改造维修许可规则（试行）》的通知（国家质检总局国质检锅〔2003〕251 号）。

5. 强制性标准

强制性标准既是标准又是技术法规，其规定的强制性条文应当强制执行，电梯的强制性标准如《电梯制造与安装安全规范》（GB 7588—2003）、《自动扶梯和自动人行道的制造与安装安全规范》（GB 16899—2011）、《液压电梯制造与安装安全规范》（GB 21240—2007）、《杂物电梯制造与安装安全规范》（GB 25194—2010）、《提高在用电梯安全性的规范》（GB 24804—2009）、《电梯用钢丝绳》（GB 8903—2005）、《电梯层门耐火试验 完整性、隔热性和热通量测定法》（GB/T 27903—2011）、《电梯工程施工质量验收规范》（GB 50310—2002）等。强制性标准占标准的 10%~15%。还要注意强制性标准的强制性条文才是真正要强制执行的。

2.3　电梯标准

电梯国内标准分为国家标准（GB 、GB/T ）、行业标准（JB、JB/T）、地方标准（如DB、DB/T）、企业标准（Q）。还应关注国际标准和发达国家和地区标准，如 ISO、IEC、ISO/IEC、EN、FEM、ASTM 等。

1. 电梯整机类技术标准（见表 2-3）

表 2-3　电梯整机类技术标准

序号	标准号	标　准　名　称
1	GB/T 7024—2008	电梯、自动扶梯、自动人行道术语
2	GB/T 7025. 1—2008	电梯主参数及轿厢、井道、机房的型式与尺寸　第 1 部分：Ⅰ、Ⅱ、Ⅲ、Ⅵ类电梯
3	GB/T 7025. 2—2008	电梯主参数及轿厢、井道、机房的型式与尺寸　第 2 部分：Ⅳ类电梯
4	GB/T 7025. 3—1997	电梯主参数及轿厢、井道、机房的型式与尺寸　第 3 部分：Ⅴ类电梯
5	GB 24803. 1—2009	电梯安全要求　第 1 部分：电梯基本安全要求
6	GB 24803. 2—2013	电梯安全要求　第 2 部分：满足电梯基本安全要求的安全参数
7	GB 24803. 3—2013	电梯安全要求　第 3 部分：电梯、电梯部件和电梯功能符合性评价的前提条件
8	GB 24803. 4—2013	电梯安全要求　第 4 部分：评价要求
9	GB/T 10058—2009	电梯技术条件
10	GB/T 10059—2009	电梯试验方法
11	GB/T 10060—2011	电梯安装验收规范
12	GB 7588—2003	电梯制造与安装安全规范
13	GB 16899—2011	自动扶梯和自动人行道的制造与安装安全规范
14	GB 21240—2007	液压电梯制造与安装安全规范
15	GB 25194—2010	杂物电梯制造与安装安全规范
16	GB/T 21739—2008	家用电梯制造与安装规范
17	GB 24804—2009	提高在用电梯安全性的规范
18	CB/T 3878—2011	船用载货电梯
19	GB/T 24477—2009	适用于残障人员的电梯附加要求
20	GB/T 24479—2009	火灾情况下的电梯特性
21	GB 50310—2002	电梯工程施工质量验收规范
22	GB/T 24475—2009	电梯远程报警系统
23	GB/T 24807—2009	电磁兼容　电梯、自动扶梯和自动人行道的产品系列标准　发射
24	GB/T 24808—2009	电磁兼容　电梯、自动扶梯和自动人行道的产品系列标准　抗扰度
25	GB/T 24476—2009	电梯、自动扶梯和自动人行道数据监视和记录规范

（续）

序号	标准号	标　准　名　称
26	GB/T 24474—2009	电梯乘运质量测量
27	GB/T 18775—2009	电梯、自动扶梯和自动人行道维修规范
28	GB/T 20900—2007	电梯、自动扶梯和自动人行道　风险评价和降低的方法
29	GB 24805—2009	行动不便人员使用的垂直升降平台
30	GB 24806—2009	行动不便人员使用的楼道升降机
31	GB 25856—2010	仅载货电梯制造与安装安全规范
32	GB 26465—2011	消防电梯制造与安装安全规范
33	GB/Z 28597—2012	地震情况下的电梯和自动扶梯要求　汇编报告
34	GB/Z 28598—2012	电梯用于紧急疏散的研究
35	GB 28621—2012	安装于现有建筑物中的新电梯制造与安装安全规范
36	GB 31094—2014	防爆电梯制造与安装安全规范
37	GB 31095—2014	地震情况下的电梯要求
38	GB/T 31200—2014	电梯、自动扶梯和自动人行道乘用图形标志及其使用导则
39	GB/Z 31822—2015	公共交通型自动扶梯和自动人行道的安全要求指导文件
40	GB/T 30559.1—2014	电梯、自动扶梯和自动人行道的能量性能　第1部分：能量测量与验证
41	JG/T 5010—1992	住宅电梯的配置与选择
42	CB/T 3567—2011	船用乘客电梯

2. 电梯部件类技术标准（见表2-4）

表2-4　电梯部件类技术标准

序号	标准号	标　准　名　称
1	GB 8903—2005	电梯用钢丝绳
2	GB/T 5013.5—2008	额定电压450/750V及以下橡皮绝缘电缆　第5部分：电梯电缆
3	GB/T 5023.6—2006	额定电压450/750V及以下聚氯乙烯绝缘电缆　第6部分：电梯电缆和挠性连接用电缆
4	GB/T 22562—2008	电梯T形导轨
5	GB/T 24478—2009	电梯曳引机
6	GB/T 27903—2011	电梯层门耐火试验试验　完整性、隔热性和热通量测定法
7	GB/T 24480—2009	电梯层门耐火试验　泄漏量、隔热、辐射测定法
8	JB/T 8545—2010	自动扶梯梯级链、附件和链轮
9	YB/T 5198—2004	电梯钢丝绳用钢丝

3. 国外电梯标准简介

国外电梯标准主要有ISO标准、欧盟标准和美国ASME标准。

（1）ISO标准　国际标准化组织ISO目前有163个成员国（团体）。我国共有300多个标准化技术委员会与ISO和IEC的技术委员会相对应。自动扶梯和旅客运送机技术委员会（ISO/TC178）成立于1979年，是专门研究垂直、倾斜和水平运送人和货物设备国际标准的技术委员会，主要承担电梯、杂物电梯、自动扶梯和自动人行道及类似设备安全标准的制定、比较和研究。我国于1985年开始参加了ISO/TC178技术委员会。ISO最早于20世纪70年代出版了ISO4190系列标准，规定了允许电梯安装必需的建筑尺寸等。目前与电梯相关的ISO标准化出版物有ISO 4190、ISO 7465、ISO 8383、ISO 9386、ISO 9589、ISO 18738、ISO 18749、ISO 22199、ISO 22200等31份标准、技术说明或技术报告。

（2）欧洲联盟　欧洲联盟是在欧洲共同体（简称欧共体）基础上发展而来的，现有27个成员国。与电梯相关的指令有95/16/EC《电梯指令》（适用于垂直电梯）、98/37/EC《机械指令》、89/336/EC《电磁兼容指令》和2006/42/EC《新机械指令》，与自动扶梯、人行道相关的指令有98/37/EC《机械指令》、89/336/EC《电磁兼容指令》、73/23/EEC《低压指令》。根据有关指令要求，欧洲电梯标准化技术委员会（CEN/TC10）制定了一系列电梯和自动扶梯、自动人行道的协调性标准。我国有相当一部分标准来源于欧盟电梯标准，如《电梯制造与安装安全规范》（GB 7588—2003）来源于欧盟电梯标准EN81-1：1998。

（3）美国ASME标准　美国ASME标准中与电梯相关标准主要有：《电梯和自动扶梯安全规范》《电梯、自动扶梯及自动人行道检验指南》《在用电梯和自动扶梯安全规范》《紧急救援人员指南》《电梯和自动扶梯电气设备》《电梯悬挂、补偿装置和限速器系统标准》《基于性能的电梯和自动扶梯安全规范》。

第 3 章

电梯机械系统

电梯是机械、电气一体化的大型复杂设备，它的机械部分相当于人的躯体，电气部分相当于人的神经。机械与电气的一体化协同工作使电梯成为现代科技的综合产品。电梯的机械系统按照使用功能的不同分为曳引系统、轿厢系统、门系统、导向系统和重量平衡系统五部分。曳引系统为电梯的上下运行提供动力；轿厢系统是用于运送乘客和货物的载体；门系统是乘客和货物的进出通道，且能在电梯的上下运行中防止其坠落、挤压或剪切；导向系统首先保证了轿厢与对重的相互位置在安全范围内，其次限制其活动自由度，使轿厢和对重只能沿着导轨作升降运动；重量平衡系统使曳引系统的原动力（电动机）能耗比强制驱动系统（见图 3-1）减少1/2以上，达到节能和提高效率的目的。

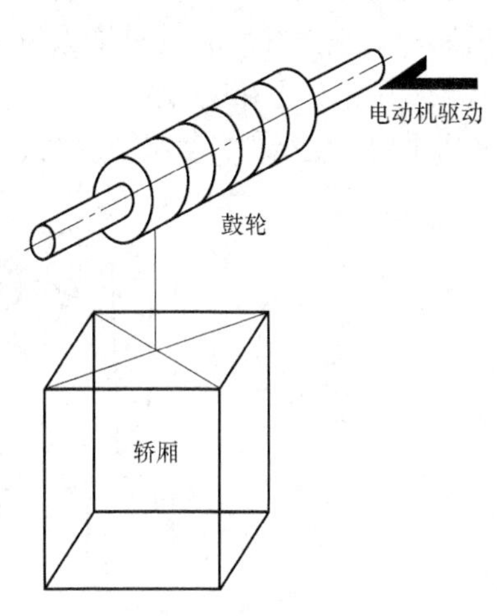

图 3-1　强制驱动系统

3.1　曳引系统

曳引系统由曳引机、曳引钢丝绳、导向轮、反绳轮等组成，输出与传输动力，驱动电梯轿厢和对重上、下运行。曳引式电梯是指通过曳引轮的正反旋转，利用曳引绳与曳引轮之间的静摩擦力，带动曳引绳两端的轿厢和对重上下升降运动，如图 3-2 所示。

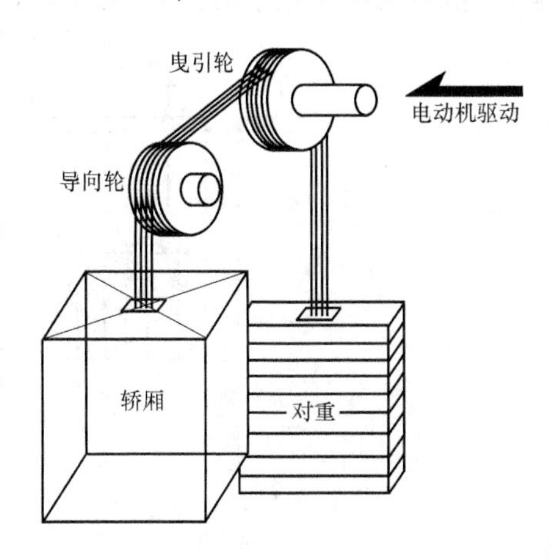

图 3-2　曳引式电梯

曳引摩擦力的设计和制造必须适宜，否则会引起安全事故，如果摩擦力过大，对重压缩缓冲器后，轿厢仍然会继续受曳引摩擦力的作用，被曳引轮所提升并撞击楼板；如果摩擦力过小，则会导致曳引绳与曳引轮之间打滑，轿厢不受控制，出现不同工况下的轿厢在重力作用下溜车、坠落、蹲底或者冲顶的危险。

1. 常见的曳引传动结构

如图 3-3 所示为电梯曳引钢丝绳常见的绕法，有 1 : 1 单绕的电梯、2 : 1 单绕的电梯、3 : 1 单绕的电梯和 2∶1 复绕的电梯等多种。1∶1 单绕的电梯结构简单，其应用也较为广泛，一般的乘客电梯和载重量较小载货电梯大多采用这种结构。通常载货电梯对提升速度要求不高，但希望载重量能大一些，在不增加电动机功率的情况下，为了增大载重量而降低电梯的提升速度，载货电梯多采用 2∶1 单绕这种结构。目前永磁同步曳引机也多采用这种结构。

(1) 曳引比　曳引比是指电梯在运行时曳引钢丝绳的线速度与轿厢运行速度的比值。

若曳引钢丝绳的速度等于轿厢的运行速度，则曳引比为 1∶1。

若曳引钢丝绳的线速度等于轿厢的运行速度的 2 倍，则曳引比为 2∶1。

(2) 单绕与复绕　单绕是曳引钢丝绳直接放置在曳引轮和导向轮绳槽上与轿厢和对重连接。

复绕是指曳引钢丝绳不是简单地放置在曳引轮上，而是在曳引轮与导向轮上绕一圈，才与轿厢和对重连接，目的是增大曳引绳对曳引轮的包角，提高曳引能力。

当曳引钢丝绳和曳引轮之间的摩擦力不足，需要增大曳引钢丝绳在曳引轮上的包角时，就可以考虑采用复绕结构，复绕结构大都应用在高速无齿轮曳引机和曳引轮直径比较小的曳引机上。

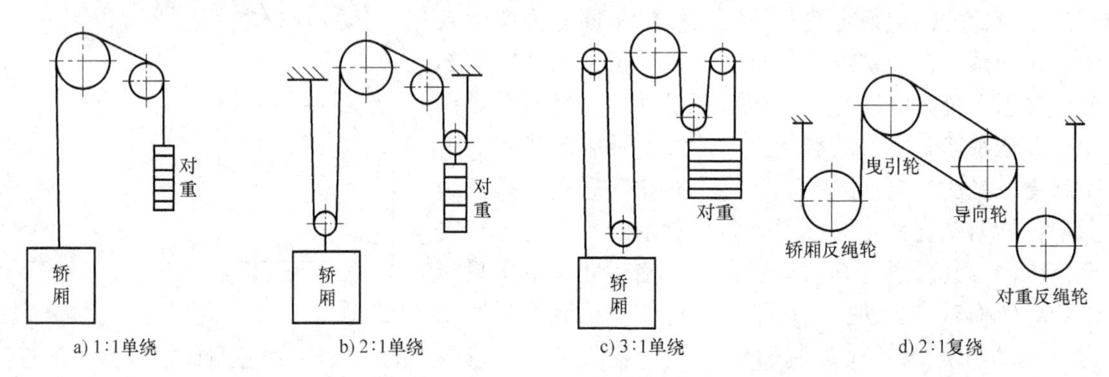

图 3-3　电梯曳引钢丝绳绕法

(3) 包角　包角是指曳引钢丝绳经过曳引轮绳槽内所接触的弧度，用 α 表示。包角越大摩擦力越大，则曳引力也随之增大。增大包角目前较多采用两种方法，一是采用 2∶1 的曳引比，使包角增至 180°，如图 3-4a 所示；另一种是复绕式（包角为 $\alpha_1+\alpha_2$），如图 3-4b 所示。

(4) 曳引力　在曳引轮槽中能产生的有效曳引力是钢丝绳与轮槽之间当量摩擦系数和钢丝绳绕过曳引轮包角的函数。根据静平衡条件，为了使电梯在工作情况下不打滑，保证有

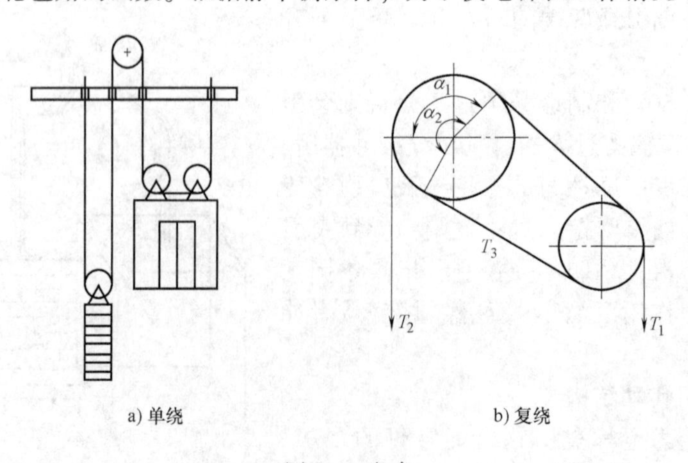

图 3-4　包角

足够的曳引能力就必须满足：

$$T_1/T_2 \leqslant e^{f\alpha}$$

式中 T_1、T_2——曳引轮两侧曳引绳中的拉力，T_1 为轿厢侧曳引绳中的拉力，T_2 为对重侧曳引绳中的拉力；

e——自然对数底；

f——当量摩擦系数；

α——钢丝绳在绳轮上的包角。

轿厢滞留工况下，为了使对重压在缓冲器上面曳引机按电梯上行方向旋转时，不能提升空载轿厢，钢丝绳曳引力又必须满足：

$$T_1/T_2 \geqslant e^{f\alpha}$$

2. 曳引机的类型

电梯曳引机（又称为电梯主机）是电梯的主拖动机械，按驱动电动机的类型可分为直流电动机拖动和交流电动机拖动两类；按有无减速器来分类，可分为无齿轮曳引机和有齿轮曳引机两类。在《电梯曳引机》（GB/T 24478—2009）中，对电梯曳引机有具体的要求。电梯曳引机类型见表 3-1。

（1）无齿轮曳引机　无齿轮曳引机主要应用在高速电梯和无机房、小机房电梯上。这种曳引机的特点是电动机与曳引轮之间没有减速箱，结构简单紧凑；传动效率高，节省能源；不需要润滑油，没有漏油故障以及换油时对环境的污染。

某些情况下，无齿轮曳引机使用的电动机为永磁同步电动机，其功率因数也比异步电动机要高很多，对电网的污染也远远小于异步电动机。

（2）蜗杆副曳引机　蜗杆传动属于垂直轴齿轮传动，采用这种减速方式的曳引机目前是交流有齿曳引机中应用最为广泛、技术最为成熟的一种。

采用蜗杆减速器的曳引机有以下优点：传动比大，结构紧凑；制造简单，部件和轴承数量少；由于齿面的啮合是连续不断的，因此运行平稳，噪声较低；具有较好的抗冲击载荷特性，不易逆向驱动（即从负载端向原驱动端传动）。

蜗杆副的减速方式有以下缺点：由于啮合齿面之间有较大的滑移速度，在运行时发热量大；齿面磨损较严重；传动效率低（一般只有 72%~85%）；对蜗轮和蜗杆中心距敏感，部件互换性差。

（3）斜齿轮副曳引机　斜齿轮传动属于平行轴齿轮传动。与直齿轮相比，由于斜齿轮传动在啮合过程中有轴向的重合度，啮合的齿数增加，因此啮合平稳性和承载能力都要比直齿轮好（直齿轮啮合时接触的轮齿数量是在一对与两对之间交替变换，且由于齿面接触为一条直线，造成啮合、分离时都是同时接触或同时分离的），冲击振动和噪声都比较大。

（4）行星齿轮传动曳引机　行星齿轮传动曳引机与定轴轮系的蜗杆传动和斜齿轮传动不同，行星齿轮属于行星轮系传动。

电梯曳引机上通常采用渐开线行星齿轮作为减速传动装置，行星齿轮传动具有以下优点：结构紧凑，重量轻，体积小，行星齿轮减速器的尺寸和重量为蜗杆副或斜齿轮减速器的 1/6~1/2；行星齿轮的传动效率可达 97%~99%；运行平稳，抗冲击和振动的能力较强。

但行星齿轮传动也具有一些缺点：结构复杂、造价高、加工制造和装配都比较困难。由于使用了直齿轮，在高转速的情况下噪声和振动会变得较大。

（5）带传动曳引机　带传动是单级传动，电动机轴通过 V 带直接与曳引轮轴连接，驱动 V 带的传动轮安装在电动机轴上。V 带靠特殊的装置进行张紧。

表 3-1　电梯曳引机类型

曳引机类型	图　示
无齿轮曳引机	永磁同步无齿轮曳引机
	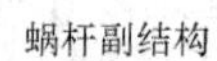 蜗杆副结构
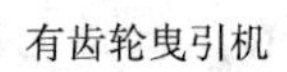 有齿轮曳引机	 斜齿轮副结构
	  行星齿轮结构

（续）

曳引机类型	图　示
带传动曳引机	带传动曳引机

3. 曳引机的组成

电梯曳引机主要由电动机、电磁制动器、联轴器、减速器、曳引轮、盘车手轮和底座等组成，客梯和货梯曳引机的结构如图3-5和图3-6所示。

下面主要介绍常见的蜗杆副减速器传动的曳引机。

（1）蜗杆副减速器　蜗杆副减速器一般由箱体、箱盖、蜗杆、蜗轮、轴承等组成。

图3-5　客梯曳引机的结构

1—减速器　2—制动器　3—电动机　4—旋转编码器　5—机座　6—曳引轮

图3-6　货梯曳引机的结构

1—曳引轮　2—机座　3—制动器　4—电动机　5—松闸扳手

蜗轮轴（即主轴）与蜗杆的两端都装有轴承。由于蜗轮蜗杆的齿是斜的，在传动时会产生轴向力，因此通常都是选用向心推力轴承或向心轴承与推力轴承的组合。减速器蜗杆一般采用阿基米德螺旋蜗杆和延长渐开线蜗杆，材料一般选用45钢或40Cr钢材制造。蜗轮一般采用锡青铜或铝青铜（均为金黄色）材料铸造加工而成，经过加工后蜗轮固定在轮壳上。目前蜗轮的材料较大量采用高铝锌基合金（常用ZA27，为银白色）材料，该材料价格便宜，重量轻，机械性能良好；但是，热敏性高，铸造工艺要求高，如果铸造质量达不到要求，可能只有1~2年的使用寿命。为了保证蜗轮轴和蜗杆轴在工作时转动灵活，以及使相应的轴承得到良好的润滑，必须有一定的轴向游隙。

（2）电磁制动器　曳引机上使用的电磁制动器，一般为直流块式制动器，安装在电动机轴与蜗杆的连接处。电磁制动器由电磁铁、制动臂、制动闸瓦、制动轮、压缩弹簧等组成。

有减速器曳引机中常见的制动器如图3-7所示。

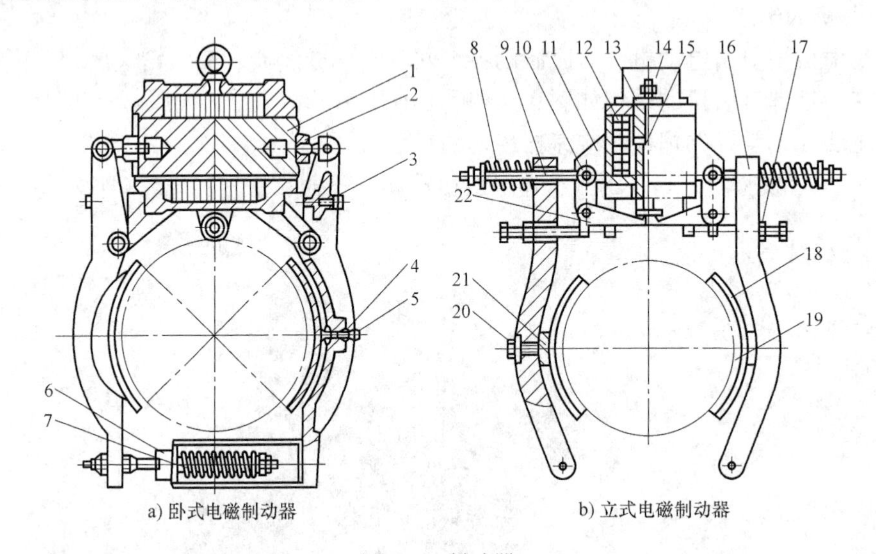

a) 卧式电磁制动器　　b) 立式电磁制动器

图3-7　制动器

1、13—铁心　2—锁紧螺母　3—限位螺钉　4、20—连接螺栓　5—碟形弹簧　6—偏斜套　7、8—制动弹簧　9—拉杆　10—销钉　11—电磁铁座　12—线圈　14—罩盖　15—顶杆　16—制动臂　17—顶杆螺栓　18—闸瓦块　19—制动带　21—球面头　22—转臂

联轴器与制动轮间的连接如图3-8所示。

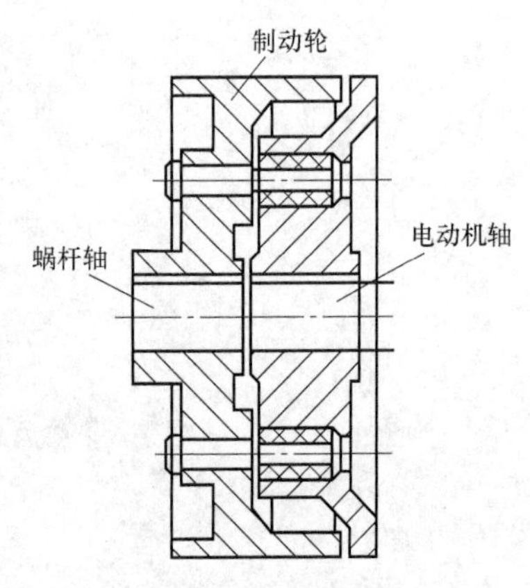

图3-8　联轴器及制动轮

制动器的作用：制动器是电梯不可缺少的非常重要的安全装置。轿厢载有125%额定载荷并以额定速度向下运行时，制动器动作应能使曳引机停止运转。同时轿厢减速度不应超过安全钳动作或者轿厢撞击缓冲器所产生的减速度。这就要求制动器的制动力既要足够，能确保电梯制停，但又不能太大，防止紧急制动时使轿厢内人员受伤。

（3）曳引轮绳槽　曳引轮绳槽的截面形状对电梯曳引能力有很大的影响，通常有如下三种形式：半圆形槽、半圆形带切口槽、V形槽。曳引轮绳槽如图3-9所示。

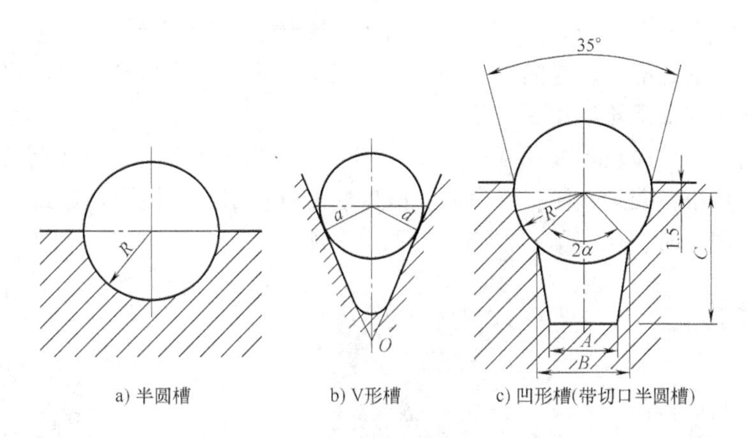

a) 半圆槽　b) V形槽　c) 凹形槽(带切口半圆槽)

图 3-9　曳引轮绳槽

V 形槽所产生的摩擦力最大，钢丝绳与绳槽的磨损很快，影响使用寿命，同时当槽形磨损，钢丝绳中心下移时，摩擦力就会很快下降，因此这种槽型应用较少。

半圆槽所产生摩擦力最小，有利于延长钢丝绳和曳引轮的使用寿命，但摩擦力过小往往使钢丝绳与绳槽之间打滑，因此一般单绕式电梯都不采用半圆槽，而多见于高速复绕式电梯上使用。

带切口半圆槽所产生的摩擦力比较适中，是目前电梯上应用最广泛的一种。

(4) 曳引钢丝绳　电梯曳引钢丝绳用于悬挂轿厢和对重，依靠曳引轮与曳引钢丝绳之间的摩擦力驱动轿厢和对重运行。曳引钢丝绳是重要的电梯部件，也是易损件之一。

钢丝绳由钢丝、绳股和绳芯组成，如图 3-10 所示。常用的钢丝绳结构有 8×19S+NF 和 6×19S+NF。钢丝绳的截面形状如图 3-11 所示。

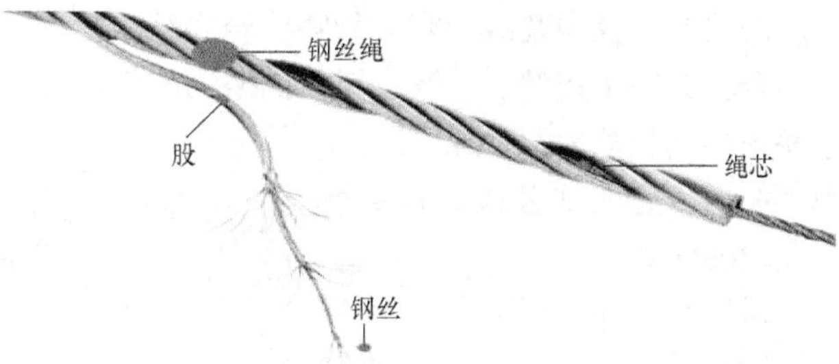

图 3-10　钢丝绳的结构

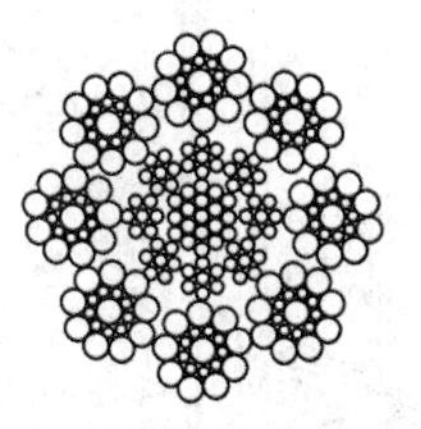
a) 西鲁式钢芯钢丝绳

b) 瓦灵顿式钢芯钢丝绳

c) 填充式钢芯钢丝绳
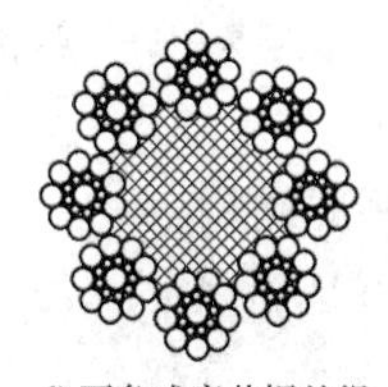
d) 西鲁式麻芯钢丝绳

图 3-11　钢丝绳的截面形状

(5) 导向轮与反绳轮　导向轮是用于调整曳引钢丝绳在曳引轮上的包角和轿厢与对重的相对位置而设置的定滑轮。导向轮安装在机房或者滑轮间。反绳轮是用于轿厢和对重顶上的动滑轮。导向轮和反绳轮如图3-12所示。

目前，导向轮、反绳轮多使用MC尼龙材料，MC尼龙材料具有以下优点：成本低廉；质量轻，转动惯量小，装配方便；噪声低，减振性能好；耐磨，使用寿命长；减少钢丝绳的磨损，延长其使用寿命。MC尼龙导向轮如图3-13所示。

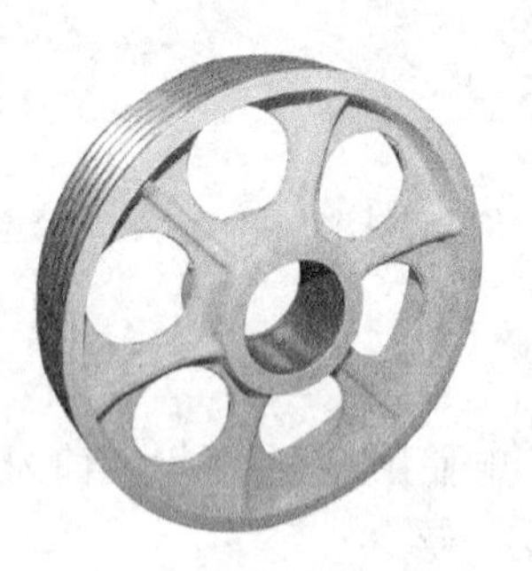

a) 铸铁导向轮

b) 尼龙反绳轮

图3-12　导向轮和反绳轮

图3-13　MC尼龙导向轮

3.2　轿厢系统

轿厢是电梯中用以运载乘客或其他载荷的箱形装置。

1. 轿厢系统的组成与结构

(1) 轿厢系统的组成

轿厢是电梯中装载乘客或货物的金属结构件，电梯的轿厢系统与导向系统、门系统是有机结合，共同工作的。轿厢系统借助轿厢架立柱上下4个导靴沿着导轨作垂直升降运动，通过轿顶的门机驱动轿门和层门实现开关门，完成乘客或载货进出和运输的任务。

轿厢系统由轿厢架、轿厢体和设置在轿厢上的部件与装置构成。轿厢的基本结构由轿厢架、轿厢顶、轿厢壁、轿厢底和轿门组成，其中轿门也是门系统的一个组成部分。轿厢结构总成如图3-14所示。

(2) 轿厢结构

轿厢架是轿厢的承载结构，轿厢的负荷（自重和载重）都由它传递到曳引钢丝绳。当安全钳动作或者轿厢蹲底撞击缓冲器

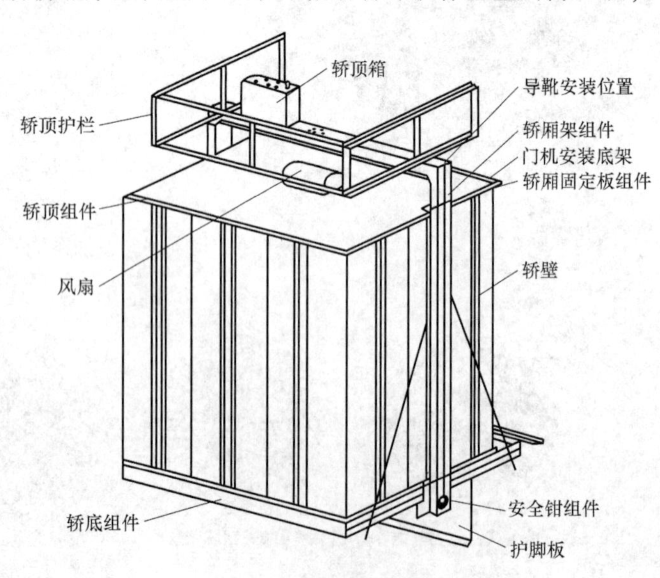

图3-14　轿厢结构总成

时，还要承受由此产生的反作用力，因此轿厢架要有足够的强度。

轿厢壁与轿厢底、轿厢顶和轿门构成一个封闭的空间。轿厢壁的制作材料都是钢板，一般有喷漆薄钢板、喷塑漆钢板和不锈钢钢板等，高档的电梯也采用镜面不锈钢作为轿厢壁的内饰。一般轿厢壁由多块钢材拼接，采用螺栓联接成形。每块板件都敷设有加强筋，以提高强度和刚度。轿厢壁的拼装次序一般是先拼后壁，再拼侧壁，最后拼前壁，轿壁之间的连接要求螺栓齐全、紧固，以避免电梯运行过程中轿壁之间紧固不足产生噪声，影响使用的舒适性与安全性。轿壁板的连接如图3-15所示。

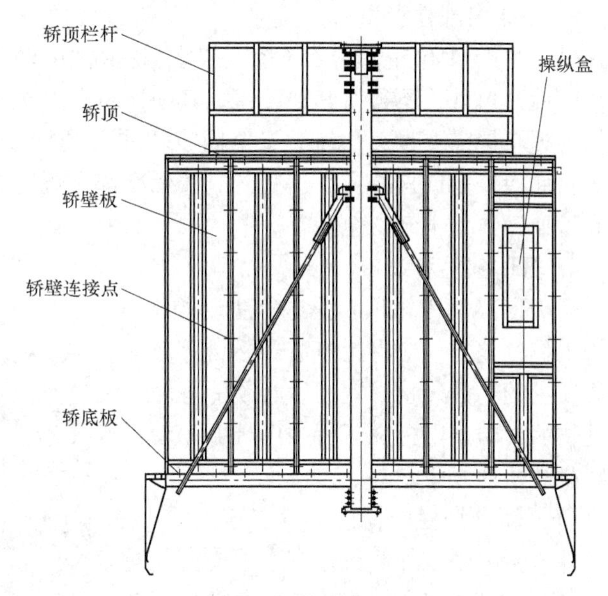

图 3-15　轿壁板的连接

轿厢顶一般用薄钢板制成。由于轿顶需要站立人员，并且当设置有安全窗时还要供人员应急救援，因此要求有足够的强度。轿顶应能支撑两人以上的重量，并且有合适的供人站立的面积。

2. 轿厢系统的电气连接

轿厢系统通过一端固定在轿厢底的随行电缆（又称为扁电缆，见图 3-16a），与电梯机房的控制柜进行电气连接。考虑到日常维护，方便更换，对于楼层低的电梯，随行电缆直接连接至机房；对于中、高层电梯，随行电缆先连接至井道的中间接线箱，再通过井道敷线从中间接线箱连接至机房，如图 3-16b 所示。轿厢系统的电气连接包括轿厢门机、控制面板等轿厢用电设备的电源电路、照明、插座电路、控制信号电路和安全回路。

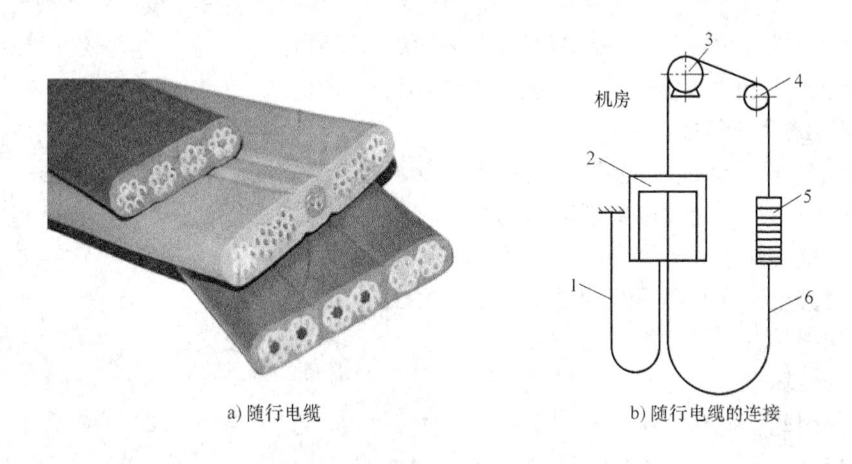

a) 随行电缆　　b) 随行电缆的连接

图 3-16　随行电缆的截面形状及连接

1—随行电缆　2—轿厢　3—曳引轮　4—导向轮　5—对重　6—补偿装置

随行电缆连接到轿厢底后，通过轿厢外壁连接至轿厢顶接线箱，再连接至门机、轿厢内控制面板、轿厢内照明等各用电设备。

3. 轿厢内部件和设备

轿厢是由封闭围壁形成的承载空间，除必要的轿门出入口、通风孔以及按标准规定设置的功能性开口外，不得有其他开口。其中，轿厢上按标准规定设置的功能性开口包括：部分电梯根据救援需要设置的轿厢安全门或轿厢（顶）安全窗，对于无机房电梯作业场地等设置的轿厢检修门或检修窗。这些开口按标准都有规定的开启方式和门保护装置，包括锁紧装置和验证锁紧的电气安全装置。

4. 轿顶部件和设备

轿厢顶（简称轿顶）是电梯主要的检修作业场地。如图3-17所示，轿厢顶是检修人员检修工作的地方，应保持整洁，不可存放非检修使用的物品。检修完成后必须清理轿顶上的物品，防止电梯在运行中由于振动使轿顶物品坠落而发生意外。

图3-17　轿厢顶

（1）轿顶护栏

井道壁离轿顶外侧边缘有水平方向超过0.3m的自由距离时，轿顶应装设护栏。轿顶护栏应有扶手、0.10m高的护脚板和位于护栏高度一半处的中间栏杆组成，并有关于倚伏或斜靠护栏危险的警示符号或须知。

轿顶护栏的作用是防止在轿顶进行检修的工作人员坠落或者受到井道内其他设备的伤害。轿顶护栏内是相对安全的检修作业场地。电梯正常运行时，工作人员禁止处在轿顶位置，尤其是站在轿顶；电梯检修运行时，进行检修工作的人员头手脚等各身体部分不应伸出轿顶护栏之外。

（2）轿顶检修装置

为便于检修人员工作，在轿顶易于接近的位置设置有检修装置。该装置必须设置有停止开关（红色非自动复位开关），检修状态转换开关（双稳态），检修上、下运行持续揿压按钮（防止误操作）和电源插座等，如图3-18所示。

5. 轿厢超载保护装置

电梯制动器的制动能力是有一定范围的，若轿厢超载运行，超过电梯制动器的制动能力范围，就容易造成电梯的坠落、蹲底事故，严重时甚至出现开门溜车的情形，导致电梯门剪切乘员的事故发生。当轿厢超载严重时甚至会破坏曳引能力，也会导致上述事故的发生。因此，电梯使用时轿厢实际的载重量应保持在额定载重量许可范围内。

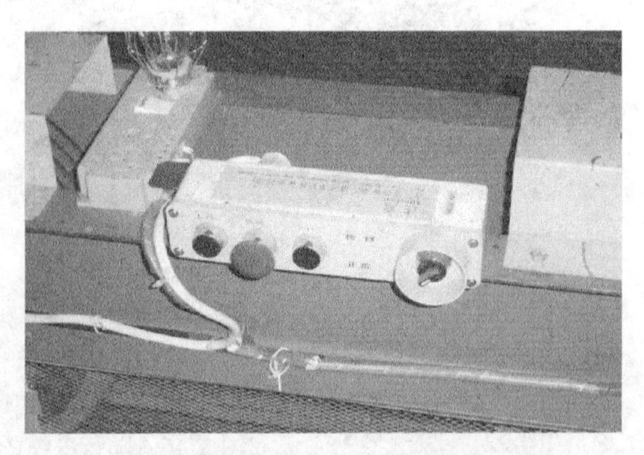

图3-18　轿顶检修装置

轿厢超载保护装置按照不同的传感器形式可分为：机电微动开关式（见图3-19a）

和压力传感器式（见图 3-19b）。

a) 机电微动开关式

b) 压力传感器式

图 3-19　超载保护装置不同的传感器形式

轿厢超载保护装置按照设置位置可分为以下几种形式。

（1）轿底超载保护装置　这种超载保护装置应用非常广泛，价格低廉、安全可靠，但更换维修较烦琐，通常采用橡胶垫作为称重变形元件。将这些橡胶元件固定在轿厢底盘与轿厢架之间，当轿厢超载时，轿厢底盘受到载重的压力向下运动使橡胶垫变形，触动微动开关，切断电梯相应的控制功能。一般设置两个微动开关，一个微动开关在电梯达到 80% 负载时动作，电梯确认为满载运行，只响应轿厢内的呼叫，直接到达呼叫站点；另一个微动开关在电梯达到 110% 载重量时发生动作，电梯确认为超载，停止运行，保持开门，并给出警示信号。微动开关通过螺钉固定在活动轿厢底盘上，调节螺钉就可以调节载重量的控制范围。

（2）曳引绳头处的超载保护装置

1）轿顶曳引绳头处的超载保护装置。

电梯采用大于 1∶1 的曳引比时，轿顶超载保护装置是以压缩弹簧组作为称重元件，在轿厢架上梁的绳头组合处设有超载保护装置的杠杆。当电梯承受不同载荷时，绳头组合会带动超载保护装置的杠杆发生上下摆动。当轿厢超载时，通过杠杆放大摆动，触动微动开关，给电梯相应的控制信号，如图 3-20 所示。

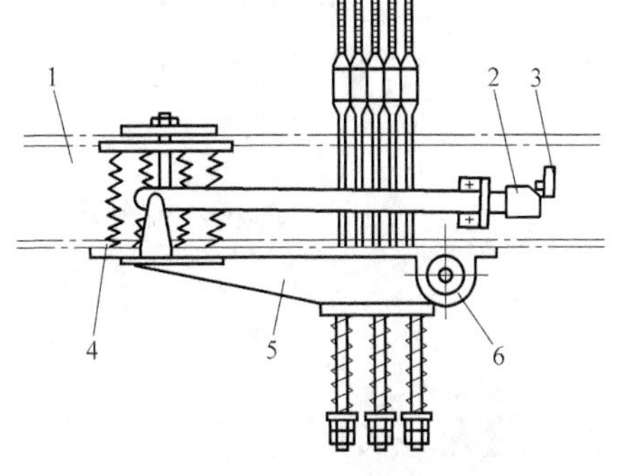

图 3-20　轿顶曳引绳头处的超载保护装置

1—上梁　2—摆杆　3—微动开关

4—压簧　5—秤杆　6—秤座

2）机房（或无机房电梯井道内）曳引绳头处的超载保护装置。

当电梯采用大于 1∶1 的曳引比时，可以将超载保护装置装设在机房中。它的结构和原理和轿顶称重装置类似，安装在机房的绳头板上，利用机房绳头组合随着电梯载荷的不同产生的上下摆动，带动称重装置的杠杆上下摆动，如图 3-21 所示。

6. 轿厢护脚板

当轿厢不平层，即轿厢地板（地坎）的位置高于层站地面时，在轿厢地坎与层门地坎之间形成一个间隙。假设电梯在层站附近（当轿厢地板面高于层站地面时）发生故障而无法运行时，轿厢内乘员扒开轿门并开启层门自救，如果由轿厢内跳出时脚踏入此空隙，就有可能发生坠落井道的人身伤害事故。如图 3-22 所示，乘客由轿厢内跳出时，护脚板可以起到一定的遮挡作用以防止人员坠入井道。

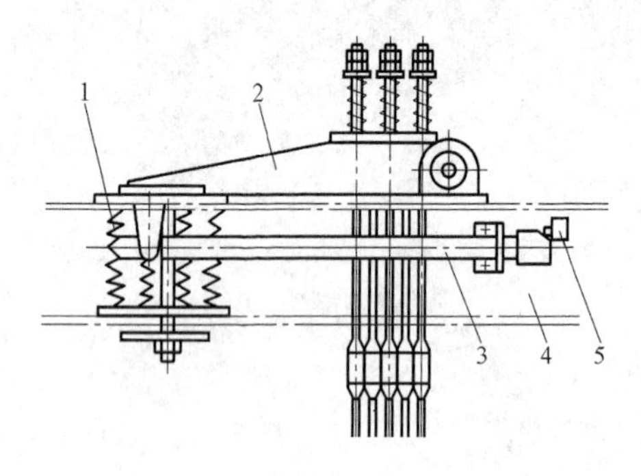

图 3-21　机房曳引绳头处的超载保护装置

1—压簧　2—秤杆　3—摆杆

4—承重梁　5—微动开关

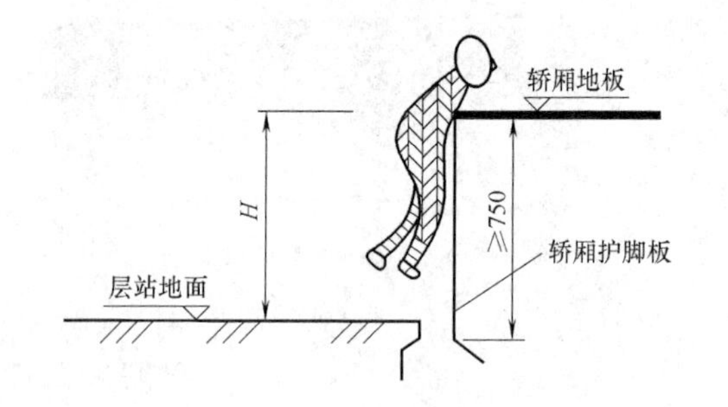

图 3-22　轿厢护脚板对人员的保护

对于采用对接操作的电梯，其护脚板垂直部分的高度应是在轿厢处于最高装卸位置时，延伸到层门地坎线以下不小于 0. 10m。轿厢护脚板的结构如图 3-23 所示。

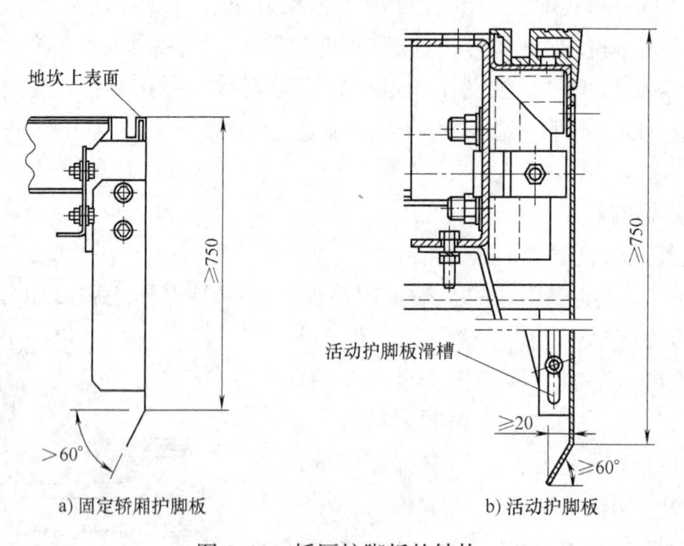

图 3-23　轿厢护脚板的结构

3.3　门系统

电梯的门系统由轿门、层门、开关门机构、门锁装置、层门紧急开锁装置、层门自闭装置、门入口保护装置组成。电梯门是乘客或货物的出入口，电梯的门系统不仅具有开关门的

功能，同时还提供防止人员坠落和受到剪切的保护。只有在所有层门和轿门关闭，层门（和需要上锁的轿门）锁紧后，电梯才能运行。

1. 电梯门

电梯门分为层门和轿门。层门又称为厅门，是设置在层站入口的门；轿门又称为轿厢门，是设置在轿厢入口的门。

（1）电梯门的结构

层和轿厢门由各自的门扇、门导轨、门滑轮、门地坎、门滑块等组成，如图3-24所示。

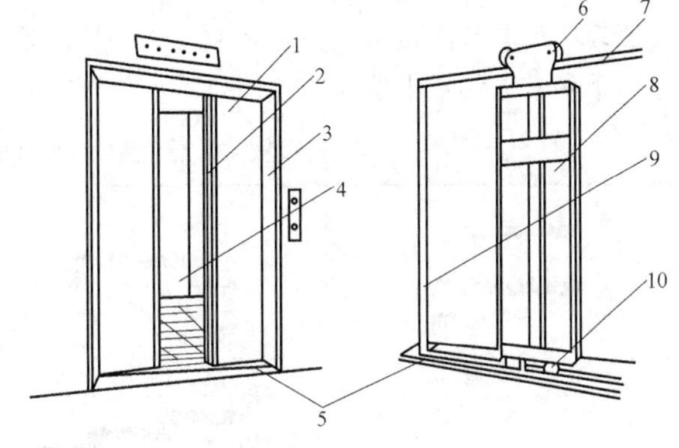

图3-24　电梯门的结构

1—层门　2—轿厢门　3—门套　4—轿厢　5—地坎　6—门滑轮　7—层门导轨　8—层门门扇　9—层门立柱　10—门滑块

（2）电梯门的分类

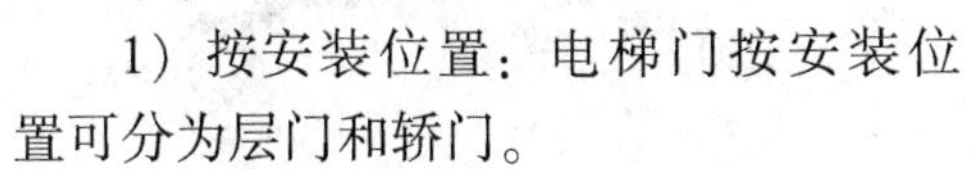

1）按安装位置：电梯门按安装位置可分为层门和轿门。

2）按开门方式：电梯门按开门方式可分为水平滑动门、垂直滑动门（见图3-25）、铰链门（见图3-26）、折叠门（见图3-27）。

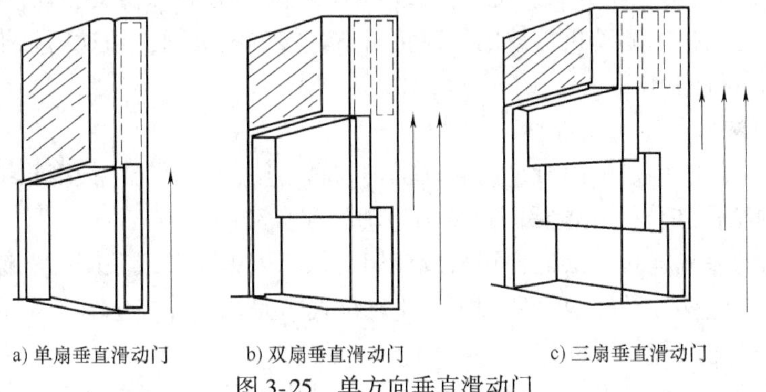

a) 单扇垂直滑动门　b) 双扇垂直滑动门　c) 三扇垂直滑动门

图3-25　单方向垂直滑动门

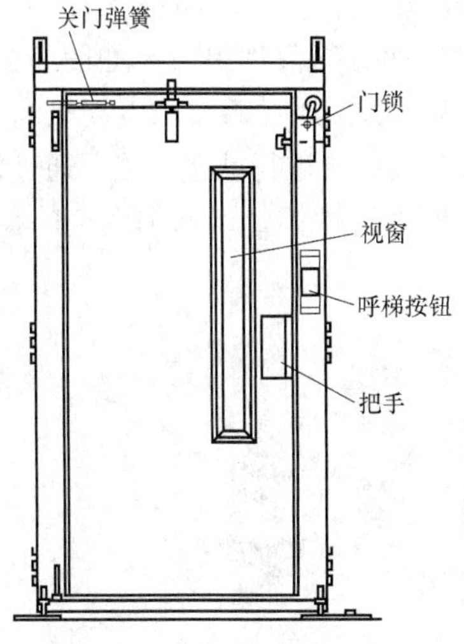

图3-26　带视窗的手动铰链门

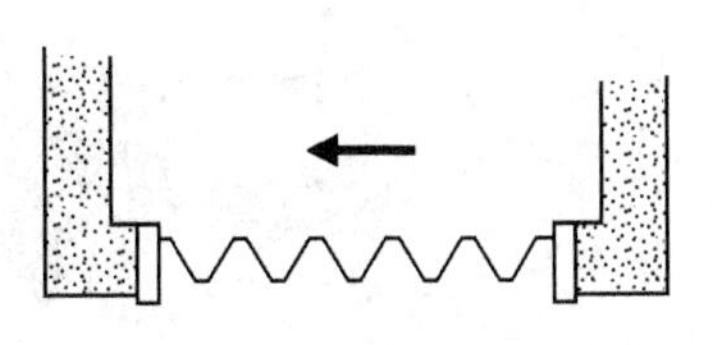

图3-27　旁开折叠门

3）按开门方向：水平滑动的电梯门按门扇的开门运动方向可分为中分门和旁开门。

旁开门又可分为左开门和右开门。左开门是指站在层站面对轿厢，门扇向左方向开启的层门或轿门。右开门是指站在层站面对轿厢，门扇向右方向开启的层门或轿门。

以下是常见的水平滑动门开门方式，见表3-2。

表3-2 常见的水平滑动门开门方式

(1)旁开单扇门	(2)中分双扇门	(3)旁开双扇门
(4)中分双折门	(5)旁开三扇门	(6)中分三折门

4）按与驱动机构的连接方式：电梯门按与驱动机构的连接可分为主动门、被动门。

主动门是指与门机的驱动机构或门刀直接机械连接的电梯门。被动门是指用钢丝绳等非刚性的部件带动运行的电梯门。

2. 开关门机构

电梯门的开关门机构是由门机、门联动机构、轿门门刀、层门门锁滚轮组成的。

(1) 门机的结构和分类 电梯门可分为手动门和自动门。

手动门是在电梯平层后，由电梯司机或使用者依靠人力打开或关闭的电梯门。手动门除了杂物电梯或老式电梯外已经很少使用了。手动门通常是用手抓住电梯门上的手柄，通过人力推拉电梯门扇来完成开关门动作。

自动门通常使用电动机作为轿门打开和关闭的动力来源，当电梯正常运行达到平层位置时，通过设置在轿厢顶部的门机来实现自动开关门。自动门的门机分为直流门机和交流门机。直流门机由直流电动机、调速电阻箱、减速轮、机械摆臂等部件组成，如图3-28和图3-29所示。直流门机常采用整流后的直流110V电压作为电源，通过调节与电动机电枢分压的大功率电阻来调节电动机的速度，并利用带或链条连接减速轮进行减速，然后通过机械摆臂来驱动轿门的运动。其通常需要借助摆臂上的重锤来增大转动惯量以增加调速的稳定性，以及在轿门关闭后提供关门保持力。

图3-28 直流门机的外观

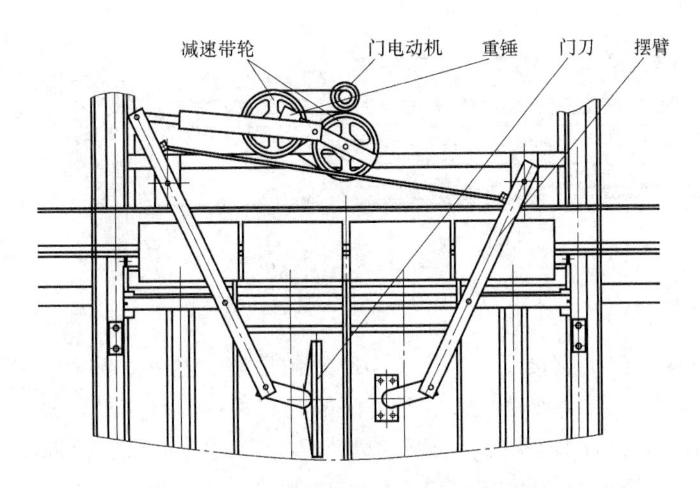

图 3-29　机械摆臂中分门直流门机的结构

交流门机的调速方式有两种，电阻调压调速和变频变压调速。目前，交流门机通常采用变频变压调速，其特点在于运行可靠、噪声小，开关门速度调节方便等特点，在实际使用中得到越来越广泛的应用。如图 3-30 所示，是一种常见的交流门机。

图 3-30　交流门机的外观

交流门机由变频器控制交流电动机，通过减速机构或者直接带动传动带来驱动轿门的开启与关闭。如图 3-31 和图 3-32 所示，分别为由带传动的中分门和旁开门交流门机的结构。

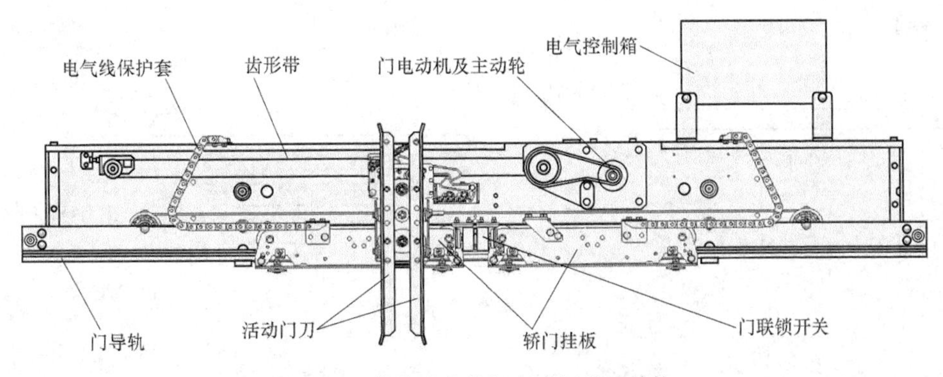

图 3-31　带传动中分门交流门机的结构

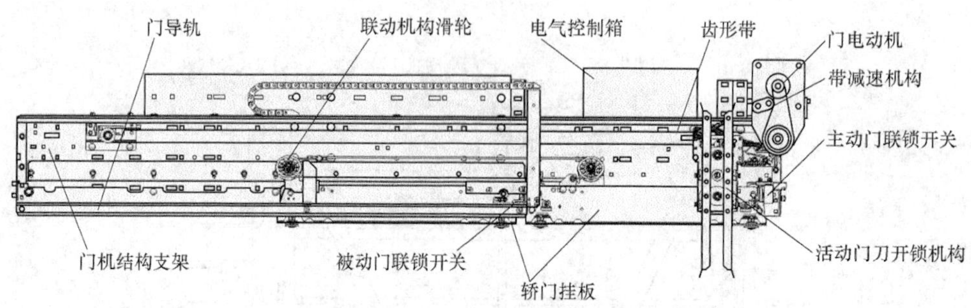

图 3-32　带传动旁开门交流门机结构

（2）门联动机构　门机直接驱动一个或多个轿门门扇（这些门扇称为主动门），轿门主动门通过轿门的联动机构带动被动门，实现轿门的开和关；与此同时，轿门上的门刀带动带有门锁滚轮的层门（也称为主动门），层门主动门通过层门的联动机构带动被动门，也同步实现了层门的开和关。其中，门扇与门扇之间由机械摆杆等刚性装置连接的称为直接连接；由钢丝绳或其他非刚性装置连接的称为间接连接。

门扇之间的直接连接，如图 3-33 所示。

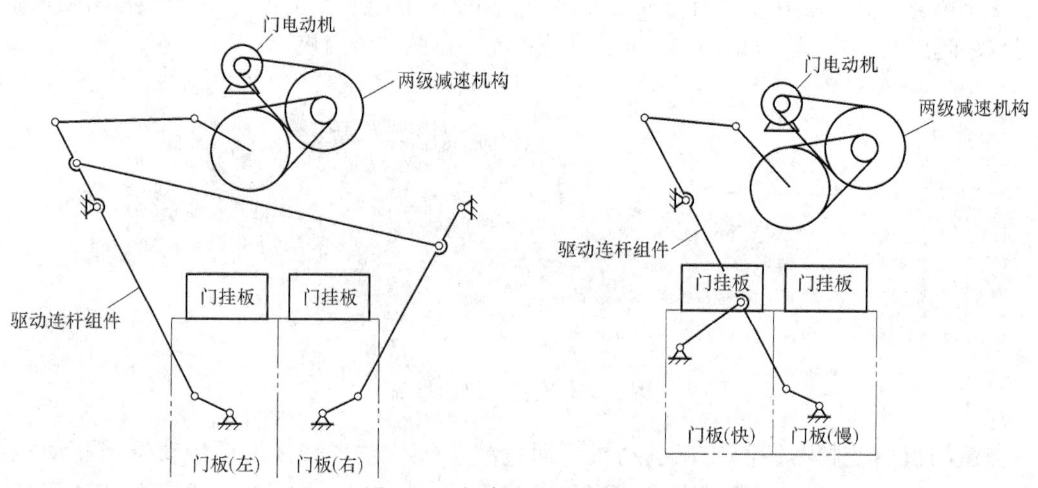

图 3-33　门扇之间的直接连接

门扇之间的间接连接，如图 3-34 所示。

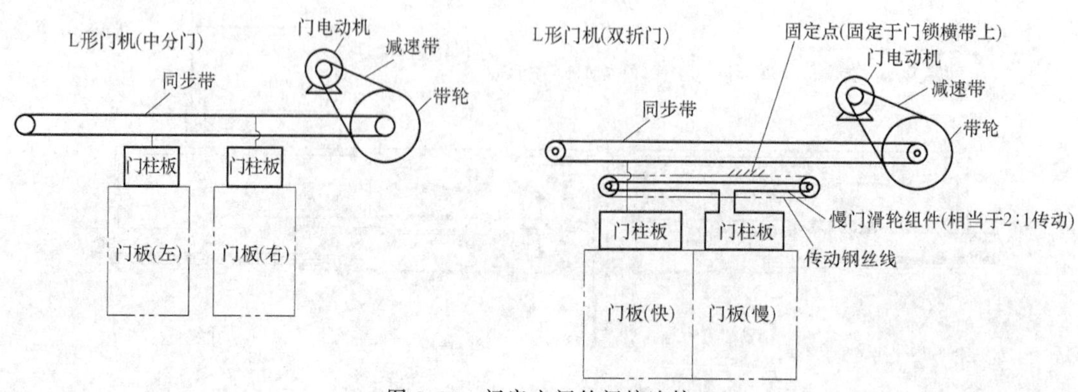

图 3-34　门扇之间的间接连接

(3) 开关门机构的工作原理 自动门通常采用轿门和层门联动的开门方式，电梯平层时，门机驱动轿门，轿门打开的同时，位于轿门上的门刀带动层门门锁滚轮并打开层门，从而实现轿门和层门的联动。

1) 轿门的自动开启与关闭。图3-35所示是中分门的开关门机构，门电动机带动传动带，连接在传动带上的轿门门扇以相同速度分别向反方向运动，门扇开启。当门电动机反向转动时，门扇关闭。

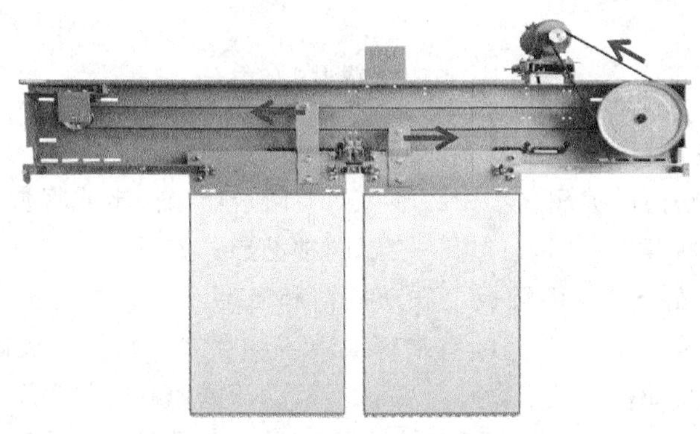

图3-35 门电动机驱动轿门的开启

2) 在轿门驱动下层门的自动开启与关闭。层门是轿厢的出入口，也是电梯井道的防护门，当轿厢没有停靠层站时，层门起到防止人员坠落井道的保护作用，所以每一个层门均在井道内侧上部安装有门锁，门锁上带有验证层门锁紧和闭合的电气开关。电梯正常运行时层门门锁锁紧，不能打开，只有当轿厢在该层门的开锁区域内停止或停站时，轿门才可能驱动层门自动打开。

以中分门为例，轿顶装有门机，当轿厢运行到层站前，轿厢上的门刀插入层门门锁的两个门锁滚轮两边，如图3-36所示。当轿厢开门机构打开轿门时，便带动门刀将层门打开；当轿厢开门机构关闭轿门时，便带动门刀将层门关闭，层门锁落下锁紧。只有当轿门、层门的安全保护开关完全闭合时，轿厢才能起动运行。

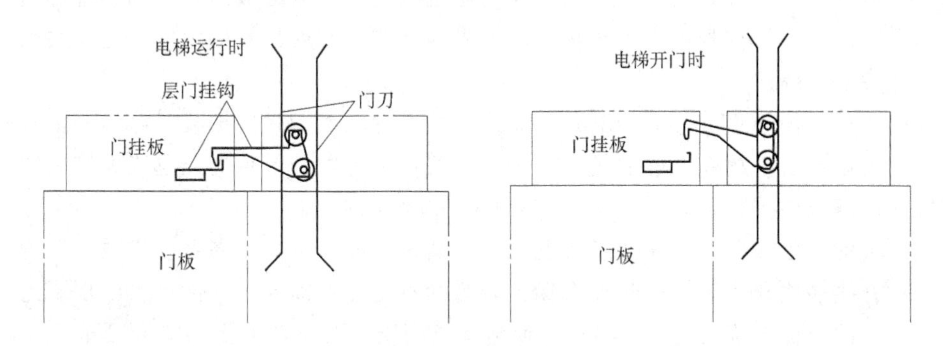

图3-36 轿门门刀驱动层门的打开原理

轿门门刀与层门门锁是相互配合使用的，门刀的形式通常可分为单门刀和双门刀，单门刀固定在轿门上不动，双门刀则为活动门刀，会随着轿门的开启或关闭在一定范围内移动，如图3-37所示。

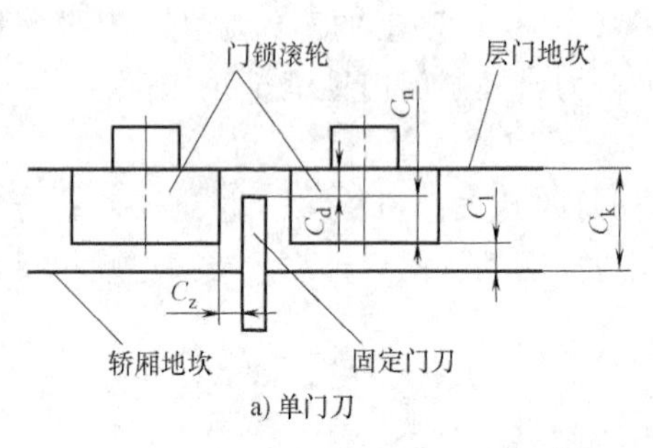

a) 单门刀

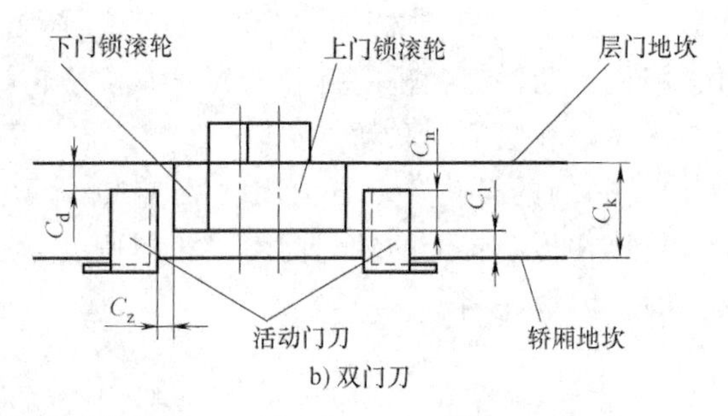

b) 双门刀

图 3-37　不同形式的门刀

3. 门入口保护装置

当乘客在层门和轿门的关闭过程中，通过入口时被门扇撞击或将被撞击时，门入口保护装置应自动地使门重新开启。门入口保护装置的常见形式如下：

(1) 安全触板　安全触板由触板、联动杠杆和微动开关组成。正常情况下，触板在重力作用下凸出轿门 30~45mm。若门区有乘客或障碍物存在，轿门在关闭时，触板会受到撞击而向内运动并带动联动杠杆压下微动开关，令微动开关控制的关门继电器失电，开门继电器得电，控制门机由关门运动转为开门运动，保证乘客和设备不会受到撞击。

(2) 光电式保护装置　传统的机械式安全触板，属于接触式开关结构，不可避免地会出现撞击使用人员或货物的情况，安全性能不理想。随着科学技术的发展和电梯市场的需求升级，传统的安全触板逐渐被红外线光幕所取代，其非接触式的工作方式不仅在一定程度上提高了电梯门的安全性，也提高了开关门的运行速度，使用越来越广泛。其工作示意图如图 3-38a 所示。

光幕运用红外线扫描探测技术，控制系统包括控制装置、发射装置、接收装置、信号电缆、电源电缆等部分。发射装置和接收装置安装于电梯门两侧，主控装置通过传输电缆，分别对发射装置和接收装置进行数字程序控制。在关门过程中，发射管依次发射红外线光束，接收管依次打开接收光束，在轿厢门区形成由多束红外线密集交叉的保护光幕，并不停地进行扫描，形成红外线光幕警戒屏障。当人和物体进入光幕屏障区域内，控制系统迅速转换输出开门信号，使电梯门打开；当人和物体离开光幕警戒区域后，电梯门方可正常关闭，从而达到安全保护的目的。

电梯门入口保护装置可分为接触式和非接触式两种。接触式保护装置即为安全触板。非接触式保护可以是安全触板上增加光幕或光电开关；也可以是单独的光电式保护装置或电磁感应装置、超声波监控装置等，如图 3-38a、b、c 所示。

安全触板动作可靠，但反应速度较低，且自动化程度不足；光幕反应灵敏，但可靠性较低。为了弥补接触式和非接触式防夹人保护装置的不足并发挥各自的优点，出现了光幕和安全触板二合一的保护系统（见图 3-39），使电梯层门防夹装置功能更加安全可靠。

4. 门锁装置

为了保证电梯门的可靠闭合与锁紧，禁止层门和轿门被随意打开，电梯设置了层门门锁装置以及验证门扇闭合的电气安全装置，习惯称其为门锁。

(1) 层门门锁装置　当电梯正常工作时，各层层门都被门锁锁住，保证人员不能从层站外部将层门扒开，以防止人员坠落井道。当层门关闭时，层门锁紧装置通过机械连接将层

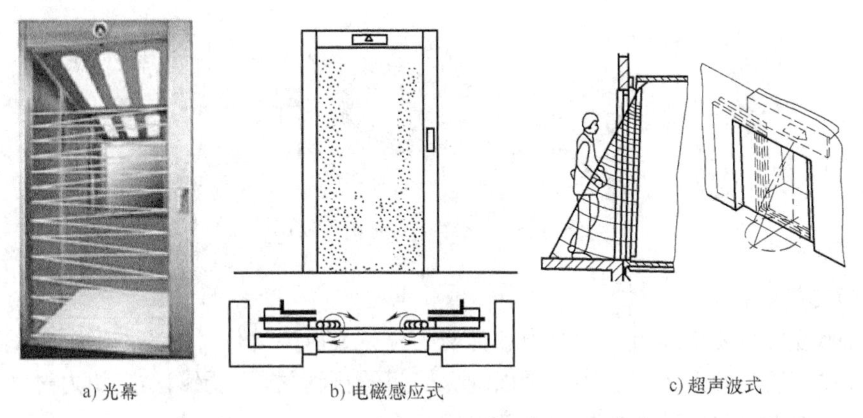

a) 光幕　　b) 电磁感应式　　c) 超声波式

图 3-38　非接触式门入口保护装置

门锁紧，同时为了确认电梯层门的关闭和锁紧，在层门门锁触点接通和验证层门门扇闭合的电气安全装置闭合以后，电梯才能起动，保证电梯运行时，各层层门始终处于关闭锁紧状态。

层门门锁的另一个功能是实现轿门驱动下的轿门和层门联动。只有当电梯停站时，门锁和层门才能被安装在轿门上的门刀带动而开启。

（2）轿门门锁装置　当电梯处于非平层区域，为防止轿门被打开，必要时轿门也需设置门锁装置。如果轿厢与面对轿厢入口的井道壁距离符合标准要求，轿门只需设置验证门扇闭合的电气安全装置；如果轿厢与面对轿厢入口的井道壁距离不符合标准要求，则需对井道壁整改以达到安全距离要求，或者在轿门上安装符合标准要求的机械锁等装置。

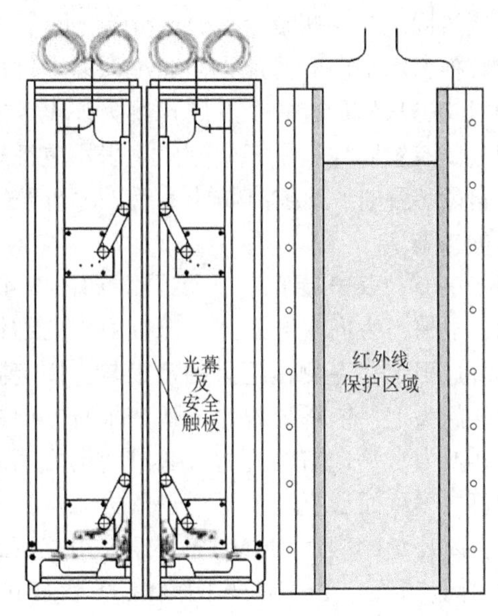

图 3-39　一体式光幕和安全触板

5. 层门的紧急开锁装置

（1）层门的打开方式　层门的打开方式通常有两种：

1）电梯正常使用时，在停靠的层站平层位置，由门机自动打开轿门，同时轿门的门刀带动层门门锁滚轮打开层门。

2）在施工、检修、救援等特定情况下，由专业人员使用三角钥匙打开层门，该打开层门的装置被称为层门的紧急开锁装置。

（2）层门紧急开锁装置

层门紧急开锁装置的安全要求是：每个层门均应能从外部借助于一个与《电梯制造与安装安全规范》（GB 7588—2003　附录 B）规定的开锁三角孔相配的钥匙（见图 3-40）将门开启。

该钥匙应当只交给一个负责人员。钥匙应带有书面说明，详述必须采取的预防措施，以防止开锁后因未能有效的重新锁上而可能引起的事故。

图 3-40　三角钥匙及其提示标牌

6. 层门自闭装置

层门自闭装置主要依靠重物的重力和弹簧的拉力或压力动作，常见的形式有重锤式、拉簧式、压簧式。层门的自闭力过小，难以确保层门的自动关闭；层门的自闭力过大，门机的功率需求相应增大，关门减速的控制难度也增大。

（1）重锤式层门自闭装置　如图 3-41 所示，电梯门为向左旁开式，连接重锤的细钢丝绳绕过固定在左侧慢门上的定滑轮，固定到层门的门头上，依靠定滑轮将重锤垂直方向的重力转换为水平向右的推力，通过门扇之间的联动机构，从而形成一个层门自闭力。重锤式层门自闭装置同样适用于中分门。采用重锤式层门自闭装置时，需要有防止重锤的意外坠入井道的措施。

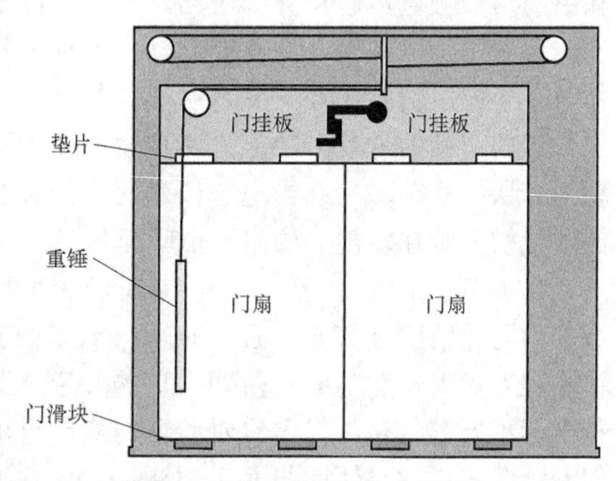

图 3-41　重锤式层门自闭装置

（2）拉簧式层门自闭装置　如图 3-42 所示，电梯门为向左旁开式，连接弹簧的细钢丝绳绕过固定在左侧慢门上的定滑轮，固定到层门的门头上，依靠定滑轮将弹簧垂直方向的拉力转换为水平向右的推力，通过门扇之间的联动机构，从而形成一个层门自闭力。拉簧式层门自闭装置同样适用于中分门。采用拉簧式层门自闭装置时，由于弹簧工作在拉伸状态下，长期拉伸容易导致拉力减弱，层门自闭力不足。

（3）压簧式层门自闭装置　如图 3-43 所示，电梯门为向左旁开式，连接弹簧的机械也连接到右侧的慢门上，弹簧垂直方向的压力转换为水平向右的推力，通过门扇之间的摆臂联动机构，作用到整个电梯门上，从而形成一个层门自闭力。压簧式层门自闭装置也可以用在中分门上。采用拉簧式层门自闭装置时，由于弹簧工作在压缩状态下，弹簧自身不会失效，但由于机械结构体积较大，一般用在井道较大的载货电梯上。

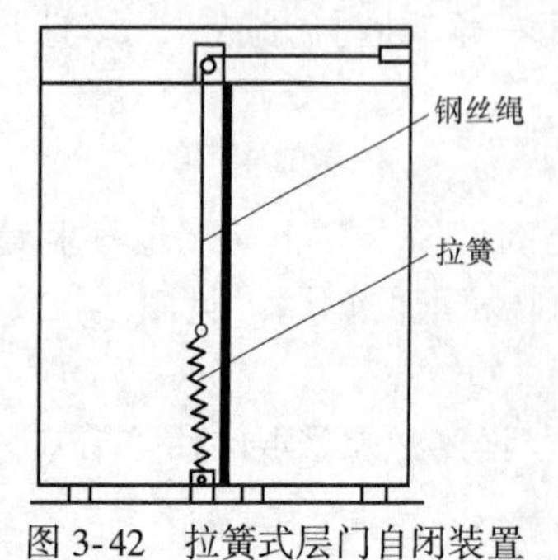

图 3-42　拉簧式层门自闭装置

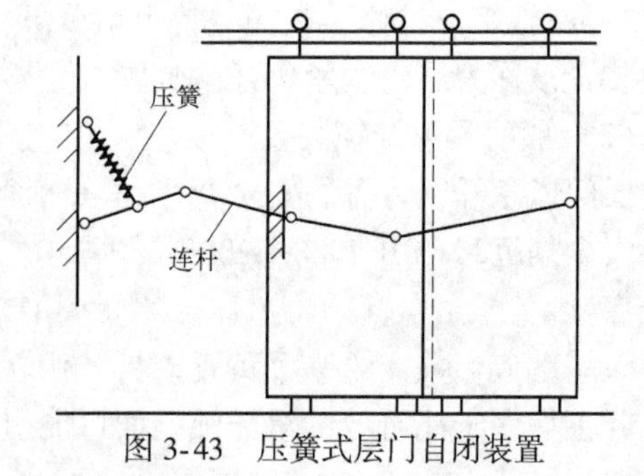

图 3-43　压簧式层门自闭装置

3.4　导向系统

电梯是服务于建筑物内若干特定的楼层，其轿厢运行在至少两列垂直于水平面或与铅垂线夹角小于 15°的刚性导轨上的永久运输设备。电梯的导向系统主要由导轨、导靴和导轨支架组成，可分为轿厢导向系统和对重导向系统。值得注意的是，安全钳不同于导靴，是安全保护装置而非导向装置，正常运行时安全钳上的楔块与导轨工作面应保持规定的间隙，不得发生摩擦。

1. 导向系统的工作原理

导轨是供轿厢和对重运行的导向部件。当轿厢和对重在曳引绳的拖动下，沿导轨作上、下运行时，导向系统将轿厢和对重限制在导轨之间，防止其水平方向摆动，并且作为安全钳动作的支承件，能承受安全钳制动时对导轨所施加的作用力。但对轿厢或对重的重量不起支承作用。

导靴是设置在轿厢架和对重装置上，使轿厢和对重装置沿导轨运行的导向装置。如图 3-44 所示，一般电梯轿厢安装四个导靴，分别位于轿厢架的上梁两侧和轿厢架底部的安全钳座下面两侧；如图 3-45 所示，四个对重导靴分别位于对重梁的上部和底部两侧。固定在轿厢和对重上的导靴随电梯沿着导轨上下往复运动，防止轿厢和对重在运行中偏斜或摆动。当电梯蹲底或冲顶时，导靴不应越出导轨并保持标准规定的安全距离。

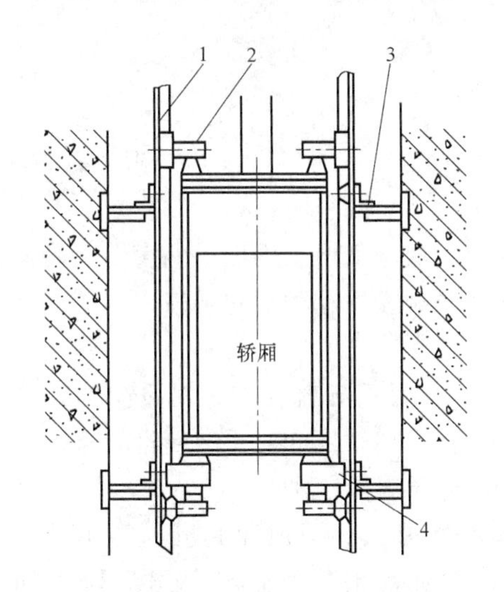

图 3-44　轿厢的导向

1—导轨　2—导靴　3—导轨支架

4—安全钳（非导向装置）

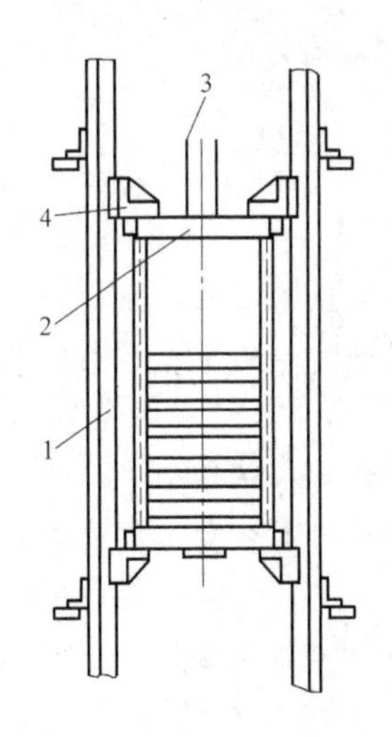

图 3-45　对重的导向

1—导轨　2—对重　3—曳引绳　4—导靴

2. 导轨

电梯导轨由钢轨和连接板构成。其按用途可分为轿厢导轨和对重导轨，通常轿厢导轨在规格尺寸上大于对重使用的导轨，故又称轿厢导轨为主轨，对重导轨为副轨；导轨按截面形状则分为 T 形导轨、空心导轨和 L 形导轨，三种形式有着不同的用途。

（1）T 形导轨　这种导轨是由钢冷拔成形或者由型材经机械加工而成，具有精度高、直线度和表面光洁度好、刚性强、受力性能好等特点，主要用于轿厢导轨、有安全钳的对重导轨和中、高速电梯的对重导轨。T形导轨如图3-46所示。

a) 冷拔T形导轨

b) 机械加工T形导轨

图3-46　T形导轨

（2）空心导轨　这种导轨是由钢板冷轧折弯成空腹T形的导轨，其精度和生产成本较T形导轨低，有一定的刚度，但由于是用板材折弯形成空心结构，不能承受安全钳动作时的挤压，多用于无对重安全钳的对重导轨。空心导轨如图3-47所示。

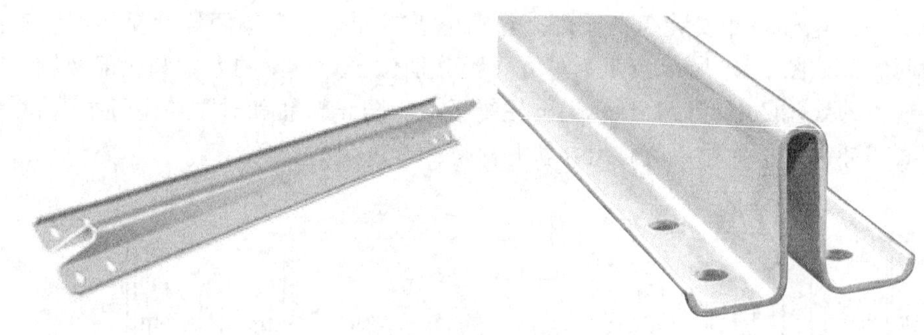

图3-47　空心导轨

（3）L形导轨　这种导轨一般采用热轧角钢型材制成，成本低廉，强度、刚度以及表面精度较低，因此只能用于无安全钳的杂物电梯导轨和各类非载人电梯的对重导轨。

3. 导靴

轿厢导靴安装在轿厢架上梁和轿厢底部安全钳座下面，对重导靴安装在对重架的四个角，一般轿厢与对重各有4只导靴。其靴衬在导轨上滑动，是使轿厢和对重装置沿导轨运行的装置。常用的导靴有固定滑动导靴、弹性滑动导靴、滚轮导靴等三种。

轿厢或者对重运行时，滑动导靴与导轨之间是滑动摩擦，必须加油润滑，防止导靴过度磨损，但滚轮导靴与导轨之间是滚动摩擦，禁止加油润滑，防止导靴与导轨之间打滑。

（1）固定滑动导靴　固定滑动导靴由靴衬和靴座组成。靴衬常用尼龙浇铸成形，因为这种材料耐磨性和减振性较好；靴座一般由铸铁铸造或钢板焊接成形，对重专用的固定滑动导靴靴座用角钢制造。固定滑动导靴结构简单，常用在载货电梯和杂物电梯中。工作时靴衬两侧卡在导轨上滑动，由于靴座是固定的，因此靴衬底部与导轨端面间要留有均匀的、不应大于3mm的间隙，以容纳导轨间距的偏差。导靴是刚性的，在运行时会产生较大的振动和冲击，因此在使用范围上受到了限制，一般仅用于梯速在0.75m/s以下的轿厢及对重上，且需加油润滑以减少运行时导轨与导靴之间的摩擦。

（2）弹性滑动导靴 如图 3-48 所示，弹性滑动导靴由靴座、靴头、靴衬，以及靴轴、压缩弹簧或橡胶弹簧、调节套或调节螺母等组成。

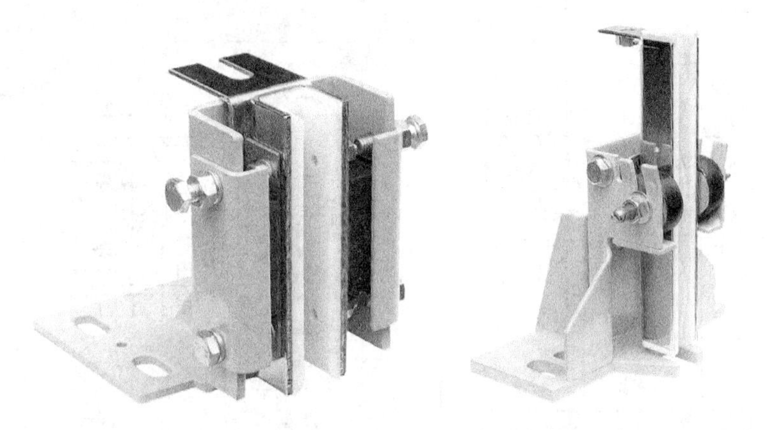

图 3-48 弹性滑动导靴

弹簧式弹性滑动导靴的靴头只能在弹簧的压缩方向上作轴向浮动，因此又称单向弹性导靴（见图 3-49）；橡胶弹簧式滑动导靴的靴头除了能作轴向浮动外，在其他方向上也能做适量的位置调整，因此又称双向弹性滑动导靴（见图 3-50）。弹性滑动导靴与固定滑动导靴的不同之处就在于靴头是浮动的，并且在弹簧力的作用下，靴衬的底部始终压贴在导轨端面上，因此能使轿厢保持较稳定水平位置的同时具有吸收运行中振动与冲击的作用。也需加油润滑以减少运行时导轨与导靴之间的摩擦。

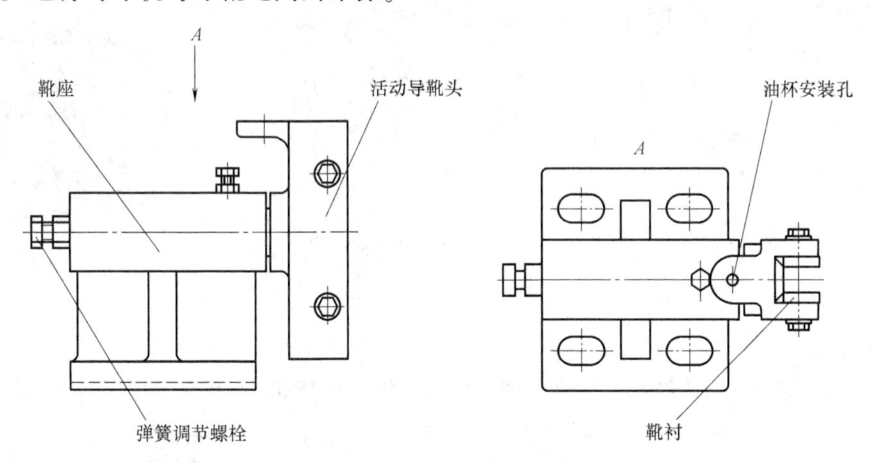

图 3-49 单向弹性滑动导靴

弹性滑动导靴的靴衬对导轨端面的初始压紧力是可调节的。初压力过大会削弱导靴的减振性能，不利于电梯平稳运行；初压力过小，则会失去对偏重力的弹性支承能力，同时不利于电梯平稳运行。初压力的获得靠压缩弹簧，因此通过调节弹簧的被压缩量，即可调节初压力。

（3）滚轮导靴 滚轮导靴由滚轮、摇臂、靴座、压缩弹簧等组成，如图 3-51 所示。

滚轮导靴的三只滚轮在弹簧力的作用下，压在导轨的正面和两个侧面上，电梯运行时，

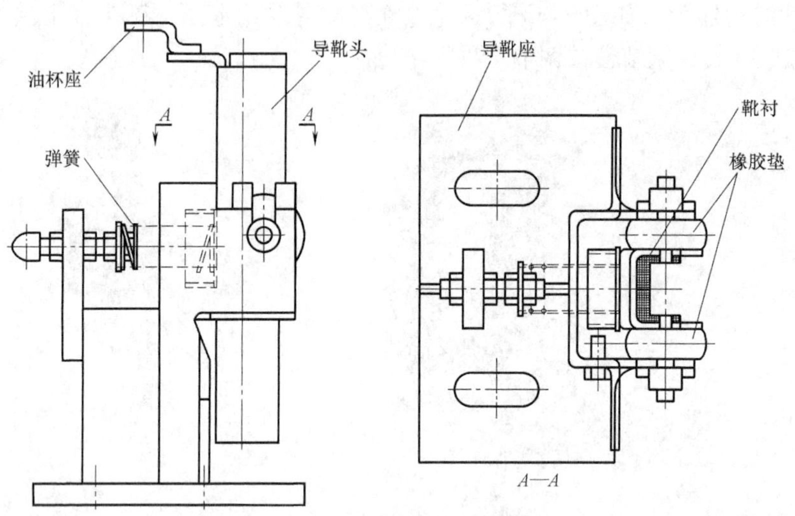

图 3-50　双向弹性滑动导靴

滚轮在导轨面上滚动。滚轮工作面采用硬质橡胶制成，减少了摩擦损耗，节省动力，也减少了振动和噪声，同时在导轨的三个工作面上都实现了弹性支撑，因此滚轮导靴被广泛应用在高速和超高速电梯上。

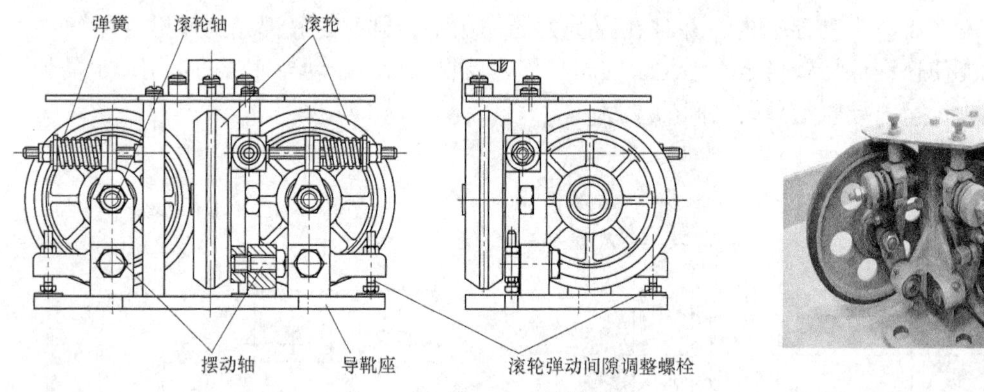

图 3-51　滚轮导靴

4. 导轨支架

电梯导轨起始一段绝大多数情况下都是支撑在底坑中的支撑板上（也有少数情况，导轨是悬吊在井道顶板的）。每根导轨的长度一般为 5m，在井道中每隔一定距离就有一个固定点，导轨固定于设置在井道壁固定点的导轨支架上，如图 3-52 所示。在井道中两支架之间的距离除另有计算依据外，一般不大于 2.50m，其作用是支撑导轨。导轨安装得好与坏，直接影响到电梯的运行质量。

图 3-52　导轨的固定

（1）导轨支架的种类　导轨支架按其结构分为整体式和组合式两种。

整体式导轨支架通常用扁钢制成，组合式导轨支架通

常用角钢制成，其撑脚与撑臂用螺栓连接，优点是可以调节高低，使用比较方便。组合式导轨支架如图3-53所示。

图3-53　组合式导轨支架

（2）导轨压码　导轨与导轨支架的连接，一般采用导轨压码（见图3-54）将导轨压紧在导轨支架上，如图3-55所示。禁止直接将导轨与导轨支架进行焊接。

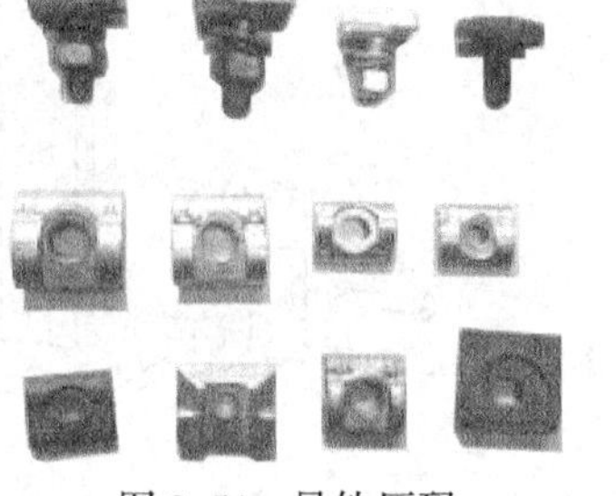

图3-54　导轨压码

（3）导轨固定安全要求　《电梯制造与安装安全规范》（GB 7588—2003）对导轨的固定提出了以下安全要求：

导轨与导轨支架在建筑物上的固定，应能自动地或采用简单调节方法，对因建筑物的正常沉降和混凝土收缩产生的影响予以补偿；应防止因导轨附件的转动造成导轨的松动。

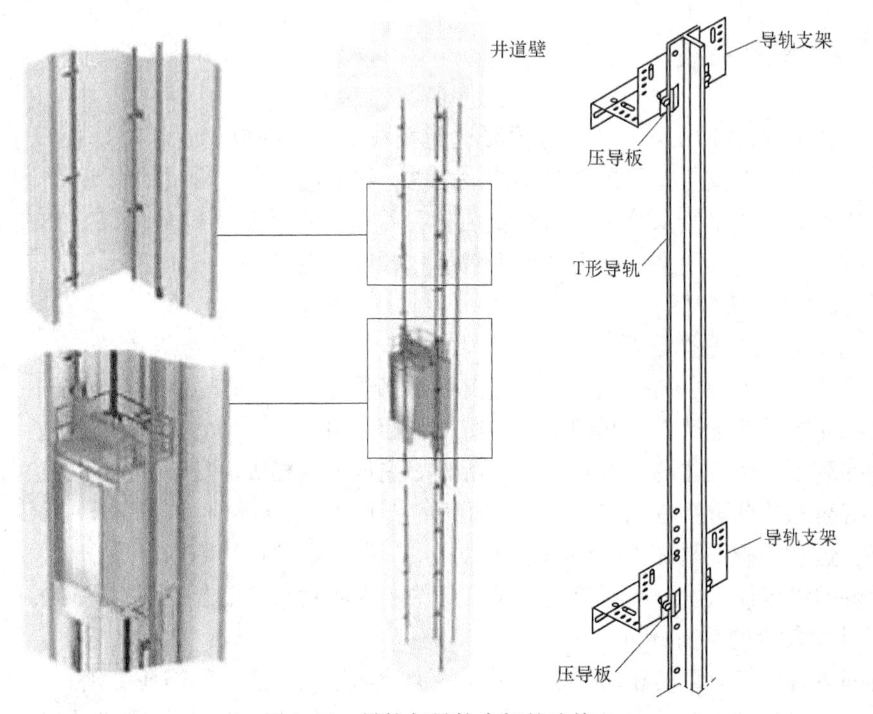

图3-55　导轨与导轨支架的连接

因此，应采用导轨压板（见图3-56）将导轨夹紧在导轨支架上，不应采用焊接或者直接螺栓连接。这样既保证了强度，又具备一定调节量，防止导轨变形和产生内部应力。

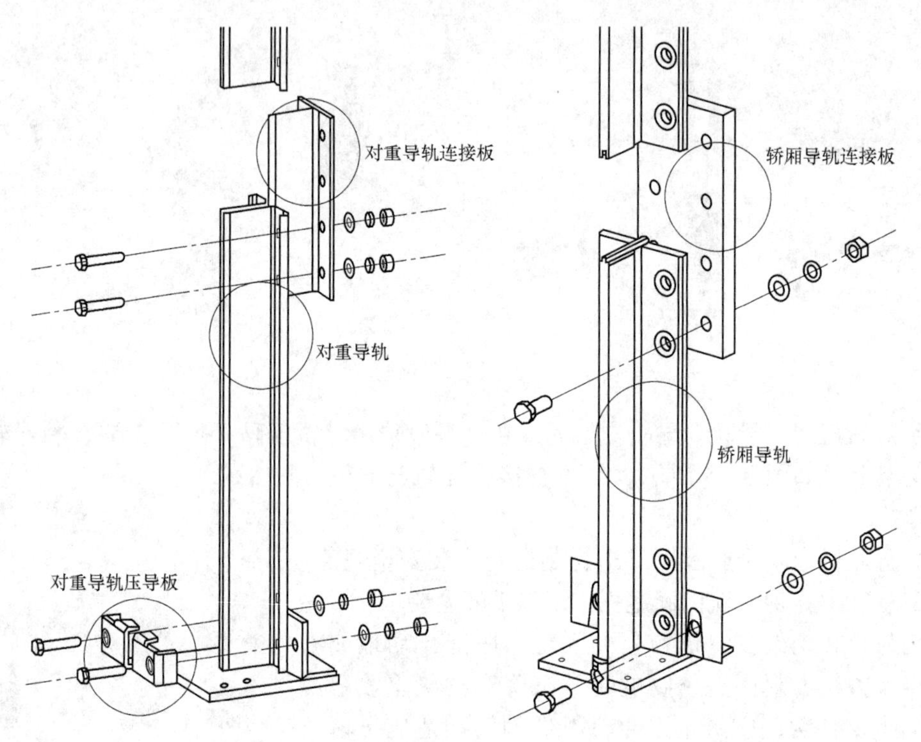

图3-56 导轨与导轨的压板连接

3.5 重量平衡系统

重量平衡系统的作用是使对重与轿厢达到相对平衡，在电梯运行中即使载重量不断变化，仍能使两者间的重量差保持在较小范围之内，保证电梯承受合适的曳引力，并使电梯运行平稳、正常。重量平衡系统一般由对重装置和重量补偿装置两部分组成。如图3-57所示为电梯结构示意图，其中重量平衡系统由对重和补偿绳组成。

1. 重量平衡系统分析

（1）对重装置的平衡分析

对重安装在井道内，通过曳引绳经过曳引轮与轿厢连接。在电梯运行过程中，对重通过对重导靴在对重导轨上滑行，起到相对平衡轿厢的作用。

轿厢的载重量是变化的，因此不可能两侧的重量一直相等而处于完全平衡状态。一般情况下，只有轿厢的载重量达到40%~50%的额定载重量时，对重一侧和轿厢一侧才处于基本平衡状态，这时的载重量称为电梯的平衡点重量，曳引电动机功率输出最小。大多数情况下曳引绳两端的静载荷重量是不相等的，是变化的，因此对重只能起到相对平衡的作用。

（2）补偿装置的平衡分析

在电梯运行中，对重的相对平衡作用在电梯升降过程中还在不断地变化。当轿厢位于低层时，曳引绳本身存在的重量大部分都集中在轿厢侧；相反，当轿厢位于顶层时，曳引绳的

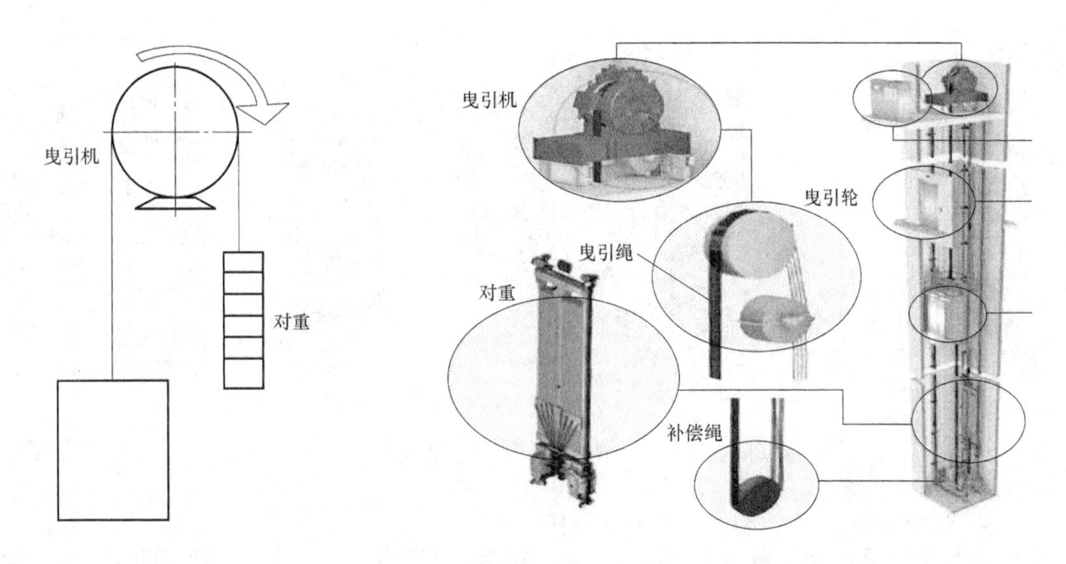

图 3-57　电梯结构示意图

自身重量大部分作用在对重侧，还有电梯上控制电缆的自重，也都对轿厢和对重两侧的平衡带来变化，即轿厢一侧的重量 Q 与对重一侧的重量 W 的比 Q/W 在电梯运行中是变化的。尤其当电梯的提升高度超过 30m 时，其两侧的重量变化就更大，因而必须增设平衡补偿装置来减弱这种变化。

2. 对重装置

对重是由曳引绳经曳引轮与轿厢连接，在曳引式电梯运行过程中保持电动机曳引能力的装置。

对重装置是曳引驱动不可或缺的部分，可以平衡轿厢的重量和部分负载重量，减少电动机功率损耗。当电梯负载与对重完全匹配时，还可以减小钢丝绳与绳轮之间的曳引力，延长钢丝绳的寿命。

对重装置，一般由对重架、对重块、导靴、缓冲器碰块、压块，以及与轿厢相连的曳引绳和对重反绳轮（曳引比为 2∶1 时才有）组成。各部件安装位置如图 3-58 电梯对重架所示。

为了使对重装置能对轿厢起到合适的平衡作用，必须正确计算其重量。对重的重量值与空载轿厢质量和电梯的额定载质量以及平衡系数有关。对重重量由下式确定：

$$W=P+KQ$$

式中　W——对重质量（kg）；

Q——电梯额定载荷（kg）；

P——空载轿厢质量（kg）；

K——电梯平衡系数，一般为 0.4~0.5，或者符合制造（改造）单位的设计值。

当电梯的对重装置和轿厢侧重量完全平衡时，只需克服各部分摩擦力就能运行，且运行平稳，平层准确度高。因此对平衡系数 K 的选取，应尽量使电梯能经常处于接近平衡状态。对于经常处于轻载的电梯，K 可选取 0.40~0.45；对于经常处于重载的电梯，K 可取 0.5。这样有利于节省动力，延长机件的使用寿命。

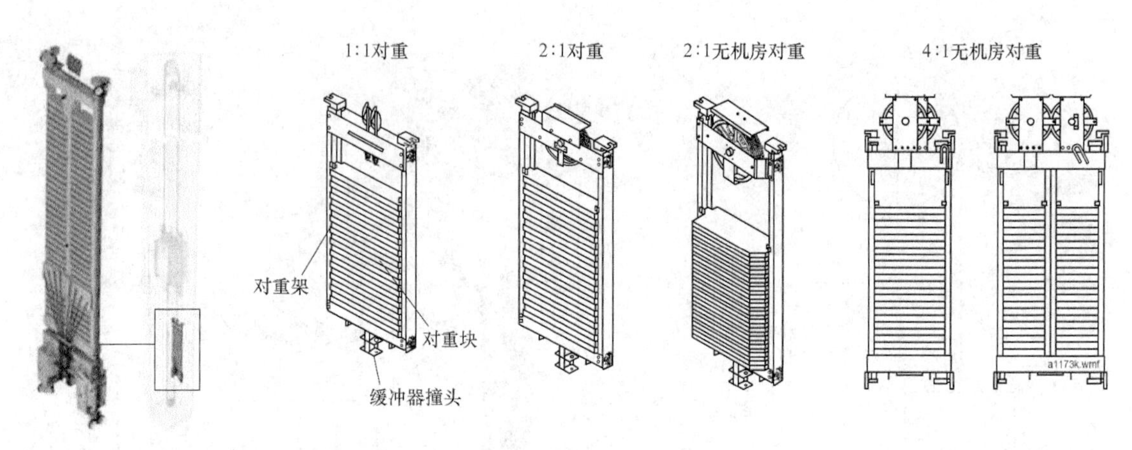

图 3-58　电梯对重架

3. 补偿装置

补偿装置是用来平衡由于电梯提升高度过高，曳引钢丝绳过长造成运行过程中钢丝绳重量单侧偏重现象的部件。

电梯运行时，轿厢侧和对重侧的钢丝绳的长度在不断变化。当电梯行程过长时（一般经验值为：超过40m），曳引绳的重量会加大曳引机的工作负荷。为了提高电梯的曳引性能，我们采用补偿装置来弥补曳引绳的重量变化引起的负载不平衡现象。

补偿装置一端联接轿厢底部，再通过电梯井道底部的导轮或转向轮沿井道向上接至对重底部。补偿装置加上曳引绳，在曳引轮两侧就变成了一个平衡重量的环。一般可按照电梯速度选择补偿装置的类型，如图 3-59 所示，常见补偿装置分补偿链和补偿绳两种，图 3-60 是补偿链的安装示意图。

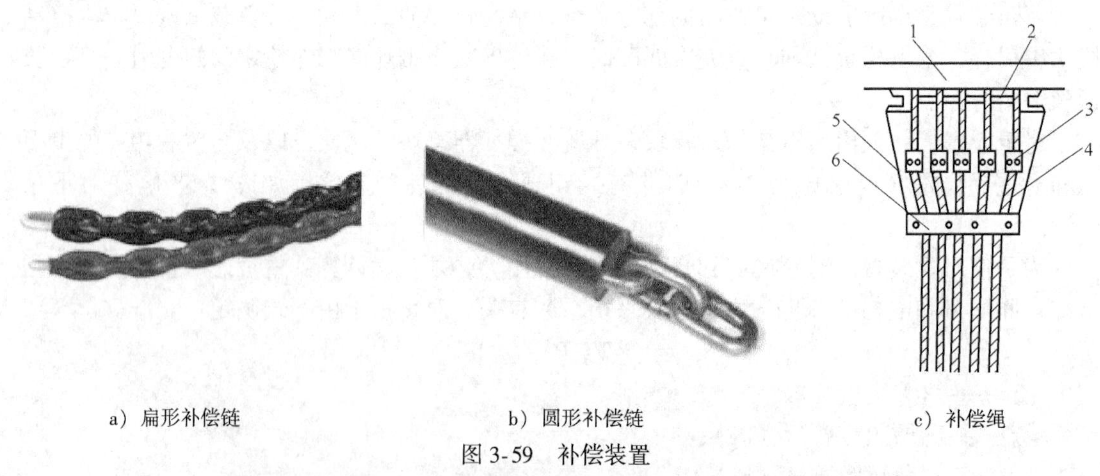

a）扁形补偿链　　b）圆形补偿链　　c）补偿绳

图 3-59　补偿装置

1—轿厢梁　2—挂绳架　3—钢丝绳卡钳　4—钢丝绳　5—钢板　6—定位卡板

扁形补偿链一般用于额定速度较低的电梯系统，依靠自身重力张紧。为了消除在电梯运行过程中链节之间碰撞、摩擦产生噪声，通常情况下在链节之间穿绕麻绳或在链表面包裹聚乙烯护套。麻绳一般是采用龙舌兰麻、蕉麻、剑麻这几种材料，由于麻绳在受潮后会收缩变形影响链节之间的活动，同时还会造成补偿链的长度有较大变化，目前已较少使用穿绕麻绳

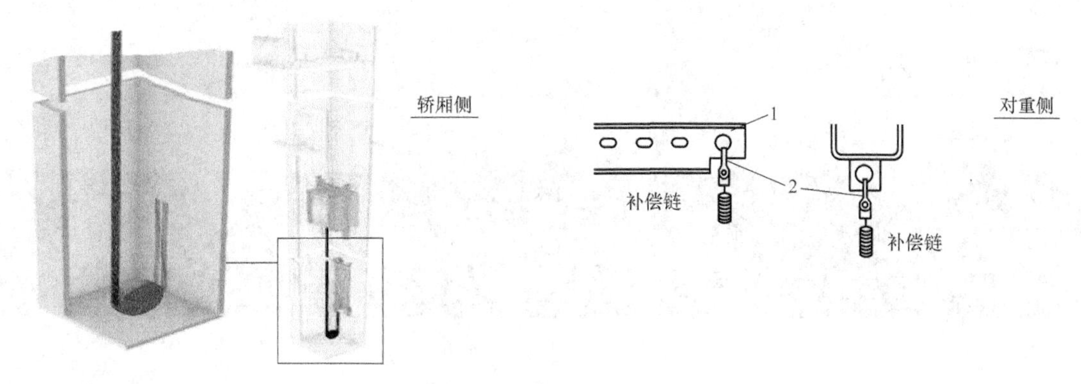

图 3-60　补偿链安装示意图

1—补偿链悬臂　2—补偿链 U 形环

的方式。圆形补偿缆中间是低碳钢制成的环链，中间填塞物为金属颗粒以及聚乙烯与氯化物混合物，形成圆形或扁形保护层，链套采用具有防火、防氧化特性的聚乙烯护套。这种补偿缆质量密度高，每米重量可达 6kg，最大悬挂长度可达 200m，且运行噪声小，一般适用于中速电梯。

补偿绳以钢丝绳为主体，即把数根钢丝绳经过钢丝绳卡钳和挂绳架，一端悬挂在轿厢底梁上，另一端悬挂在对重架上。这种补偿装置的优点是电梯运行稳定、噪声小，故常用在额定速度超过 3m/s 的电梯上；其缺点是装置比较复杂，除了补偿绳外，还需张紧装置和防跳装置等附件，如图 3-61 所示。电梯运行时，张紧轮能沿导轮上下自由移动，并能张紧补偿绳。正常运行时，张紧轮处于垂直浮动状态，本身可以转动。补偿绳还有一个重要的作用是减少轿厢的振动。

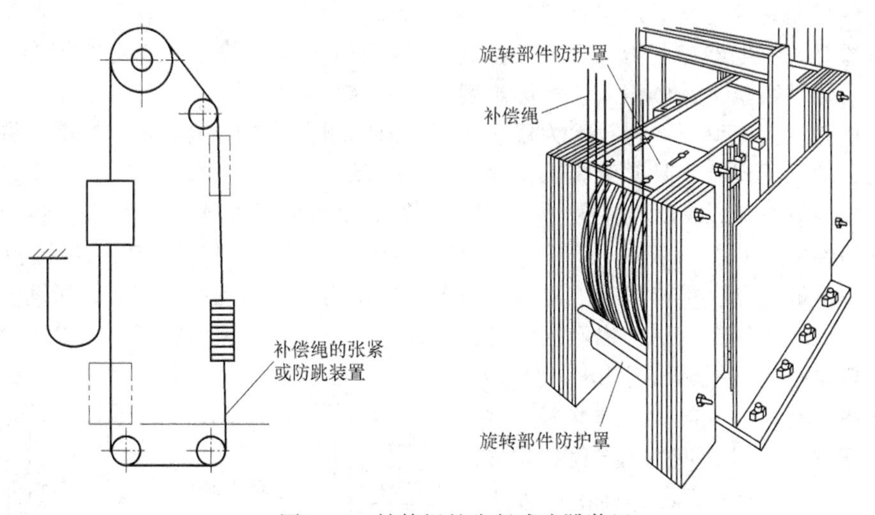

图 3-61　补偿绳的张紧或防跳装置

第 4 章

电梯电气控制系统

4.1 电梯电气控制系统基本结构

电梯电气控制系统通常由操作控制系统和拖动调速系统两部分所组成。操作控制系统包括梯群的监控调度，其重点是电梯运行的逻辑控制功能和电梯交通分析的计算。拖动调速系统则是保证电梯按理想的给定曲线运行。

电梯电气控制系统结构主要有：楼层外呼板、轿厢指令板、轿内显示板、轿顶板、电梯控制柜、曳引电动机、通信线等组成。楼层外呼板主要功能是供楼层人员上下呼梯以及查看电梯目前所在楼层以及工作状态；轿厢指令板与轿内显示板主要功能是供轿厢内人员选层，以及查看电梯目前所在楼层以及工作状态；轿顶控制器主要功能是采集开关门、光幕、轿厢重量、机房控制柜等信息以及向门机变频器发开关门指令；电梯控制柜主要作用是收集楼层外呼板、轿厢指令板、轿顶控制器以及平层开关、上下强迫换速开关、安全回路信号等指令进行逻辑运算，最后控制曳引电动机正反转或停车。

电梯电气控制系统的发展过程可划分为 4 个阶段。

第一阶段是以继电器控制为代表，其特点是易出现的故障点多、逻辑电路相当复杂、可靠性较差、元器件数量多且体积大、维修难度较大。

第二阶段是以交流调压调速技术为代表，其突出问题主要有：电路相当复杂、调试较烦琐、存在较大的平层误差、日常维修工作量大和易受环境变化的影响。

第三阶段控制系统以 PLC 或微机板为代表，加上通用变频器或电梯专用变频器。虽然这种系统整体性能不错、有较高的可靠性，但是占用空间较大、可能存在的故障点相对较多，资源利用不够充分，维修不便。目前在用电梯中使用继电器控制和交流调压调速控制已几乎没有了，PLC 控制在客梯中也已很少见，货梯、扶梯、杂物梯中还有部分 PLC 控制。

第四阶段是把逻辑控制部分和电动机驱动部分集成在一起，构成电梯一体化控制系统，以其显著的性价比引领市场和技术走向，在调试、维修和保养上节省了大量时间，成本大幅降低，具有便捷、简单、稳定性好、节省能源等优点。随着现代科技的快速发展，“电梯一体化控制技术”逐渐发展成熟，有成为主流的趋势。

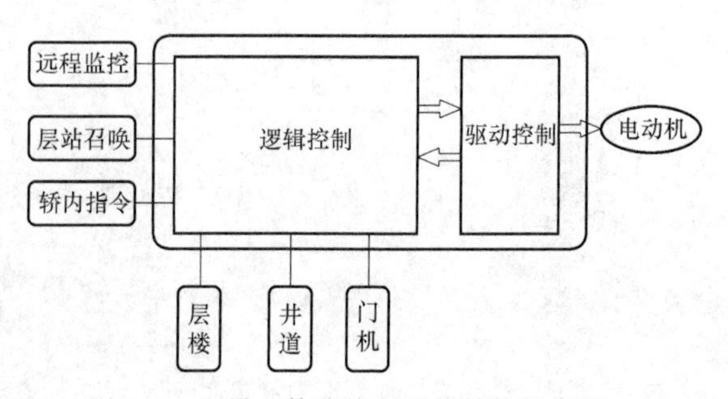

图 4-1　电梯一体化控制系统结构示意图

电梯一体化控制系统结构示意图如图 4-1

所示。

4.2 电梯常用电器

1. 低压电器

（1）接触器 使电梯驱动主机停止运转的接触器应为《低压开关设备和控制设备 第4-1部分：接触器和电动机起动器 机电式接触器和电动机起动器（含电动机保护器）》（GB 14048.4—2010）中规定的下列类型：AC-3为用于交流电动机的接触器；DC-3为用于直流电源的接触器。此外，这些接触器应允许启动操作次数的10%为点动运行。

由于承受功率限制的原因，必须使用继电-接触器去操作主接触器时，这些继电-接触器应为《低压开关设备和控制设备 第5-1部分：控制电路电器和开关元件 机电式控制电路电器》（GB 14048.5—2008）中规定的下列类型：AC-15用于控制交流电磁铁；DC-13用于控制直流电磁铁。

对于上述主接触器和继电-接触器，如果动断触点（常闭触点）中的一个闭合，则全部动合触点断开；如果动合触点（常开触点）中的一个闭合，则全部动断触点断开。

（2）断路器 断路器是在正常电路条件下能接通、承载以及分断电流，也能在规定的非正常电路条件（例如短路）下接通、承载一定时间和分断电流的机械开关电器。

在机房中，每台电梯都应单独装设一只能切断该电梯所有供电电路的主开关。该开关应具有切断电梯正常使用情况下最大电流的能力。

该开关不应切断下列供电电路：轿厢照明和通风（如有）；轿顶电源插座；机房和滑轮间照明；机房、滑轮间和底坑电源插座；电梯井道照明和报警装置。

该主开关应具有稳定的断开和闭合位置，并且在断开位置时应能用挂锁或其他等效装置锁住，以确保不会被重新闭合或不应有被重新闭合的可能。如果机房为几台电梯所共用，各台电梯主开关的操作机构应易于识别。如果机房有多个入口，或同一台电梯有多个机房，而每一机房又有各自的一个或多个入口，则可以使用一个断路器接触器，其断开应由电气安全装置控制，该装置接入断路器接触器线圈供电回路。

对于一组电梯，当一台电梯的主开关断开后，如果其部分运行回路仍然带电，这些带电回路应能在机房中被分别隔开，必要时可切断组内全部电梯的电源。

任何改善功率因数的电容器，都应连接在动力电路主开关的前面。

如果有过电压的危险，例如，当电动机由很长的电缆连接时，动力电路开关与电容器的连接线应被切断。

（3）热继电器 热继电器由流入发热元件的电流产生热量，使具有不同膨胀系数的双金属片发生形变，当形变达到一定程度时，就推动连杆动作，使控制电路断开，从而使接触器失电，主电路断开，实现对电动机的过载保护。

直接与主电源连接的电动机应采用自动断路器（特殊情况例外）进行过载保护，该断路器应能切断电动机的所有供电电路。

当电梯电动机由电动机驱动的直流发电机供电时，则该电梯电动机也应该设过载保护。

如果一个装有温度监控装置的电气设备的温度超过了其设计温度，电梯不应再继续运行，此时轿厢应停在层站，以便乘客能离开轿厢。电梯应在充分冷却后才能自动恢复运行。

（4）磁感应开关　磁感应开关由一个永久磁铁和一个干簧触点组成，其结构示意图如图4-2所示。在电梯尚未到达某层，即隔磁板未插入该层永磁感应开关时，干簧管中的触点组被永磁铁磁化而使其常闭触点断开。当轿厢通过或停靠某层时，装在轿厢侧边的隔磁铁板插入该层永磁感应开关的凹口中，将由永磁铁形成的磁力线分路（又称为磁短路），于是干簧管中的常闭触点因去磁而复位。

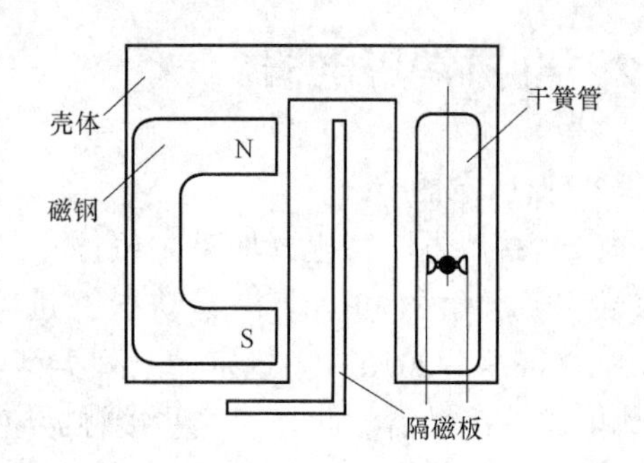

图4-2　磁感应开关的结构示意图

（5）旋转编码器　早期速度反馈装置多用测速发电机，目前多用光电旋转编码器，如图4-3所示。在曳引机的轴伸端安装一个与曳引电动机一起转动的光电盘。光电盘在同一圆周上，均匀地打着许多小孔，圆盘的一侧是发光器，另一侧为接收器，当曳引机旋转时，光电盘也跟着旋转，每当圆盘上的小孔经过发光器时，由发光器发出的光线穿过圆盘，使接收器接收到光脉冲信号，并将它转变为电脉冲信号。

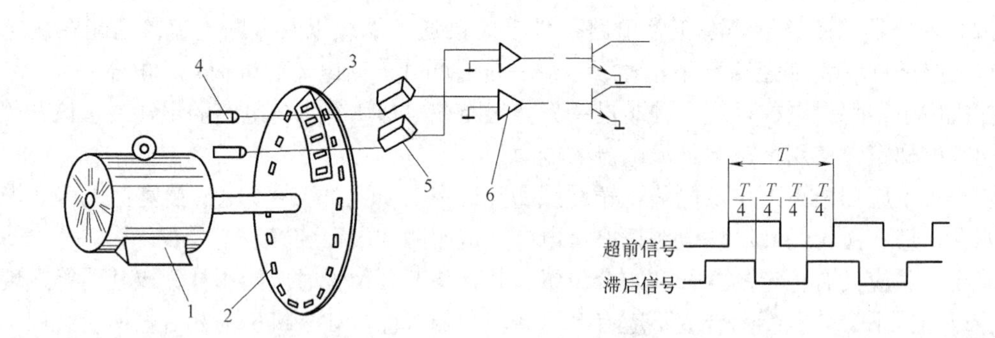

图4-3　旋转编码器记脉冲数示意图
1—电动机　2—光码盘　3—定盘　4—发光器　5—接收器　6—比较器

旋转编码器按工作原理的不同可分为光电式、磁电式和触点电刷式三类。按码盘的刻孔方式的不同可分为增量式和绝对式两类。

1）增量式编码器：将位移转换成周期性的电信号，再把这个电信号转变成计数脉冲，用脉冲的个数表示位移的大小。

旋转增量式编码器转动时输出脉冲，通过计数设备来测定其位置，当编码器不动或停电时，依靠计数设备的内部记忆来记住位置。这样，当停电后，编码器不能有任何的移动，当来电工作时，编码器输出脉冲过程中也不能因干扰而丢失脉冲，否则，计数设备记忆的零点就会偏移，而且这种偏移的量是无从预知，只有当错误的结果出现后才能得知。

2）绝对式编码器：这种编码器的光码盘上有许多道刻线，每道刻线依次以2线、4线、8线、16线……编排，这样，在编码器的每一个位置，通过读取每道刻线的通、暗，获得一组从2的零次方到2的$n-1$次方的唯一的二进制编码（格雷码），这就称为n位绝对编码器。其二进制编码是由码盘的机械位置决定的，它不受停电、干扰信号的影响。

绝对式编码器的每一个位置对应一个确定的数码，因此它的示值只与测量的起始和终止

位置有关，而与测量的中间过程无关。

2. 可编程序控制器（PLC）

（1）可编程序控制器的结构　PLC 一般包括输入模块、存储模块、编程器和 CPU，其基本结构如图 4-4 所示。

1）输入模块：主要采集接收外部指令元件、控制单元和检测单元的信号并由总线送到用户数据区（RAM）。其输入方式有两种：一种是数字量（开关量）直接输入；一种是模拟量通过特定的 A-D 转换单元进行输入。输入端均是带有光耦合器的电路，将 PLC 与外部电路隔离开来，以提高 PLC 的抗干扰能力。输入量个数受到所用 PLC 的设计点数限制，当然还可以采用添加功能模块的方式来扩充输入点。

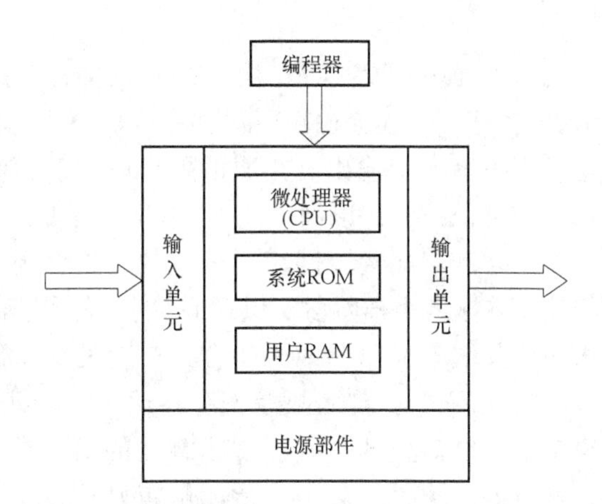

图 4-4　PLC 的基本结构

2）存储模块：一般由 EPROM、ROM、RAM 组成。EPROM 用来存放用户程序；ROM 固化了此 PLC 的基础运行程序；RAM 则用来存放动态的设置参数和用户数据。有些产品把用户程序也存放在 RAM 中，并使用后备电池来保持程序和数据，以防止其因掉电而丢失。

3）编程器：用来输入用户程序的装置。还可以用来监视内部数据区的状态，方便调试。

4）CPU（中央处理器）：CPU 用来执行基础程序，并根据它解释运算用户程序产生数据。基础程序也被称为 PLC 的系统程序，主要有负责协调控制各个硬件模块的工作、自我诊断和监测故障、解释用户程序为机器语言送给 CPU 处理、将输入量处理映射到数据区和将数据区中数据处理结果映射到输出模块去等功能，不能被用户修改。

CPU 只能逐条运算处理指令，因此整个 PLC 的工作是在硬件提供的频率脉冲（时脉）的节拍下顺序执行每一条程序直至结束，然后再重新开始顺序执行程序。我们称这种工作方式为循环扫描方式，扫描一次的时间称为扫描周期。

我们知道继电器无非是导通或切断两种状态，如果我们用“1”来表示这个继电器触点的导通，用“0”来表示切断，并把这个“1”或“0”放在一个给定的内存单元中，这时这个内存单元的数值在“1”与“0”之间随着继电器动作而改变，准确表达了继电器动作的含义。

如果把继电器的动作用软件指令来控制实现，那么继电器逻辑控制工作就完全可以在 PLC 内部以软件（程序）和内存状态（数据值）来实现了。PLC 在其 RAM 中专门把数据存储区分类定义成输入继电器区、中间继电器区、特殊继电器区、计算区和输出继电器区，并给以特定的编号（地址）。

（2）可编程序控制器的工作原理　可编程序控制器程序的执行是按程序设定的顺序依次完成对应的动作。PLC 从用户程序存储器逐条取指令，经过译码，再根据译码信息执行对应的操作。PLC 采用循环扫描的工作方式，从上而下、自左而右执行指令，执行完最后一条指令后，返回到第一条重新开始执行。像这样完成一次扫描所需要的时间称为扫描周期，扫描周期是判断PLC性能好坏的重要指标。

PLC的工作过程可分为5个阶段：内部处理、通信处理、输入扫描、程序执行和输出刷新。若PLC处于STOP状态，PLC只完成内部处理和通信处理工作；当工作在RUN状态时，除完成上述工作，还会进行输入扫描、程序执行和输出刷新，PLC扫描工作过程如图4-5所示。

在内部处理阶段，CPU检查PLC内部各部件工作是否正常，在RUN模式下，还会检查用户程序存储器工作是否正常，若不正常，则报警产生输出。在通信处理阶段，CPU自动检测PLC内部通信是否正常，以及PLC与外设或者PLC、个人计算机通信是否正常。若配置了网络通信模块，PLC还会与网络进行数据交换。在输入采样阶段，PLC首先扫描所有输入端子的状态，输入与公共端有回路，即为闭合，对应的输入映像寄存器值为1，反之，若断开，输入映像寄存器值为0。输入映像寄存器的值决定了与之对应的常开、常闭触点的值，常开触点值与输入映像寄存器的值是一致的，常闭触点则取反。亦即，若外部开关闭合，常开触点值为1，常闭触点值为0，反之常开触点值为0，常闭触点值为1。常开触点不一定常开、常闭触点不一定常闭，要根据实际情况决定。完成输入扫描后，便进入到程序执行阶段，在程序执行阶段，即使输入端子的状态发生变化，输入映像寄存器的值依然保持不变，要等至下一个扫描周期才重新扫描，更新结果。当涉及输入端子时，从输入映像寄存器中读取相应的值，常闭则取反，执行结果存入相应的寄存器中。若需产生输出，先将执行结果送入输出映像寄存器中，但不更新输出端子的值。输出元件的寄存器值随着程序的执行而不断变化。在执行完所有的指令后，PLC进入输出刷新阶段，将输出映像寄存器的值更新到输出端子，从而驱动外部负载。

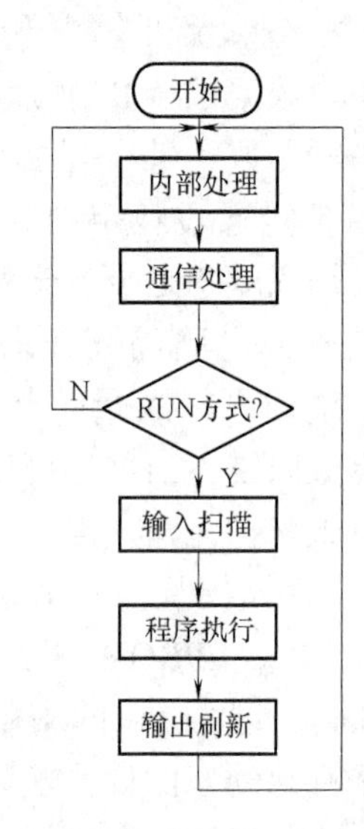

图4-5　PLC扫描工作过程

(3) 电梯PLC控制系统的基本结构　这种控制系统的基本结构如图4-6所示。

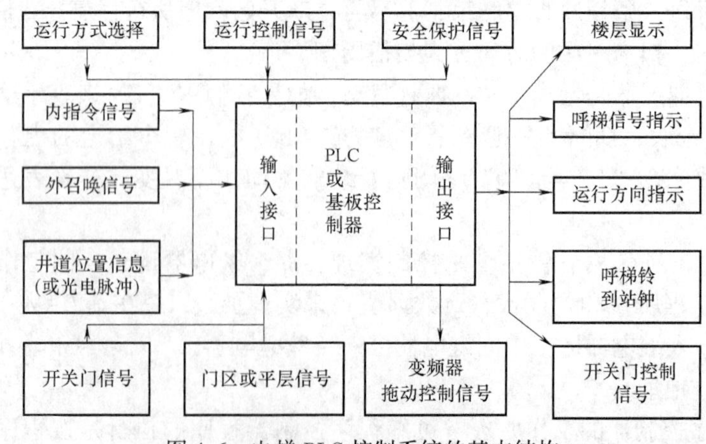

图4-6　电梯PLC控制系统的基本结构

3. 变频器

(1) 变频器简介　变频器是应用变频技术与微电子技术，通过改变交流电动机工作电

源的频率来控制其运行状态的电力控制设备。变频器主要由整流单元、滤波单元、逆变（直流变交流）单元、制动单元、驱动单元、检测单元和微处理单元等组成。变频器靠内部IGBT的开断来调整输出电源的电压和频率，根据电动机的实际需要来提供其所需要的电源电压，进而达到节能、调速的目的。另外，变频器还具备齐全的保护功能，如过电流、过电压、过载保护等。

1）整流系统：交-直-交型变频器从变频器的主回路接口R、S、T引入电网三相交流电，经过整流系统将其变换为直流电。交-直-交型变频器的基本结构如图4-7所示。

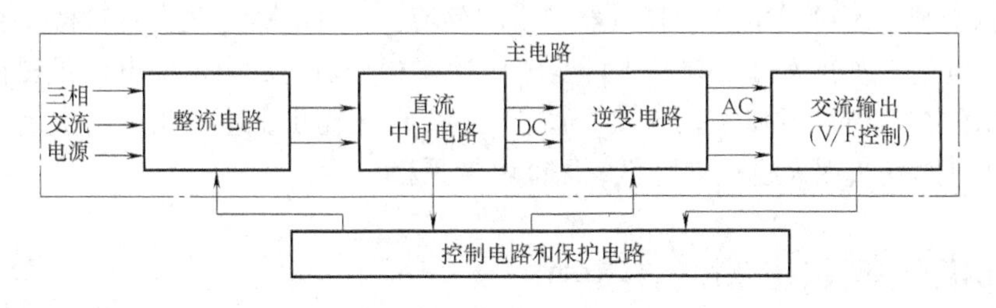

图4-7　交-直-交型变频器的基本结构

2）直流中间电路：经整流电路输出的直流电因含有频率为电源频率六倍的纹波电流，影响逆变电路输出质量，必须对其输出的直流电进行平滑处理，以减少输出的波动。因此直流中间电路也被称为平滑电路，通常由大容量电容或电感组成。

3）逆变电路：是变频器的主输出模块。它将经过平滑处理的直流电结合SPWM控制、矢量变换控制及综合控制信号由U、V、W端输出三相交流电。

4）I/O电路：即输入和输出电路。变频器由外围提供的控制信号、输出信息信号等均由I/O电路采集。

需要指出的是，输入接口一般都采用光电耦合器来隔离，输出接口一般都直接采用继电器和放大器。

5）控制运算电路：由大规模集成电路组成的控制系统，是未来智能化变频器发展的基础。它又包括以下几种电路：

① 主控制电路。其核心是一个高性能的微处理器（CPU），并配以EPROM、RAM、ASIC芯片和其他必要的外围电路来完成输入信号的处理、加减速速率的调节、矢量变换运算、SPWM波形演算及协调控制变频器内部各电路工作的功能。

② 逆变电路基极（门极）驱动电路。根据主控制电路给出的控制信号来完成对逆变电路中大功率半导体换流器件提供驱动信号的任务。

③ 信号检测电路。完成对主电路电流、电压检测信号、被控电动机转速反馈信号、电动机内部温度检测信号、磁通检测信号等的采集并传送至主控制电路。

④ 保护电路。主要完成瞬时过电流保护、对地短路保护、过电压保护、欠电压保护、过载（热）保护、漏电流保护等变频器保护工作。

⑤ 外部接口电路。即完成通信、数字显示、扩展设备、编程和直接控制操作等功能的控制及工作的电路。

（2）电梯变频器调速　从电动机原理可知，三相交流异步电动机的转速计算公式为

$$n=n_1(1-s)=\frac{60f}{p}(1-s)$$

只要改变三相交流异步电动机的转差率（s）、极对数（p）和频率（f），就有了三种基本调速方法。变频调速是通过连续改变电源的频率来平滑地调节电动机转速的调速方法，也是三相交流异步电动机最理想的调速方法。变频器调速只需改变定子的电源频率，即可对电动机进行调速。当然，此时为保证电动机最大转矩在调速时保持不变，由变频器内部维持压频比为一个常数。因此，异步电动机的变频调速必须按照一定的规律，同时改变其定子电压和频率，即必须通过变频器获得电压和频率均可调节的供电电源。

电梯通常采用电压源型变频器。VVVF 电梯的调速系统实际上是利用交流异步电动机来驱动的。三相交流电源的供电通过整流器作全波整流，并由电路滤波得到近似于直流电源的电压值，再经逆变器逆变为可变频率、可变电压的三相交流电，为牵引电动机提供电源。同时，为使输出的交流电压近似于正弦波，通过 PWM 控制输出，还可减少高次谐波，从而降低噪声，电动机的发热损失也相应降低，保证电梯平稳运行。

4.3　电梯电气控制电路基本单元

1. 安全回路

由电气安全装置组成的电路称为安全回路。JY 为安全继电器（控制门锁线路）、KMS 为门锁继电器，任何安全装置的保护动作引起安全开关状态变化，都会使 JY 掉电。

继电器 JY 与 KMS 将控制电梯能否正常起动运行。如图 4-8 所示，PLC 的一端将 JY 与 KMS 的状态送入内部控制系统，另一端利用它们直接从硬件上控制了电梯进一步的通电运行动作。

安全回路实际分为两部分，一路为 101→电压继电器 JY→…→102，另一路为 102→…→JMS 门锁继电器→101，只要两条回路中有一个开关不导通，继电器 JY 和 JMS 就没电，电梯无法运行。

实际运用中，为了使电梯安全性得到保障，可以采用将硬触点与软逻辑相结合的方式来避免用纯软逻辑时易受到干扰而引起的误动作。

图 4-8 中 KMC、KMB 控制抱闸电路的通断，KMC、KMB 之间是相互独立的关系，在电梯正常运行时，按住其中一个已经吸合的接触器不松手使其保持吸合动作状态，当电梯停止时，给予和电梯停止前运行方向相反方向的运行指令，电梯应不能起动运行。只要其中两个接触器都分别满足这个要求，则该制动器控制电路满足要求，否则该制动器控制电路不满足要求。

2. 门机系统

（1）小型直流伺服电动机开关门电路（见图 4-9）

以关门为例：

当关门继电器 JGM 吸合后，110V 直流电源的“+”极（04 号线）经熔断器FU9，首先供电给直流伺服电动机（MD）的励磁绕组 MD_0，同时经滑动变阻器 R_{D1}→JGM 的（1、2）常开触点→MD 的电枢绕组→JGM 的（3、4）常开触点至电源的“-”极（01 号线）。另一方面，电源还经开门继电器 JKM 的（13，14）常闭触点和电阻 R_{83}进行“电枢分流”而使门电动机 MD 向关门方向转动，电梯开始关门。

当门关至门宽的 2/3 时，限位开关 1GM 动作，电阻 R_{83} 被短接一部分，使流经电阻 R_{83} 中的电流增大，则总电流增大，从而使限流电阻 R_{D1}上的压降增大，也就是使电动机 MD 的

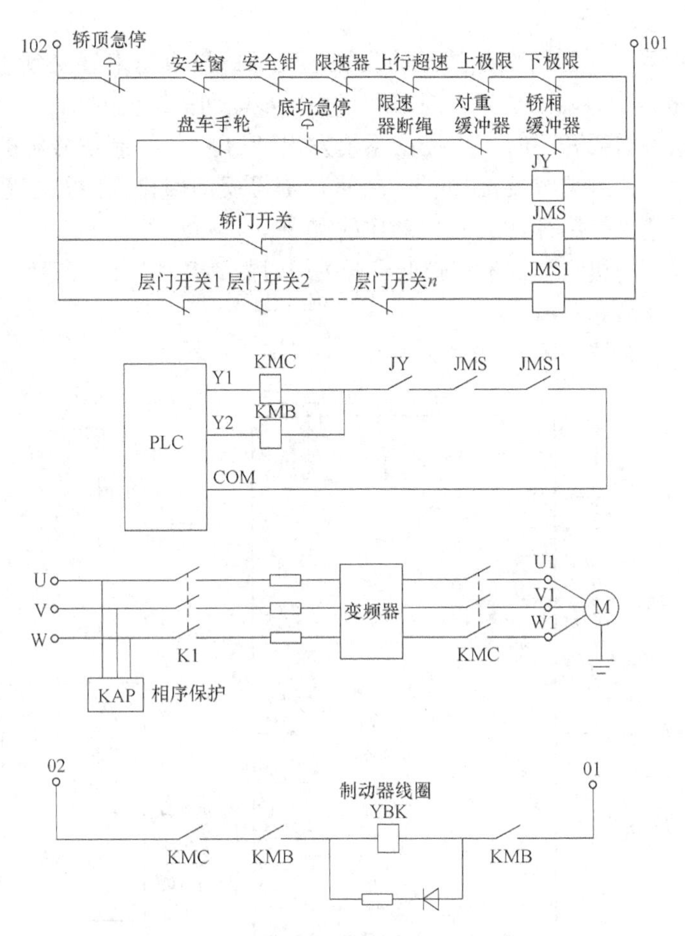

图 4-8　电气安全回路工作原理

电枢端电压下降，此时电动机 MD 的转速随其端电压的降低而降低，也就是关门速度自动减慢。当门继续关闭至尚有 100～150mm 的距离时，限位开关 2GM 动作，又短接电阻 R_{83} 的更大一部分，使分流进一步增加，R_{D1} 上的电压降更大，电动机 MD 电枢端的电压更低，电动机转速更低，关门速度更慢，直至平稳地完全关闭为止，此时关门限位开关动作使 JGM 失电复位。至此关门过程结束。对于开门情况完全与上述的关门过程一样，这里不再叙述。

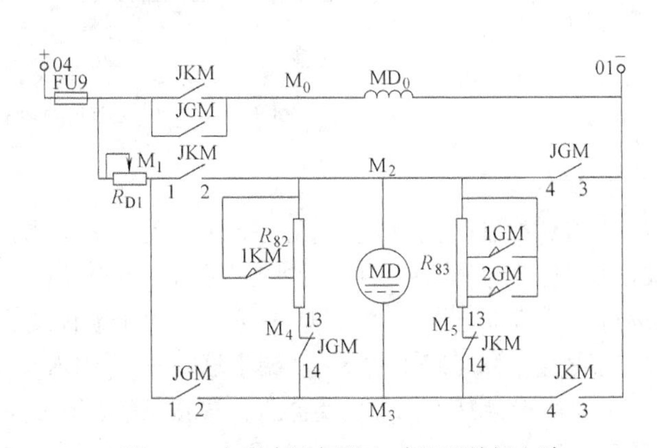

图 4-9　小型直流伺服电动机开关门电路

当开门、关门继电器（JKM，JGM）失电复位后，电动机 MD 所具有的动能将全部消耗在电阻 R_{82} 和 R_{83} 上，也即进入强烈能耗（2GM 开关仍处于接通状态，电阻 R_{83} 阻值很小）

制动状态，使电动机 MD 迅速停车，这样直流伺服电动机的开关门系统中就无需机械制动器（刹车）来迫使电动机停转。

（2）变频门机系统　随着变频技术的发展，变频门机也越来越受到用户的青睐。它是由一台小型（容量）变频器、位置感应器和三相异步电动机组成的。

当电梯停靠层站需要开门时，主控制系统发出“开门”控制信号给变频器，使其带动门电动机，通过位置检测装置发出加速（减速）信号反馈回机房主控制系统，再由其控制变频器进行调频调速来控制开（关）门动作的实现。

使用变频器控制门机系统，不仅降低了开关门时的噪音和运行故障率，而且使开关门的速度变化控制更加灵活和平滑。

变频器控制门机系统如图 4-10 所示。

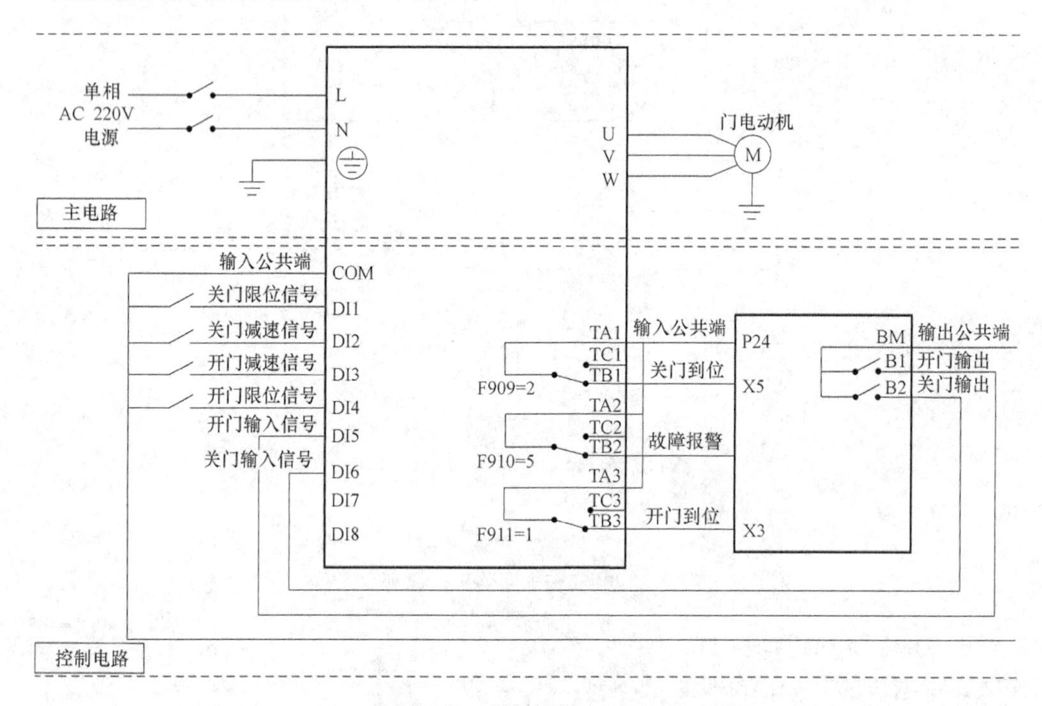

图 4-10　变频器控制门机系统

3. 主驱动电路

（1）PLC 控制交流双速电梯主驱动电路　PLC 控制交流双速电梯的主驱动电路如图 4-11所示。电梯电动机具有两套独立的定子绕组，高速绕组为 6 极（或 4 极），用于起动和满速运行；低速绕组为 24 极（或 18 极），用于减速爬行平层和检修状态运行。起动时，采用在快速绕组回路（XK1～XK3）端串联电阻（RQK）和电抗（XQK）降压，经过 PLC 计时，快车加速接触器 1A 延迟吸合后，短接 RQK 和 XQK，使电动机运转至额定速度。而满速至低速（爬行）运行的转换过渡则采用再生发电制动，当快车接触器 K 断电及衔铁释放与慢车接触器 M 接通时，电动机 DY 的低速绕组通过电抗 XQM 和电阻 RQM 与电源接通。此时 DY 的转速因曳引系统的惯性仍保持在高速状态，于是便形成电动机转速由快向慢回归期间的再生发电制动。为了让转速逐渐下降，使减速平滑，在过渡过程中 PLC 分三次精确计时将 RQM 和 XQM 逐步短接，进入低速稳态运行，直至平层，停车。

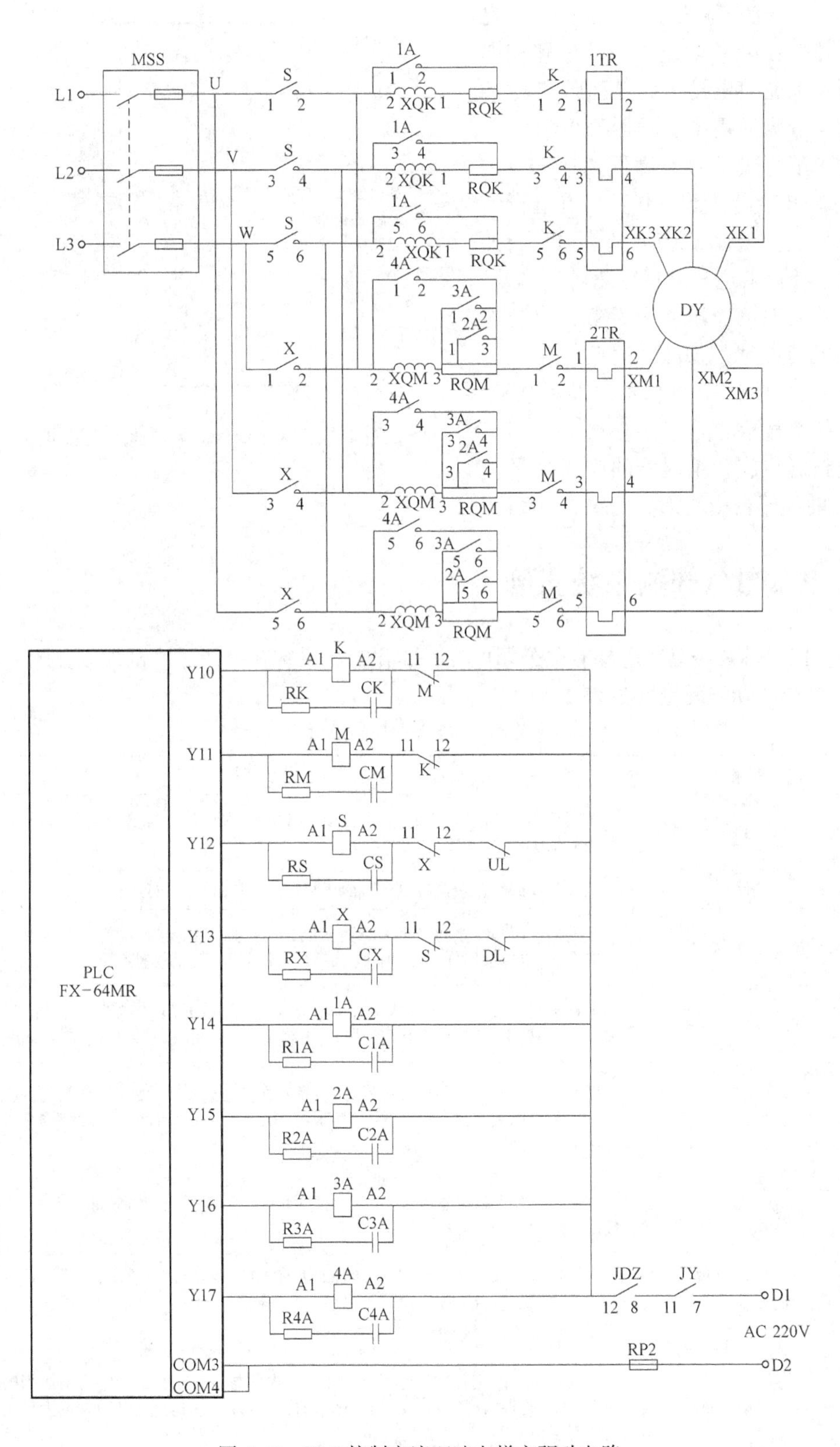

图 4-11　PLC 控制交流双速电梯主驱动电路

（2）交流变压变频调速主驱动电路　交流变压变频调速主驱动电路如图4-12所示。曳引电动机为笼型异步电动机，变频器为通用型变频器MM440。变频器的上下行驶信号及高低速信号，由PLC的输出触点进行控制。当有上行信号时电梯上行；有下行信号时电梯下行。给定速度控制着电梯的运行速度。另外，在变频器内部可通过参数设置，决定电梯的加减速曲线、加减速时间、各种运行速度、过电流或过载保护，以及电流、速度、频率显示功能。

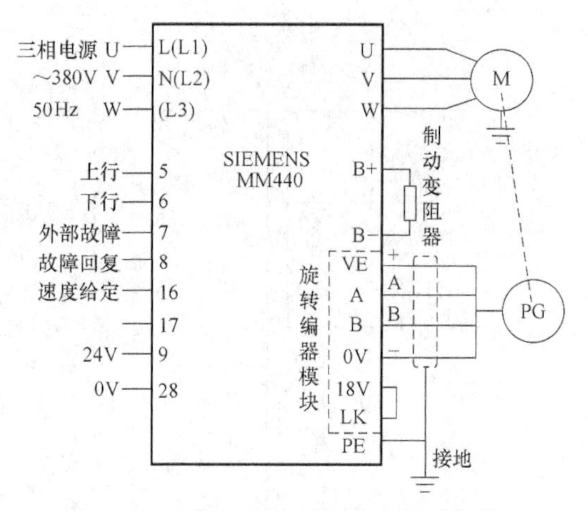

图4-12　交流变压变频调速主驱动电路

变频器与旋转编码器的连接则是由MM440的编码器模块来实现的。

4.4　电梯电气控制系统实例

这里以江苏蒙哥马利电梯有限公司电梯一体化控制系统客梯产品为例加以介绍。

1. 电梯的功能配置（见表4-1）

表4-1　电梯的功能配置

功能名称	功能说明
全集选控制	根据轿厢内选层指令和厅外的层楼召唤指令，集中进行综合分析与处理，自动选向并顺向依次应答指令
门锁短接保护	电梯门锁回路被短接时电梯不能正常运行，只能检修运行
最近楼层服务运转	当电梯在层与层之间发生故障而未能自动排除，经电梯自动检出并判明不影响运行安全后，电梯会以低速自动行至最近楼层停靠开门，让乘客离开
换层停靠	电梯平层时，因为厅门地坎夹有小石头等异物不能开门时，按“开门按钮”“关门按钮”“选层按钮”或者安全触板动作时，电梯将运行到邻接的楼层，将乘客救出
司机操作	轿厢可应答轿厢内与候梯厅的呼叫；轿厢在停止状态时，使用操作盘内的上行和下行按钮可使门关闭；如操作“通过（直驶）”按钮时，轿厢即超越候梯厅呼叫，直达轿厢呼叫的最近楼层
直驶运转	轿厢操作盘上设有直驶运转开关，打开此开关后电梯只应答轿厢内选层，不应答候梯厅的呼叫
开门警报	电梯运行中或停止于平层区外时，如果有人在轿厢内强行扒门，则蜂鸣器发出连续的报警声以示警告。如果报警声已经响起，乘客仍继续扒门，导致门被打开，则电梯将保护性停止，直到确认门关上后再起动
开门时间自动调整	应答呼叫后停止时，因呼叫种类不同（候梯厅与轿厢），自动设定为最适当的开门状态保持时间；根据开门后状况的变化（光幕、开门按钮的动作）自动设定为最适当的开门状态保持时间

（续）

功能名称	功能说明
故障电梯自动分离(联控、群控)	当联控或群控系统中的一台电梯发生故障时,会自动脱离系统以保证其他电梯的正常运行
防捣乱功能	如同时按下三个按钮或在短时间内按下四个以上按钮,或者轿厢内载重量在100kg以下,却有4个以上的轿厢按钮被呼叫时,则会取消所有轿厢呼叫
超载警报	超过电梯载重量时,蜂鸣器发出断续的警告声,并且操作盘显示“超载”,同时阻止轿厢的关门动作
禁止反向运行登录功能	轿厢呼叫与轿厢实际运行方向相反时,反向轿厢呼叫无法登录
轿厢应急照明	停电时,充电式电池可给轿厢内紧急照明灯供电
自动再平层	轿厢平层是由水平装置自动调整在设定的准确度内,而无需担心由于乘客进出所引起的平层变化
光幕门保护	在整个开门高度的范围内覆盖了一层红外线光束,如果其中任何一个光束被遮挡,正在关闭的门将会停止关闭并重新打开。光束数量多于100组
取消错误呼叫功能	如果按错轿厢内选层按钮,在0.3~1.0s内再连续两次按此按钮,登录可以被取消
基准层返回	轿厢应答最后呼叫后在设定时间内没有其他呼叫,轿厢自动返回设定的基准层
强制关门	一定时间以上处于开门状态时,蜂鸣器断续鸣响并关门,以防止运行效率降低
警铃(轿顶)	轿厢操作盘上安装的紧急按钮被按下时,轿顶蜂鸣器响起,同时机房及控制中心对讲机响铃示警
门的异常检查装置	轿门在预定时间内应开而不开或不完全开启时,轿厢自动关门,再应答其他呼叫。轿门在预定时间内应关而未能关闭时,将会重复关门动作以清除门坎上的障碍物
轿厢照明、换气扇自动控制	电梯应答完所有呼叫后,在一段特定时间内仍无人使用时,自动切断所有轿厢照明及电扇,以减少能源浪费
语音报站	利用计算机合成声音信号,自动进行电梯报站广播,可进行运行方向、到达楼层及紧急情况广播(如火灾等)
到站响钟(轿厢内)	在全自动操作下,轿厢在抵达目的楼层前会响钟
驻停(泊梯)功能	通过指定楼层呼梯按钮上钥匙开关进行停梯操作
视频电缆(轿厢至控制柜)	从轿厢至机房引一条视频电缆用于接入视频输入、输出设备
预留消防联动接口	电梯控制柜预留消防联动接线口或接线柱
闲暇自行检测运转	避开正常运行的情况下,在设定闲暇时间内电梯自动停靠各层检查运行状态和制动系统
满载不停	称重装置检测出满载时,轿厢不接受候梯厅呼叫自动通过
层高自测定	电梯能进行井道自学习,可精确地测量楼层高度
电动机空转保护	当钢丝绳打滑时,电梯能有效检测并停止运行
位置异常自动校正	当轿厢位置或显示楼层出现偏差,电梯会通过到达一次最低层后自动校正偏差
电源相位故障检测	电源断相或错相时禁止电梯运行
电磁干扰滤波器	电梯具有很高的电磁兼容性,一方面降低电梯对外围设备的干扰,另一方面提高了电梯自身的抗干扰性和稳定性

（续）

功能名称	功能说明
检修运行	在轿顶及机房设置检修操作开关，检修运行状态时只能通过手动检修操作开关进行电梯慢速上下行运行
运行故障历史记录	电梯能将处理器检测出的故障存储到存储器中，便于维保人员调用
故障自动检测	电梯通过软件能自动检测出故障点，帮助维保人员更快捷地排除故障
运行次数、时间记录	显示运行次数及总体运行时间，便于客户了解电梯使用情况
停机开门	遇故障，电梯就近平层后自动开门并报警
关门取消等待	轿厢内有按钮直接关门，可强制关门
开门保持	轿厢内有专门按钮延长开门时间
自动平层	电梯平层后开门
上电再平层	因为断电导致轿厢不在门区范围内，当电源恢复后轿厢再平层
安全停靠	电梯因故停在门区外，如经自检能起动，就近平层开门
次层停靠	电梯到达目的层后，轿厢门不能开启，则到下一层停靠
轿厢错误指令按钮消除	连续按两次按钮取消指令
外呼再开门	电梯关门后，按呼梯厅按钮可再次开门
消防功能	小区智能化设备报警，自动降至首层，放出乘客后不在响应任何外呼
消防员专用	消防状态下，消防员可使用电梯到达任一楼层
消防警铃	小区智能化设备报警，自动降至首层并发出火灾语音提示
消防联动	与消防单位系统联动
轿顶检修按钮	在检修运行模式，通过按检修运行按钮，电梯以限定速度运行
机房运行监控	分别检测轿厢运行和停止过程中，机房内曳引机及控制柜的运行状态
电动机过热保护装置	电动机温度过高时，停止工作
超速保护装置	电梯超速下降时，使电梯减速直至最后停止
极限保护装置	电梯上行超速时，使电梯减速直至最后停止，放出防止冲顶
逆变散热器高温检测	当电动机温度超过设定值时，电梯轿厢将就近停层，放出乘客。电动机冷却后电梯恢复运行
救助运行功能	救助运行是内置的监察功能，系统故障时，电梯会评估故障严重程度，如绝对安全，会以慢速驱动轿厢到最近楼层停在层站上放出乘客
电梯的故障自诊断及自行检查功能	每晚零点以后，电梯在长时间无人使用的情况下，自动各层停站运行，检查运转状态和制动系统，当有呼梯信号时，自动停止自检，及时响应
电源缺相保护	5 线 3 相制，电源不稳，停机保护电梯
漏电保护开关	漏电保护开关安装在机房电源箱内
轿厢/控柜预留监控接口	在机房内预留监控器的接口，预留 ITV 电缆并接至轿厢内，其长度足够保证摄像监控设备的安装及使用
五方对讲	实现轿厢、控制室中心、电梯机房、电梯顶部、电梯底坑之间对讲通话
轿门门机	由变压变频调速电脑控制驱动（无连杆）

2. 电梯电气代号说明（见表 4-2）

表 4-2　电梯电气代号说明

代号	位置	含义	代号	位置	含义	代号	位置	含义	代号	位置	含义
1BFS	HTW	缓冲器开关 1	DZU	CAR	上平层感应器	NSB	HTW	司机直达开关	TOCLS	CTR	轿顶照明开关
2BFS	HTW	缓冲器开关 2	EDP1	CAR	门 1 光幕	OLT1	HTW	门 1 开门限位	TRF1	CTR	控制变压器
AB	CAR	警铃	EDP2	CAR	门 2 光幕	OLT2	HTW	门 2 开门限位	TRF2	CTR	照明变压器
ACB	CAR	司机换向按钮	EEC	CAR	安全窗电气开关	OS	HTW	限速器电气开关	TRF3	CAR	开关电源
ALB	CAR	警铃按钮	EIS	CTR	紧急电动运行开关	PES1	HTW	底坑急停按钮	TUR1	CAR	轿顶 AC220V 插座
ATS	CAR	司机/自动转换开关	EOR	CTR	紧急电动运行继电器	PES2		底坑急停按钮	TUR2	CTR	轿顶 AC36V 插座
BRM	CTR	制动单元	F	CAR	轿内风扇	PFR	MR	相序继电器	UDB	HTW	控制柜检修上行按钮
BRT	CTR	制动电阻热保护开关	FIR	CTR	消防反基站输出信号	PG	HTW	编码器(曳引机)	ULS1	HTW	上一级强迫减速开关
BZK1	HTW	抱闸反馈开关 1	FIRS1	HTW	消防开关(基站)	PLI	HTW	底坑照明灯	ULS2	HTW	上二级强迫减速开关
BZK2	HTW	抱闸反馈开关 2	FIRS2	CAR	消防员开关(操纵箱)	PLS1	HTW	底坑照明开关 1	ULS3	CTR	上三级强迫减速开关
BUZ	CAR	蜂鸣器	FLSD	HTW	下极限开关	PLS2	HTW	底坑照明开关 2	UPC	CTR	停电应急运行接触器
BY	CTR	抱闸接触器	FLSU	HTW	上极限开关	PUR1	HTW	底坑插座 AC220V	Q	CTR	电源总开关
CBn	CAR	各层指令按钮	FS	CAR	轿内风扇开关	PUR2	CTR	底坑插座 AC36V	RS	CTR	继电器
CCB	CAR	指令分配板	FX	CTR	封星继电器	QF1	CTR	AC380V 空开	PCD	CTR	平层灯
CES	CAR	轿内急停开关	GS	CAR	轿门锁电气开关	QF2	CTR	DC110V 空开	SMQ	HTW	平层灯感应器
CFL	CAR	轿厢应急照明灯	GTS	HTW	张紧轮电气开关	QF3	CTR	AC110V 空开	ESA	CTR	试验按钮
CLI	CAR	轿厢照明灯	HCB	HTW	楼层显示板	QF4	CTR	AC220V 空开	RSA	CTR	复位按钮
CLIS	CAR	轿内照明开关	INTB	CAR	通话按钮	QF5	MR	AC36V 空开	ERA	CTR	试验选择开关
CLT1	CAR	门 1 关门限位	ISS	CAR	独立运行开关	RGS	CTR	夹绳器电气开关	KYT	HTW	试验电磁铁
CLT2	CAR	门 2 关门限位	JUP	CTR	停电应急运行辅助继电器	RRB	HTW	限速器远程释放按钮	EYT	HTW	复位电磁铁
CHM	CAR	语音报站器	JT	CTR	安全回路继电器	RRD	CTR	限速器远程释放线圈			
CTB	CAR	轿顶控制板	LIHn	HTW	井道照明灯	RS	CTR	强制检修继电器			
DBR	CTR	制动电阻	LIHS	CTR	井道照明开关	RTB	HTW	限速器远程动作按钮			
DCB1	CAR	门 1 关门按钮	LPS	CAR	照明电源空开	RTD	CTR	限速器远程动作线圈			
DCB2	CAR	门 2 关门按钮	LPT	HTW	到站钟	SOS	CTR	安全钳电气开关			
DDB	CTR	控制柜检修下行按钮	LSD	HTW	下限位开关	SW	CTR	运行接触器			
DDOB	CAR	开门延时按钮	LSU	CAR	上限位开关	SC	CTR	安全接触器			
DLS1	HTW	下一级强迫减速开关	LWD	CAR	称重装置	TA	CTR	大端子			
DLS2	HTW	下二级强迫减速开关	LWO	CAR	超载开关	TB	CAR	小端子			
DLS3	HTW	下三级强迫减速开关	LWX	CTR	满载开关	TCI	CAR	轿顶检修自动转换开关	KZPM	CTR	控制屏照明
DM	CAR	门机电动机	MCB	CTR	主控制板	TCIB	CAR	轿顶检修公用按钮	ZJZM	CTR	主机照明
DOB1	CAR	门 1 开门按钮	MES	MR	控制柜急停按钮	TCID	CAR	轿顶检修下行按钮	CAR	NULL	轿厢
DOB2	CAR	门 2 开门按钮	MES-2	MR	盘车开关(机组急停)	TCIU	CAR	轿顶检修上行按钮	CTR	NULL	控制柜
DS	HTW	层门锁电气开关	MO	MR	曳引电动机	TES	CAR	轿顶急停按钮	MR	NULL	主机
DZD	CAR	下平层感应器	MT	CAR	电动机热保护开关	TOCL	CAR	轿顶照明灯	HTW	NULL	井道

3. 电梯电气控制原理（见图4-13）

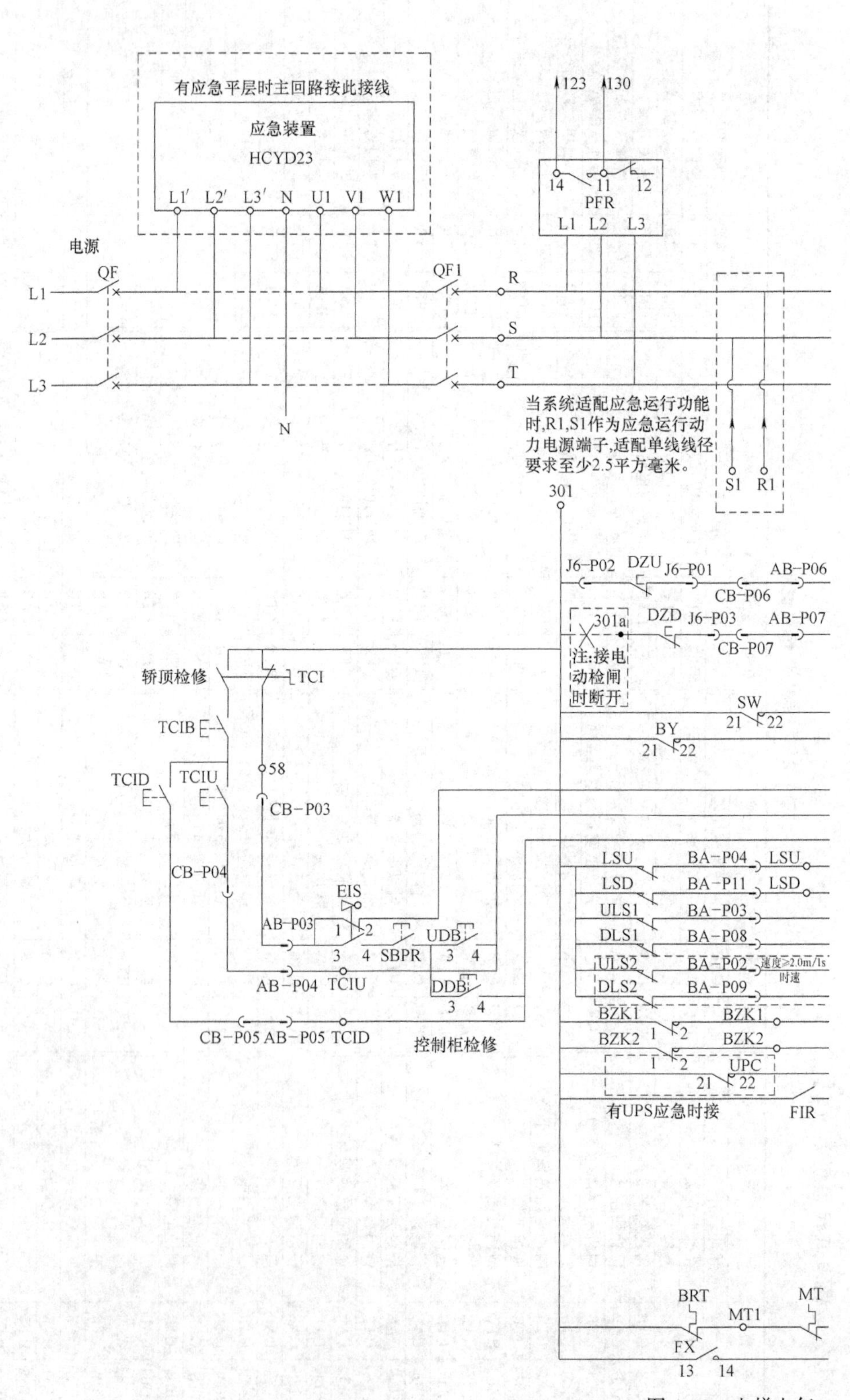

图4-13　电梯电气

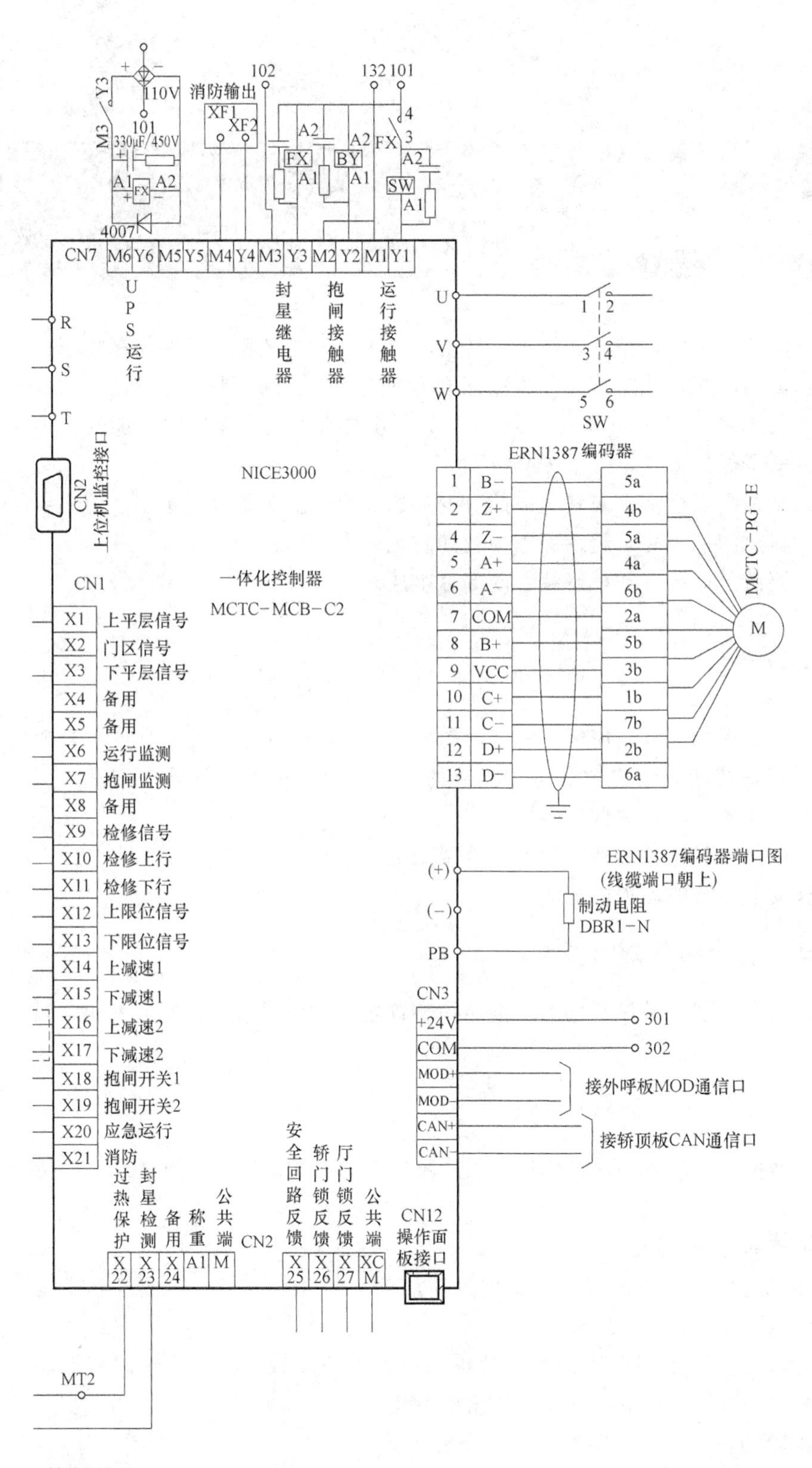

110V
101
102
132 101
消防输出
XF1
XF2
330μF/450V
FX
BY
SW
4007
CN7
M6 Y6 M5 Y5 M4 Y4 M3 Y3 M2 Y2 M1 Y1
UPS运行
封星继电器
抱闸接触器
运行接触器
R
S
T
U
V
W
SW
CN2
上位机监控接口
NICE3000
一体化控制器
MCTC-MCB-C2
CN1
X1 上平层信号
X2 门区信号
X3 下平层信号
X4 备用
X5 备用
X6 运行监测
X7 抱闸监测
X8 备用
X9 检修信号
X10 检修上行
X11 检修下行
X12 上限位信号
X13 下限位信号
X14 上减速1
X15 下减速1
X16 上减速2
X17 下减速2
X18 抱闸开关1
X19 抱闸开关2
X20 应急运行
X21 消防
过热保护
封星检测
备用
称重
公共端
X22 X23 X24 A1 M
CN2
安全回路反馈
轿门锁反馈
厅门锁反馈
公共端
X25 X26 X27 XCM
CN12
操作面板接口
MT2
ERN1387编码器
1 B− 5a
2 Z+ 4b
4 Z− 5a
5 A+ 4a
6 A− 6b
7 COM 2a
8 B+ 5b
9 VCC 3b
10 C+ 1b
11 C− 7b
12 D+ 2b
13 D− 6a
MCTC-PG-E
M
ERN1387编码器端口图
(线缆端口朝上)
(+)
(−)
PB
制动电阻
DBR1-N
CN3
+24V 301
COM 302
MOD+
MOD−
接外呼板MOD通信口
CAN+
CAN−
接轿顶板CAN通信口

控制原理

第5章 电梯安全保护与救援系统

电梯可能发生的危险有：人员被挤压、撞击、剪切、电击或发生坠落，轿厢超越极限行程发生撞击，轿厢超速或因断绳造成坠落等。为保证电梯的安全性，除了要考虑其结构的合理性、可靠性以及电气控制和拖动的可靠性之外，还应该考虑各种危险发生的可能性。因此，电梯中设置专门的安全保护系统也是十分必要的。

电梯的安全保护系统是由安全保护装置组成的。电梯的安全保护装置种类很多，但主要包括：超速保护、缓冲器、门锁、终端超越保护装置和防止门夹人的保护装置等。

电梯的救援系统主要由救援装置和报警装置两部分组成。

5.1 超速保护装置

电梯的超速保护包括电梯的下行超速保护和上行超速保护两种。由于目前电梯的下行超速保护都是通过轿厢下部安装的安全钳和机房中安装的限速器之间的联合动作来实现，所以，也通常被称为轿厢限速器—安全钳保护装置。

轿厢限速器—安全钳保护装置和上行超速保护装置是曳引驱动电梯必不可少的安全保护装置，它们是保证电梯安全运行的保护措施之一。

5.1.1 轿厢限速器—安全钳保护装置

轿厢限速器—安全钳保护装置是最常见的安全保护装置之一，由限速器、安全钳和中间联接件构成。

5.1.1.1 限速器

1. 结构组成

电梯中使用的限速器按照钢丝绳与绳槽作用方式的不同分为摩擦式（见图5-1）和夹持式（见图5-2）两种。

摩擦式限速器各组成部件的作用：

（1）棘轮　一方面棘轮的转速能准确地反映电梯轿厢的运行速度，另一方面棘轮也是限速器-安全钳装置动作时的制动元件之一。

（2）拉簧调节螺栓　拉簧调节螺栓能够调节滚轮在凸轮上的接触力，使凸轮能够准确地检测到轿厢因速度变化而可能引起的摆杆摆动幅度的变化。

（3）棘轮轴　与棘轮的轴孔配合并能够将棘轮安装在支座上。

（4）调速弹簧　通过调节调速弹簧的压缩量来调整或设定限速器的动作速度。

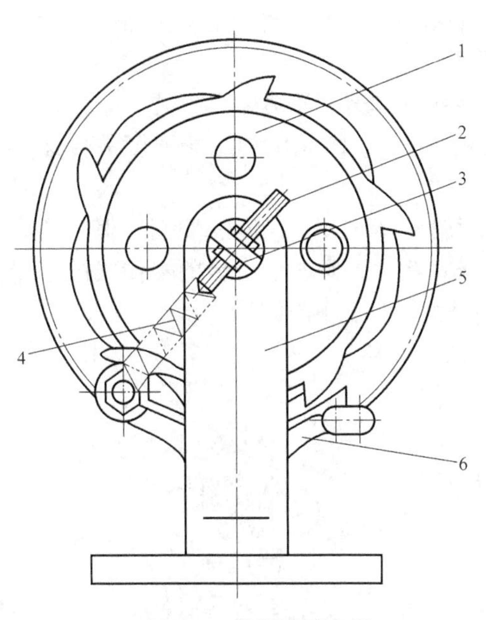

图 5-1　摩擦式限速器

1—棘轮　2—拉簧调节螺栓　3—棘轮轴

4—调速弹簧　5—支座　6—摆杆

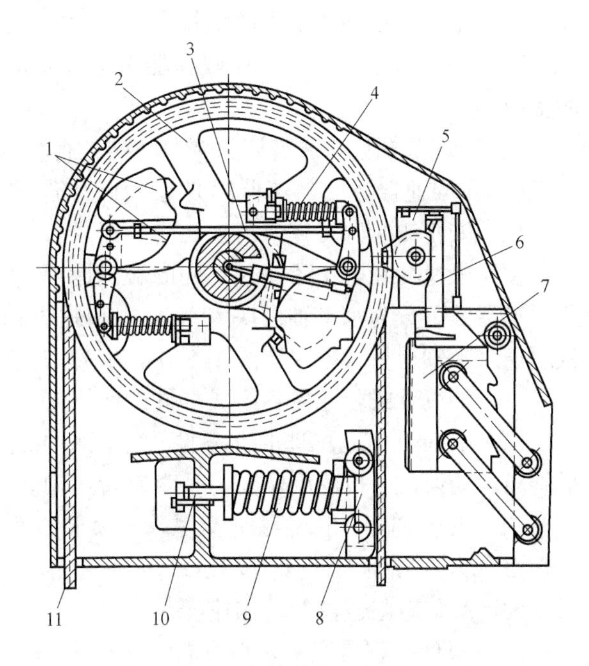

图 5-2　夹持式限速器（1）

1—甩块　2—限速器绳轮　3—连杆　4—螺旋弹簧

5—超速开关　6—锁栓　7—摆动钳块　8—固定钳块

9—压紧弹簧　10—调节螺栓　11—限速器绳

（5）支座　支座是一个支撑件与连接件。它在支撑限速器钢丝绳所承载的各种外力的同时与机房的地面或其他固定装置连接。

（6）摆杆　摆杆能通过摆杆摆动幅度的变化检测电梯的运行速度是否超速。当电梯的运行速度超过限速器设定的动作速度时，也能通过摆杆上的棘爪将棘轮制停。

夹持式限速器各组成部件的作用：

（1）限速器绳轮　是限速器钢丝绳的悬挂元件。

（2）甩块　甩块是产生离心力的主要元件，随着限速器绳轮旋转速度的增加，甩块所产生的离心力会逐渐增大，同时，甩块的摆动幅度也会增大。

（3）连杆　连杆是中间传动和连接机构。它能够实现运动方向的转换，如将旋转运动转换为水平或垂直方向的运动。

（4）螺旋弹簧　它用以限制或调整甩块的摆动幅度。

（5）超速开关　当限速器检测到电梯的运行速度达到或超过限速器设定的动作速度值时，该开关应动作并断开安全回路。

（6）锁栓　锁栓能保证动作后的限速器始终处于动作状态，除非该限速器经接受过专业技能培训，考核合格并称职的作业人员的复位。

（7）摆动钳块　也就是动作钳块（活动钳块）。当限速器因超速而动作时，摆动钳块会将限速器钢丝绳夹持在固定钳块之间并产生安全钳动作所需的提拉力。摆动钳块的工作面常做成圆弧状，以增加夹持限速器钢丝绳的接触面积。

（8）固定钳块　它与摆动钳块配合，在限速器因超速而动作时，共同将限速器钢丝绳夹持并产生安全钳动作所需的提拉力。

(9) 压紧弹簧　它能够使限速器钢丝绳在固定钳块和摆动钳块间产生安全钳动作所需的提拉力。

(10) 调节螺栓　通过调整调节螺栓的行程来改变压紧弹簧的压力大小。

(11) 限速器绳　限速器绳是中间联接件的组成部分。它既是电梯运行速度的传递介质，也是安全钳装置动作所需提拉力的提供者。

按照限速器在电梯超速时不同的触发原理，可将其分为离心式和摆锤式两种。其中离心式限速器又可分为水平轴甩块（片）式和垂直轴甩球式两种。图 5-2 所示的夹持式限速器就属于水平轴甩块式限速器。图 5-3 所示为垂直轴甩球式限速器。

垂直轴甩球式限速器各组成部件的作用：

(1) 转轴　它是甩球的支撑件，它能将限速器绳轮的水平旋转运动通过伞齿轮副转变为垂直旋转运动。

(2) 转轴弹簧　它能够平衡甩球在旋转过程中所产生的离心力在垂直方向上的分力。通过调节转轴弹簧的压缩量，用以设定或整定限速器的动作速度。

(3) 甩球　它是产生离心力的元件。

(4) 活动套　它是一个轴向导向元件。

(5) 杠杆　它是中间传动和连接机构。它能够实现运动方向的转换，如将转轴垂直方向的运动转换为水平方向的运动。

(6) 伞齿轮　它包括伞齿轮Ⅰ和伞齿轮Ⅱ两部分。伞齿轮Ⅰ和伞齿轮Ⅱ配对使用实现旋转方向的改变。

(7) 绳轮　它是限速器钢丝绳的悬挂元件。

(8) 钳块　它是限速器钢丝绳的夹持件。包括钳块Ⅰ和钳块Ⅱ两部分。钳块Ⅰ和钳块Ⅱ配对使用，夹紧限速器钢丝绳并产生安全钳动作所需的提拉力。

(9) 夹绳钳弹簧　它是钳块Ⅰ和钳块Ⅱ能夹紧限速器钢丝绳所需夹紧力的提供者和调节者。

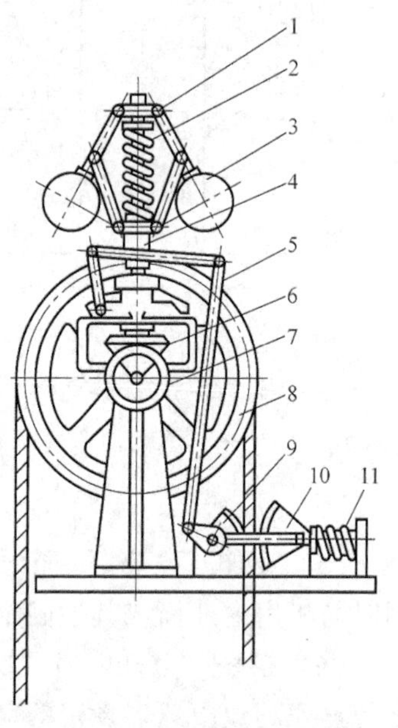

图 5-3　垂直轴甩球式限速器

1—转轴　2—转轴弹簧　3—甩球　4—活动套　5—杠杆　6—伞齿轮Ⅰ　7—伞齿轮Ⅱ　8—绳轮　9—钳块Ⅰ　10—钳块Ⅱ　11—夹绳钳弹簧

图 5-4 所示为另一种型式的离心式限速器，也是一种夹持式限速器。

离心式限速器各组成部件的作用：

(1) 开关打板碰铁　它是电气开关触点动作的触发元件。

(2) 开关打板　它是开关打板碰铁的固定件。

(3) 夹绳打板碰铁　它是夹绳钳动作的检测元件。

(4) 夹绳钳弹簧　它是夹绳钳夹紧限速器钢丝绳所需夹紧力的提供者和调节者。

(5) 离心重块弹簧　它用来平衡和调节离心重块由于旋转速度的变化而引起的幅度的变化。另外，调整此弹簧的压缩量可以设定或整定限速器的动作速度。

(6) 限速器绳轮　它是限速器钢丝绳的悬挂元件。

(7) 离心重块　它是离心式限速器产生离心力的元件。

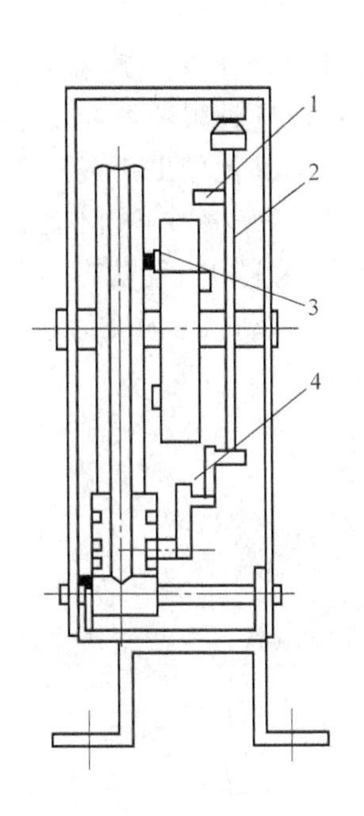

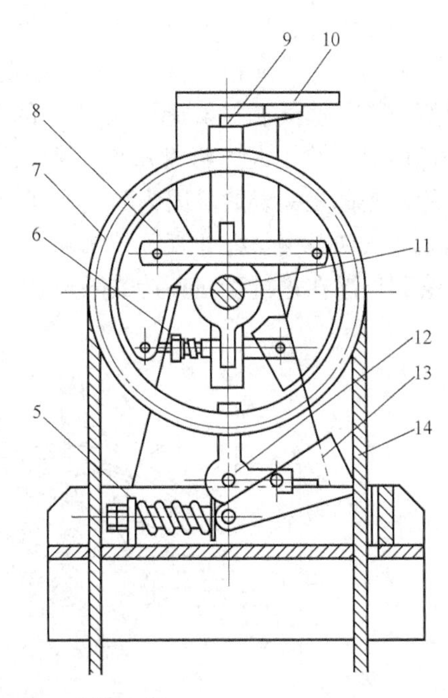

图 5-4　离心式限速器

1—开关打板磁铁　2—开关打板　3—拉簧　4—夹绳打板磁铁　5—夹绳钳弹簧　6—离心重块弹簧　7—限速器绳轮　8—离心重块　9—电气开关触点　10—电气开关底座　11—轮轴　12—夹绳打板　13—夹绳钳　14—限速器钢丝绳

(8) 电气开关触点　它是切断电梯安全回路的电气装置。该触点不允许自动复位。

(9) 电气开关底座　它是电气开关安装与固定的地方。

(10) 夹绳打板　它是夹绳钳动作的触发元件。

(11) 夹绳钳　它与底座配合能将限速器钢丝绳夹紧。

(12) 轮轴　它与限速器绳轮的轴孔配合并能够将限速器绳轮安装在支座上。

(13) 拉簧　它用以限制或调整甩块的摆动幅度。

(14) 限速器钢丝绳　它是中间联接件的组成部分。它既是电梯运行速度的传递介质，又是安全钳装置动作所需提拉力的提供者。

2. 工作原理

(1) 摩擦式限速器　利用限速器绳轮上的凸轮在旋转过程中与摆杆一端的滚轮接触，摆杆摆动的频率与限速器绳轮的转速有关，当摆动频率超过某一预定值时，摆杆上的棘爪嵌入限速器绳轮的棘齿内，使限速器停止运转。在机械触发装置动作之前，限速器或其他装置上的一个电气安全保护装置会被触发，使电梯驱动主机失电而停止运转（对于额定速度不大于 1m/s 的电梯，最迟可与机械触发装置同时动作）。

(2) 夹持式限速器　以图 5-2 所示的夹持式限速器为例，当轿厢超速达到限速器的机械动作速度时，离心重块触碰限速器机械动作的打板，使夹绳钳掉下，实现对钢丝绳的夹持。在此过程中，绳轮一直是运转的，夹绳钳的动作与钢丝绳和绳槽间的摩擦力无关。

再以图 5-5 所示的夹持式限速器为例，当轿厢超速达到限速器的机械动作速度时，离心重块在离心力作用下张开，棘爪嵌入棘轮的棘齿中，绳轮停止运转并依靠钢丝绳与绳轮间的

摩擦力，拉动夹绳钳组件，使夹绳钳夹持住钢丝绳。

对于这种限速器，在夹绳钳夹持住钢丝绳之前，钢丝绳与绳槽间的摩擦力能否克服夹绳钳组件上的弹簧力，是使其能够实施“夹持”的关键。在对这种限速器和安全钳（或夹绳器）进行联动试验时，除了人为将棘爪嵌入棘轮以外，任何其他借助手或脚等方式协助夹绳钳实施夹持的方法都是错误的。因为当钢丝绳与绳槽之间的摩擦力可能不足以拉动夹绳钳组件时，也就无法实现对钢丝绳的真正“夹持”，在限速器绳上也就无法产生触发安全钳所需的提拉力，这种情况在进行双向夹持式限速器与夹绳器的联动试验时尤为常见。

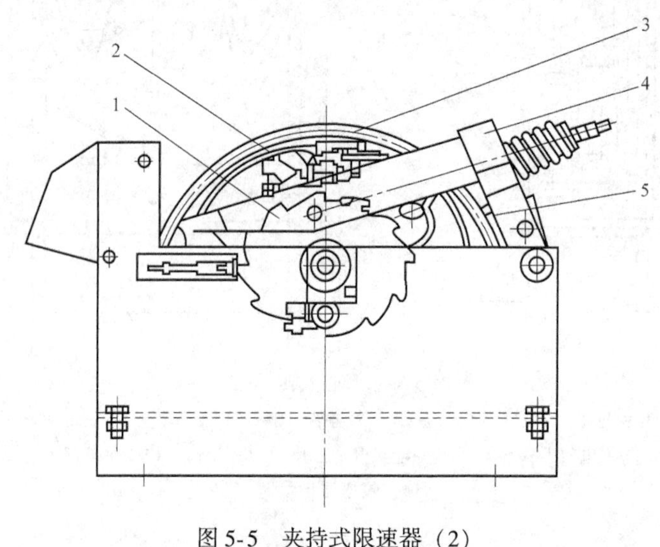

图 5-5　夹持式限速器（2）

1—棘轮　2—棘爪　3—绳轮　4—夹绳钳组件　5—夹绳钳

（3）离心式限速器　通过离心重块弹簧牵制的离心甩块在旋转中随着速度加快远离旋转中心，到达电气开关触板后使电气触点断开，切断电气安全回路并通过制动器的抱闸使得电梯停止运行。如果电梯因悬挂装置（如钢丝绳或链条）的断裂产生轿厢坠落，当制动器无法使轿厢停止时，轿厢的下行速度将进一步加快，离心甩块继续甩开，直至触及限速器夹绳打板碰铁，使夹绳钳掉下，在限速器钢丝绳与夹绳钳摩擦自锁作用下，便能可靠地夹住限速器钢丝绳从而使轿厢制动。为了使钢丝绳不被夹扁，夹紧力由一根夹绳钳弹簧调节。

5.1.1.2　限速器钢丝绳的张紧装置

1. 结构组成

限速器钢丝绳的张紧装置是限速器-安全钳联动装置的组成部分。其常见的型式有悬挂式张紧装置（见图5-6）和悬臂式张紧装置（见图5-7）两种。

悬挂式张紧装置各组成部件的作用：

（1）张紧轮　它与限速器钢丝绳直接连接并将张紧装置的所有重量传递给限速器钢丝绳。

（2）配重架　它用于放置配重块并与张紧轮连接。

（3）配重块　为限速器钢丝绳提供足够的张力。

悬臂式张紧装置各组成部件的作用：

（1）张紧轮　它与限速器钢丝绳直接连接并将张紧装置的所有重量传递给限速器钢丝绳。

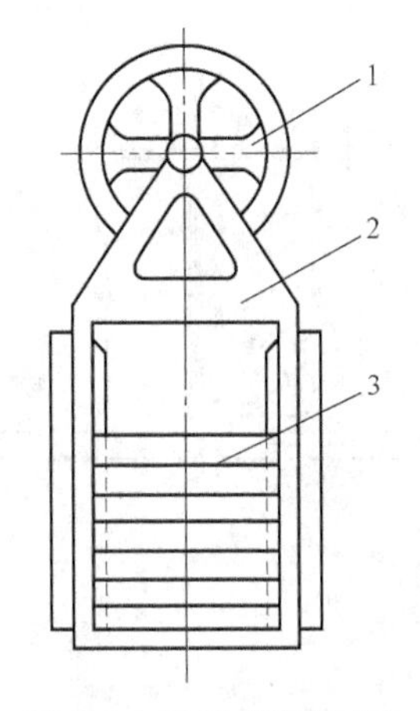

图 5-6 悬挂式张紧装置

1—张紧轮 2—配重架 3—配重块

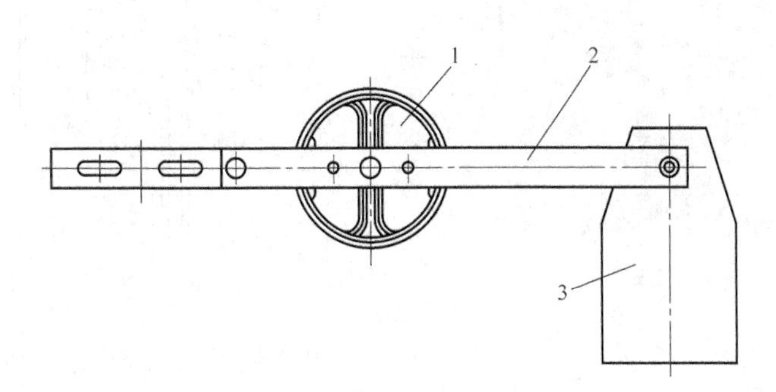

图 5-7 悬臂式张紧装置

1—张紧轮 2—悬臂 3—配重块

（2）悬臂 它是张紧轮和配重块的连接支撑件。它类似于一个杠杆是限速器钢丝绳张力的调节装置。

（3）配重块 其多为金属材料浇铸而成的具有一定形状和尺寸的金属块状体。通过调节配重块的数量（即重量）能为限速器钢丝绳提供所需的张力。

2. 工作原理

它安装在底坑内，限速器钢丝绳的两端与安全钳电气联锁开关的联动机构连接并由轿厢带动运行，限速器钢丝绳将轿厢运行速度传递给限速器绳轮，这样，限速器绳轮就能真实反映出电梯的实际运行速度。

当电梯的运行速度超过额定速度并达到限速器的动作速度时，限速器钢丝绳的张紧装置还能为安全钳的动作提供提拉力，《电梯制造与安装安全规范》（GB 7588—2003）要求该提拉力应不得小于以下两个值的较大者：安全钳起作用所需力的两倍，或 300N。

为了防止限速器钢丝绳的断裂或过于伸长使张紧装置碰到地面而失效，张紧装置上均设有检测钢丝绳张紧状态的电气安全装置。电气安全装置的动作行程一般不大于 20mm。

5.1.1.3 安全钳

安全钳是轿厢限速器—安全钳保护装置中的执行元件。当电梯轿厢下行运行速度达到限速器的动作速度时，限速器就会被触发进而带动安全钳使轿厢制停在导轨上。

1. 结构组成

根据电梯额定速度的不同，电梯所使用的安全钳型式分为两种：瞬时式安全钳（见图 5-8）和渐进式安全钳（见图 5-9）。

瞬时式安全钳根据钳块的不同形式，又可分为楔块式、偏心块式和滚柱式瞬时式安全钳三种。

瞬时式安全钳各组成部件的作用：

（1）钳座 它是安全钳与轿厢连接的部件。

（2）提拉杆 它直接与钳块连接并将限速器钢丝绳所提供的提拉力传递给钳块。

（3）钳块 它是带有一个斜面的六面体，是安全钳制停轿厢的执行元件。钳块的工作面常被加工成带有凹槽的正方形形状，它一方面用来增加钳块工作面与导轨工作面间的摩擦

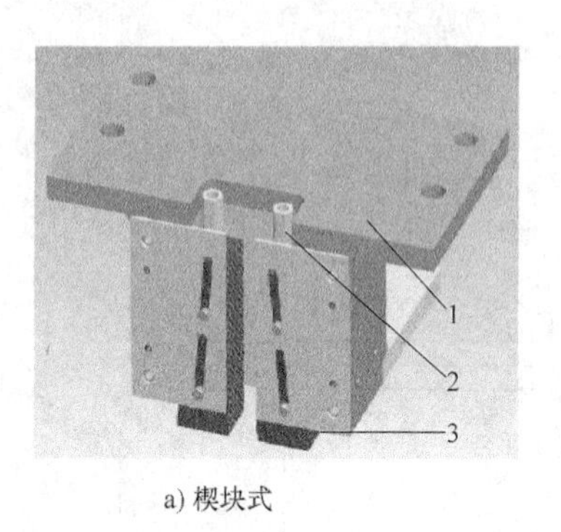

a) 楔块式

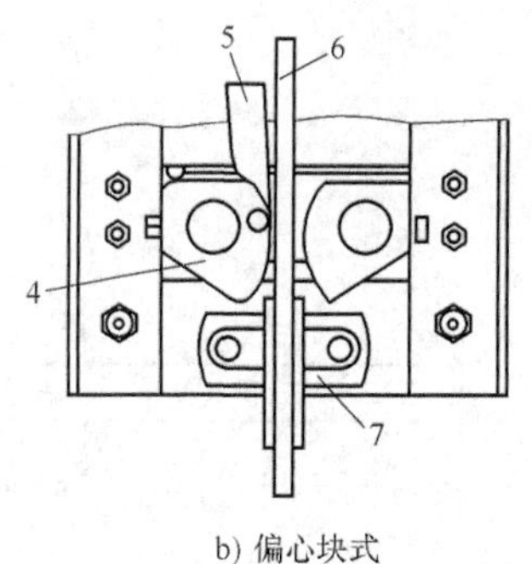

b) 偏心块式

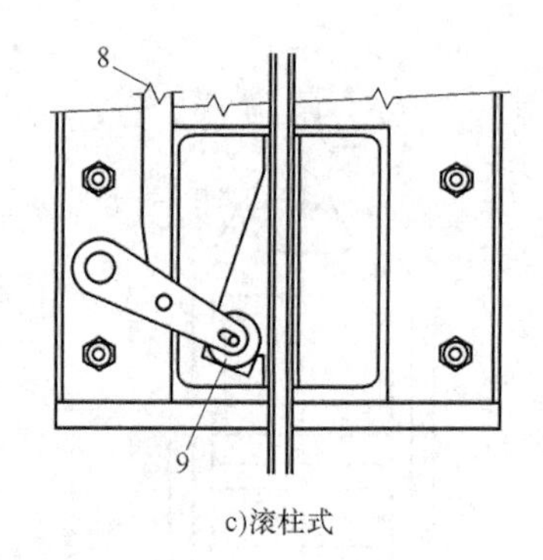

c)滚柱式

图 5-8　瞬时式安全钳

1—钳座　2—提拉杆　3—钳块（楔块）　4—偏心轮　5—提拉杆　6—导轨　7—导靴　8—提拉杆　9—滚柱

系数，另一方面用来增强钳块制动时的散热效果。钳块工作面的背面是一个斜面，该斜面可以保证轿厢制动时所需的制动力。钳块工作面与导轨工作面间的间隙通常设定在 2~3mm，个别电梯制造厂家设定在 3~4mm。

（4）偏心轮　该轮是一个带有偏心距的轮子，作用同钳块。其在提拉杆的提升下利用偏心距所产生的偏心力将轿厢制动。

（5）导靴　它是轿厢沿导轨上下运行的一个导向元件。

（6）滚柱　它是一个能沿钳块内部斜面运动的元件，作用同偏心轮。

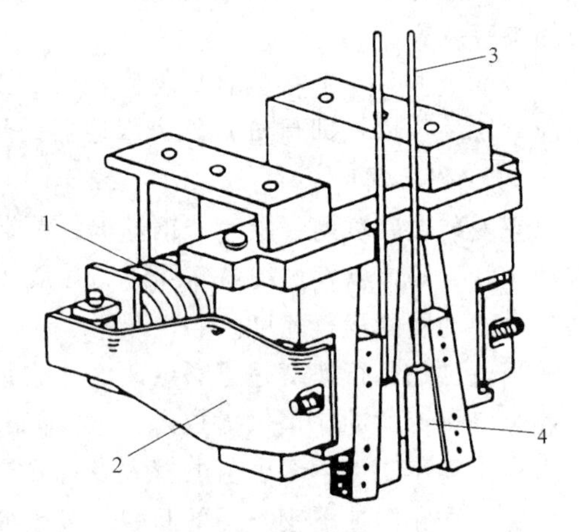

图 5-9　渐进式安全钳

1—弹性元件　2—制动臂　3—提拉杆　4—钳块

渐进式安全钳各组成部件的作用：

（1）弹性元件　它是安全钳的施力元件和缓冲元件。其形式一般为碟形弹簧、U 形板簧、扁条板簧、Π 形弹簧、螺旋弹簧等。

（2）制动臂　它能够将弹性元件作用时所产生的位移传递给钳块，使钳块与导轨工作面接触并形成摩擦副。

（3）提拉杆　它直接与钳块连接并将限速器钢丝绳所提供的提拉力传递给钳块。

（4）钳块　与瞬时式安全钳钳块相同。

2. 工作原理

（1）楔块式瞬时式安全钳　这种安全钳一般都有一个厚实的钳座，配有一套制动元件（钳块）和提拉机构，钳座或者盖板上开有导向槽，钳座开有梯形内腔。每根导轨分别由两个钳块夹持（双楔型），也有单钳块夹持的瞬时式安全钳。当限速器触发安全钳动作时，钳块瞬间（作用时间约 0.01s）将轿厢夹持在导轨上。

（2）偏心块式瞬时式安全钳　这种安全钳的制动元件由两个硬化钢制成的带有半齿的偏心块组成。它有两根联动的偏心块连接轴，轴的两端用键与偏心块相连。当安全钳动作

时，两个偏心块连接轴相对转动，并通过连杆使四个偏心块保持同步动作。偏心块的复位由一弹簧来实现，通常在偏心块上装有一根提拉杆。应用这种类型的安全钳，偏心块卡紧导轨的面积很小，接触面的压力很大，动作时在将轿厢制动的同时往往会使偏心块上的齿或导轨表面受到破坏。

（3）滚柱式瞬时式安全钳　这种安全钳常用在低速重载的货梯上，当安全钳动作时，相对于钳座而言，淬硬的滚花钢制滚柱在钳座楔形槽内向上滚动，当滚柱接触导轨时，另一侧的钳块就在钳座内作水平移动，这样就消除了另一侧钳块与导轨工作面的间隙，随着轿厢的下行，滚柱和钳块就将轿厢制动在导轨上。

（4）渐进式安全钳　这种安全钳使用在轿厢额定速度大于 0.63m/s 或对重装置速度大于 1.0m/s 的运行场合。这种型式安全钳的工作原理与瞬时式安全钳的工作原理相似，其不同之处仅在于，渐进式安全钳设有弹性元件使得其动作是渐进式的而非瞬时式的。由于渐进式安全钳动作时较为平缓，所以，不仅避免了瞬时式安全钳动作时产生的较大冲击，而且也降低了钳块对导轨的损伤程度。

（5）轿厢限速器—安全钳保护装置工作原理　当轿厢超速下行时，轿厢的速度立即反应到限速器上，使限速器的转速加快，当轿厢的运行速度超过 115%的电梯额定速度时，达到限速器的电气设定速度和机械设定速度后，限速器开始动作。

如图 5-10 所示设置的轿厢限速器-安全钳保护装置，当限速器机械动作时，限速器钢丝绳被夹绳钳夹紧而产生安全钳动作所需的提拉力。由于轿厢继续下行的相对运动，限速器钢丝绳的绳头通过杠杆将左侧安全钳楔块拉住，使左侧安全钳楔块动作；与此同时，限速器钢丝绳绳头的动作通过连杆系统拉住右侧安全钳楔块，使右侧安全钳动作。在连杆的动作过程中通过杠杆上的凸轮或打板，在安全钳使轿厢制动之前带动电气安全装置动作，切断电气安全回路使驱动主机停止运行。

限速器和安全钳动作后，必须经电梯专业人员调整后，才能恢复使用，一般做法是短接相关安全装置，轿厢检修向上运行，复位限速器，再向上运行一段距离，复位安全钳。

5.1.2　上行超速保护装置

轿厢上行超速保护装置是防止轿厢冲顶的安全保护装置，该装置应能有效地保护轿厢上行超速时轿内的人员、货物、电梯设备以及建筑物等安全。

轿厢上行超速保护装置包括速度监控元件和减速元件两部分。速度监控元件用于监测上行轿厢的运行速度；减速元件则在速度监控元件监测到上行轿厢的速度失控时使轿厢减速制动。

为最大限度地、直接地保护人身和财产安全，轿厢上行超速保护装置应安装在：轿厢、对重、曳引钢丝绳、补偿绳、曳引轮或最靠近曳引轮的轮轴上。目前，轿厢上行超速保护装置的形式主要有：限速器—夹绳器、轿厢上行限速器—安全钳保护装置、对重限速器—安全钳保护装置和限速器—永磁同步曳引机制动器共 4 种。限速器和安全钳前面已有叙述，不再重复。

5.1.2.1　夹绳器

1. 结构组成

目前，夹绳器被大部分电梯作为轿厢上行超速保护装置使用的原因是其原理结构简单、成本低廉。

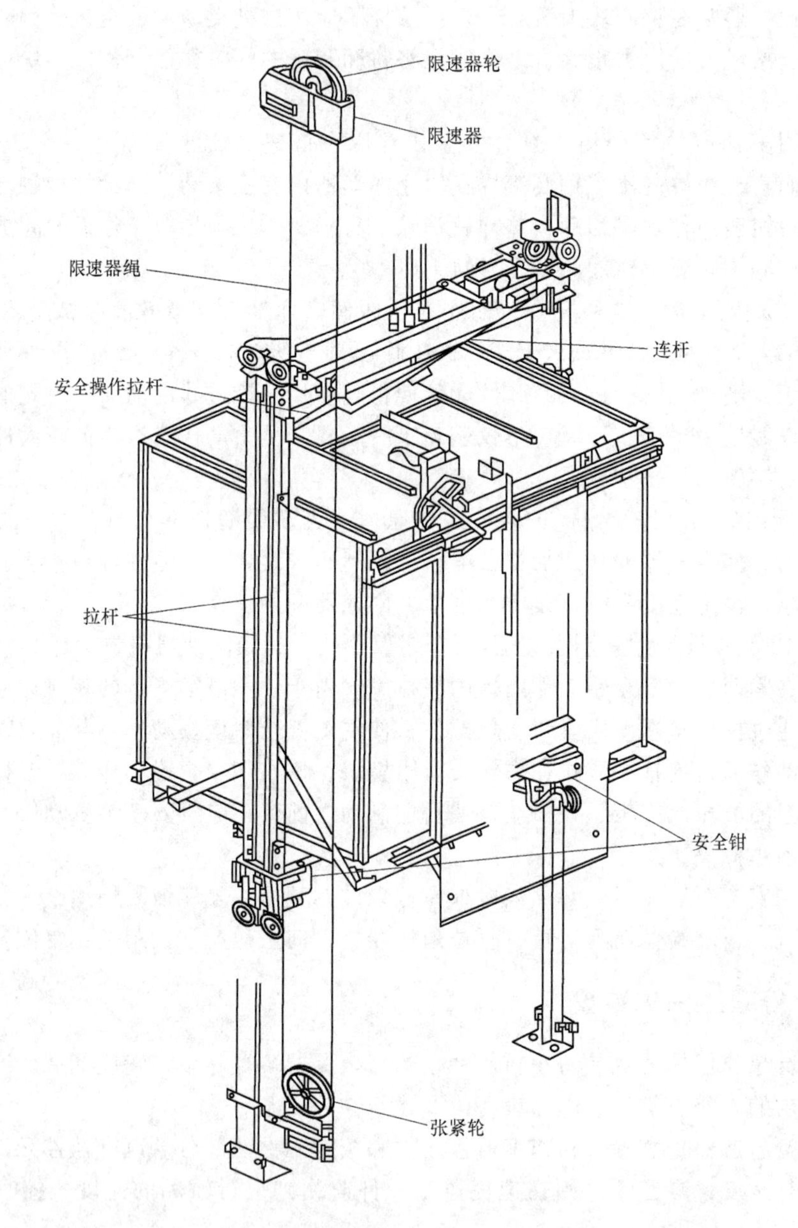

图 5-10　轿厢限速器—安全钳保护装置

常见的夹绳器按照其夹持钢丝绳的方式可分为两类：直夹式（见图 5-11）和自楔紧式夹绳器（见图 5-12）。

夹绳器各组成部件的作用：

（1）支座　它是一个固定件和连接件，同时既是制动板、弹性元件以及其他零部件的承载体，也是夹绳器与其他部件连接的元件。

（2）制动板　制动板包括动制动板和静制动板两部分，是夹绳器中产生制动摩擦力的部件。制动板上通常安装有高摩擦系数的材料，以在相同夹紧力的情况下产生较大的摩擦力

使轿厢制动。

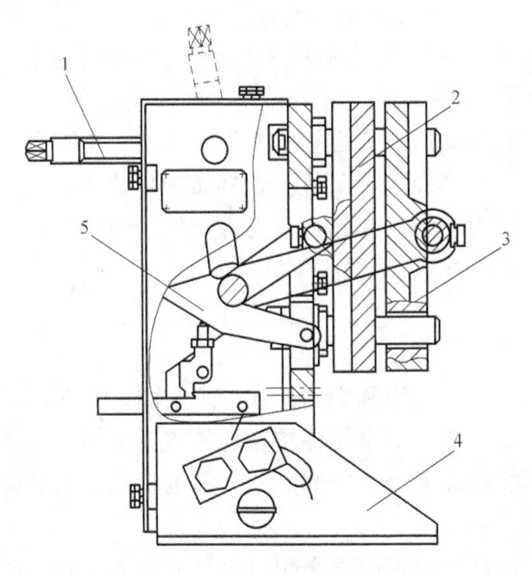

图 5-11　直夹式夹绳器

1—复位螺栓　2—制动板（静）3—制动板（动）

4—支座　5—联动机构

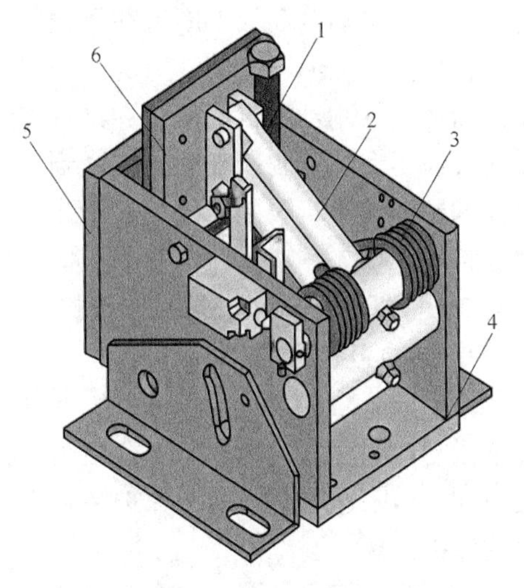

图 5-12　自楔紧式夹绳器

1—复位螺栓　2—联动机构　3—施力元件

4—支座　5—制动板（静）　6—制动板（动）

（3）施力元件　它能够提供给动制动板足够的能量，以保证动制动板和静制动板发生作用时，将轿厢制动并实现电梯上行超速时的保护。

（4）联动机构　当夹绳器接收到触发机构（如限速器）的触发信号时，通过该机构将触发信号传递到执行机构而使夹绳器动作。

（5）复位螺栓　当夹绳器动作后，接受过专业技能培训，考核合格并称职的作业人员可借助复位螺栓解除夹绳器的动作而使其复位。

2. 工作原理

夹绳器多安装在驱动主机曳引轮附近，常由限速器的上行超速动作机构来控制（触发机构），触发方式常有机械式触发和电气式触发两种。当轿厢上行超速时，限速器上行超速机构动作，传动到夹绳器装置（执行机构），夹绳器动作，将曳引钢丝绳夹紧，曳引钢丝绳与制动板间会产生足够大的摩擦力而使得轿厢停止或者至少使其速度降低至对重缓冲器的设计承重范围。图 5-13 所示为安装在驱动主机曳引轮附近的夹绳器。

图 5-13　夹绳器

（1）直夹式夹绳器　直夹式夹绳器动作时，制动板是在外部能量的驱动下直接夹持在钢丝绳上，而与钢丝绳的运动状态无关。

这种夹绳器的夹持力通常是“预先设定”的，因此往往都偏大，所以，其动作后对钢丝绳的损伤比较大。

（2）自楔紧式夹绳器　自楔紧式夹绳器其制动板往往一边是固定的，另一边是可动的。夹绳器动作时动制动板在施力元件（外部能量）驱动下夹紧钢丝绳的同时，在运行钢丝绳的带动下，可动制动板不断地往下楔紧，使得制动力也就不断地增加，直至轿厢制停为止。

自楔紧式夹绳器的制动力的大小与轿厢的运行状态有关。轿厢超速时的冲击能量越大，夹绳器产生的制动力也就越大。这种夹绳器要求其制动后具有自锁的性能。当然，也有自楔紧式夹绳器在可动制动板向下楔紧到一定位置时，对其设置了限位。这样做的目的是，对夹绳器的制动力进行限制，以免其动作后对钢丝绳产生较大的损伤，这有点类似于渐进式安全钳的特性。

5.1.2.2　轿厢上行限速器—安全钳保护装置

1. 结构组成

轿厢上行限速器—安全钳保护装置是由限速器、安全钳和中间连接件组成的。限速器是安全钳动作的触发机构，而安全钳则是轿厢上行限速器—安全钳保护装置的执行机构。两者是轿厢上行限速器—安全钳保护装置中不可分割的组成部分，它们共同担负电梯失控和超速时的保护任务。

在轿厢上行限速器—安全钳保护装置中，较常见的是双向安全钳，可分为分体式和一体式两种。其中，分体式双向安全钳就是将两个渐进式安全钳相互呈反方向放置，在轿厢下行和上行超速时由不同的安全钳进行保护，且这两个安全钳的制动力是有差异的。图 5-14a 所示为分体式双向安全钳。一体式安全钳是利用同一套钳块、弹性元件和制动元件在轿厢下行和上行超速时提供保护。图 5-14b 所示为一体式双向安全钳。分体式和一体式安全钳都是由钳块、弹性元件、操纵机构和支座等组成。

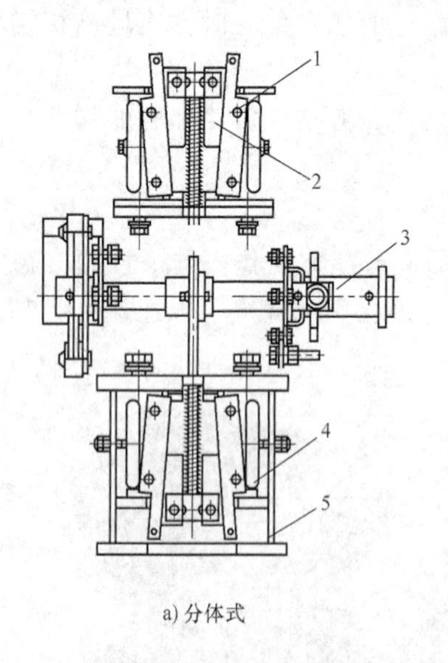

a) 分体式

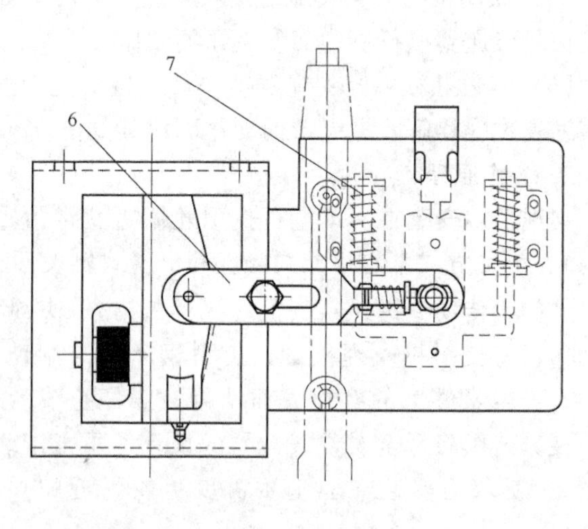

b) 一体式

图 5-14　双向安全钳

1—安全钳 1　2—钳块　3—连接部件　4—安全钳 2　5—支座　6—操纵机构　7—弹性元件

分体式和一体式安全钳各组成部件的作用：

（1）钳块　在轿厢上行限速器—安全钳保护装置动作时，钳块能把轿厢可靠地制动。

（2）弹性元件　它能够缓冲并提供钳块制动轿厢所需的制动力。

（3）操纵机构　它是限速器与安全钳间的连接部件，能将限速器所提供的提拉力传递给安全钳并带动安全钳钳块动作。

（4）支座　它既是钳块和弹性元件的连接、固定的部件，也是与轿厢连接的部件。

2. 工作原理

轿厢上行限速器—安全钳保护装置中的安全钳一般安装在轿厢上梁导轨位置，由限速器的上行超速动作机构操纵。其工作原理与轿厢下行限速器—安全钳保护装置的工作原理一样，轿厢上行超速时，限速器通过悬绕在限速器绳轮上的钢丝绳提拉安全钳装置上的联动机构使安全钳钳块动作并将轿厢制动。轿厢上行限速器—安全钳保护装置起作用后必须由电梯专业技术人员复位。图 5-15 所示为安装于轿厢上梁导轨位置的轿厢上行限速器—安全钳保护装置。

图 5-15　轿厢上行限速器—安全钳保护装置
1—油杯　2—导靴　3—轿顶安全钳

5.1.2.3　对重限速器—安全钳保护装置

1. 结构组成

对重限速器—安全钳保护装置的组成与轿厢下行限速器—安全钳保护装置组成相同。

2. 工作原理

对重限速器—安全钳保护装置一般安装在对重装置的下端，由上行超速动作触发机构操纵，可使用限速器进行触发。对重限速器—安全钳保护装置的工作原理与轿厢限速器—安全钳保护装置的原理类似，轿厢上行超速时，对重向下超速运行，限速器触动对重安全钳动作，将对重装置夹持在导轨上，使轿厢制动。

对重限速器的动作速度应比轿厢下行限速器—安全钳保护装置中限速器的动作速度高 10%。

当电梯的额定速度大于 1m/s 时，对重（或平衡重）安全钳应是渐进式的，其他情况下，可以是瞬时式的。

5.1.2.4　永磁同步曳引机制动器

1. 结构组成

一般情况下，制动器不作为轿厢上行超速保护装置。永磁同步曳引机制动器可作为轿厢上行超速保护装置是因为其具备以下条件：

1）制动器与曳引轮共用一根轴且其与曳引轮的连接为非长轴连接。

2）制动器两个工作盘的工作状态能通过两个电气开关进行监控。

永磁同步曳引机制动器的组成与机电式常闭式电磁式制动器的组成相似，也是由制动轮（盘）、制动闸瓦和制动弹簧等零件组成。

2. 工作原理

永磁同步曳引机，因为没有中间减速机构，再加上制动轮、曳引轮都安装在和电动机转子共用的同一根主轴上，所以，永磁同步曳引机的制动器可以认为已具备了《电梯制造与安装安全规范》（GB 7588—2003）所规定的作为轿厢上行超速保护装置所需的条件。鉴于此，使用永磁同步曳引机也就不再需要额外增加上行超速保护装置了，这对于降低电梯的制造和维护成本以及对安装空间的高效利用是有很大帮助的，这也是目前永磁同步曳引机能够被广泛使用的原因之一。图 5-16 所示为可用作轿厢上行超速保护装置的永磁同步曳引机。

图 5-16　永磁同步曳引机

5.2　缓冲器

缓冲器是电梯极限位置的安全保护装置，当电梯运行速度在受控范围内出现冲顶或蹲底时，对轿厢或者对重（平衡重）起到缓冲减振作用。轿厢或对重（平衡重）以缓冲器设计速度撞击缓冲器不属于危险工况。

电梯用缓冲器有蓄能型（弹簧）、耗能型（液压）和非线性蓄能型缓冲器三种。

5.2.1　弹簧缓冲器

1. 结构组成

弹簧缓冲器主要由缓冲垫、缓冲座、压缩弹簧和弹簧座等组成，如图 5-17 所示。

弹簧缓冲器各组成部件的作用：

（1）缓冲垫　它通常安装于缓冲座中，是橡胶制件，其直接与电梯的轿厢或对重接触并能实现第 1 次的撞击缓冲。

（2）缓冲座　它是一个连接件，它一方面支撑缓冲垫另一方面也与压缩弹簧连接。

（3）压缩弹簧　它是缓冲器中的关键零件，也是缓冲器中的主要承载件。其规格的大小决定了压缩弹簧能够吸收轿厢或对重撞击所释放能量的多少。

（4）弹簧座　它是压缩弹簧的支撑件，它通过固定螺栓将压缩弹簧与底坑地面可靠地连接。其作用主要是用来连接压缩弹簧并将压缩弹簧受轿厢或对重的撞击力传递到坚固的地面。

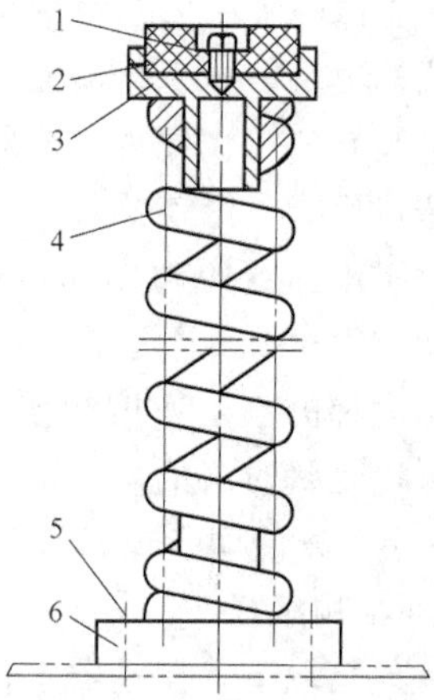

图 5-17　弹簧缓冲器

1—连接螺栓　2—缓冲垫　3—缓冲座　4—压缩弹簧　5—固定螺栓　6—弹簧座

2. 工作原理

当电梯系统由于超载、钢丝绳与曳引轮之间打滑、制动器失效或极限保护开关失效等原因，电梯超越最顶层或最底层的正常平层位置时，轿厢或对重（平衡重）撞击缓冲器。此时由缓冲器吸收或消耗电梯的能量，减缓轿厢与底坑之间的冲击，使运动物体的动能转化为一种无害的或安全的能量形式，最终使轿厢或对重（平衡重）安全减速并停止。

弹簧缓冲器在受到冲击后，以自身的形变将电梯轿厢或对重下落时产生的动能转化为弹性势能，使电梯轿厢或对重得到缓冲。弹簧缓冲器在受力时会产生反作用力，反作用力使轿

厢或对重反弹并反复进行直到这个力消失。弹簧缓冲器的缺点是缓冲不平稳，仅用于额定速度不大于 1m/s 的电梯。

5.2.2　液压缓冲器

液压缓冲器与弹簧缓冲器相比，具有缓冲效果好、行程短且没有反弹作用等优点。所以这种缓冲器被广泛地应用于各种品种电梯的同时，也适用于各种速度的电梯。

1. 结构组成

液压缓冲器由缓冲垫、柱塞、复位弹簧、油位检测孔、缓冲器复位开关及缸体等组成。结构如图 5-18 所示。

图 5-18　液压缓冲器

1—复位弹簧　2—油位检测孔　3—柱塞　4—缓冲垫　5—缓冲器开关

液压缓冲器各组成部件的作用：

(1) 缓冲垫　它由橡胶制成，可避免与轿厢或对重的金属部分直接撞击。

(2) 柱塞和缸体　两者均由钢管制成，是液压缓冲器的主要受力元件。缸体上装有加油孔和底部放油孔，平时加油孔和底部放油孔均用油塞塞紧，防止漏油。通过缸体上的油位计可以观察油位的高低。

(3) 复位弹簧　复位弹簧置于柱塞外，它有足够的弹力使压缩后的柱塞恢复到全部伸长位置。

(4) 液压缓冲器复位开关　当柱塞受压缩或发生故障时，就有可能造成柱塞不能在规定时间内回复到正常的工作位置。如果不装设复位开关以保证缓冲器柱塞回复到原位置，那么下次缓冲器动作时，柱塞可能在非全伸长位置时动作，这样缓冲器将起不到缓冲作用。正常情况下，当缓冲器动作后，复位开关也随之动作。当轿厢或对重上升后，缓冲器柱塞逐渐恢复到原位时，使复位开关接通控制电路，电梯才能正常运行。若缓冲器复位开关在电梯冲顶或蹲底后未能复位，说明缓冲器工作不正常，则复位开关断开电梯控制电路，使电梯停止。这样就保证了只要电梯在运行，缓冲器就能起到缓冲作用。复位开关可采用微动开关或行程开关，安装应正确，动作应可靠、灵活、反复性能要好。

2. 工作原理

轿厢或对重撞击缓冲器时，柱塞受力向下运动，压缩缓冲器缸体内的油，受压缩的油通

过缸体上的环形节流孔时，由于面积突然缩小形成涡流，使得液体内的质点相互撞击、摩擦进而将动能转化为热能消耗掉，使轿厢（对重）以一定的减速度停止。

当轿厢或对重离开缓冲器时，柱塞在复位弹簧反作用下，向上复位直到全伸长位置，液压油重新流回油缸内。就相同设计的缓冲器而言，轿厢或对重偏重的，应选用黏度较高的液压油，反之则应选用黏度较低的液压油。

5.2.3　非线性蓄能型缓冲器

非线性蓄能型缓冲器的性能介于蓄能型缓冲器和耗能型缓冲器之间。

1. 结构组成

非线性蓄能型缓冲器中最具代表性的是聚氨酯类缓冲器。这类缓冲器的结构都比较简单，它是由聚氨酯类材料和连接底座压制而成的一个整体部件，如图5-19所示。

图5-19　聚氨酯类缓冲器
1—聚氨酯类材料　2—连接底座

非线性蓄能型缓冲器各组成部件的作用：

（1）聚氨酯类材料　它是构成非线性蓄能型缓冲器的缓冲材料。

（2）连接底座　它既是聚氨酯类材料的胶合件，也是非线性蓄能型缓冲器与底坑地面间的连接固定件。

2. 工作原理

聚氨酯类缓冲器通常是由聚氨酯材料压制而成的圆柱状部件，聚氨酯材料是一种典型的非线性材料，其特点是受力后的变形有滞后现象。另外，聚氨酯材料内部有很多微小的“气孔”，由于这些“气孔”的存在，使得聚氨酯类缓冲器单位体积的冲击容量大，当缓冲器受到撞击后，轿厢或对重几乎不会受到反弹冲击，而是将轿厢或对重的撞击动能转变成热能释放出去，从而对轿厢或对重起到良好的缓冲作用。

5.3　门锁

门锁是安装于电梯层门或轿门上的一个电气安全装置。该装置的好坏与否会直接影响电梯能否安全运行。《电梯制造与安装安全规范》（GB 7588—2003）在将其列入安全部件范畴的同时，还要求门锁装置需进行型式试验，这也就意味着，门锁装置只有在型式试验机构型式试验合格的前提下，方可用于电梯的层门或轿门。

5.3.1　结构组成

在《电梯制造与安装安全规范》（GB 7588—2003）中对门锁装置的基本要求是：门锁要十分牢固，在开门方向施加1000N的力时应无永久形变。

门锁的结构型式相对较少。尽管市场上有许多不同型号规格的门锁装置，但其结构组成基本相同。均由底座、锁钩、钩挡、施力元件、滚轮、开锁门轮和电气安全触点等组成。图5-20所示为目前使用较多的门锁结构。

门锁各组成部件的作用：

（1）底座　它是门锁与层门连接的元件。

（2）锁钩　它是门锁能够锁住层门的主要部件，对锁钩来说，除需由金属制造或加固之外，还必须要具有一定的深度且深度不应小于7mm。

（3）钩挡　它是门锁锁钩的配合件，只有锁钩和钩挡的正确配合，才能保证层门的关闭和可靠。钩挡也需由金属制造或加固。

（4）施力元件　它主要是一个压缩弹簧，通过调节压缩弹簧的压缩量可以保证锁钩和钩挡的啮合状态。

（5）滚轮　它是门刀的联动部件，当电梯进入开锁区域时，门刀只有通过滚轮联动后，方可准确实现后续的打开门锁（开门）动作。

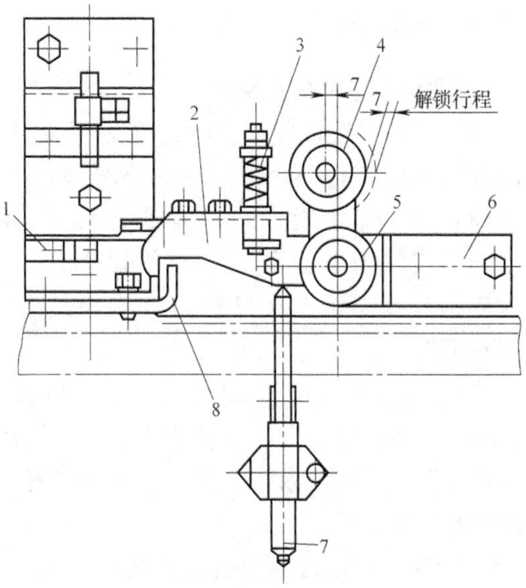

（6）开锁门轮　它是门刀实现打开门锁（开门动作）的必备零件。开锁门轮与滚轮间存有一个大于7mm的偏心距（即为解锁行程），此偏心距能够保证电梯进入开锁区域后，门刀碰触开锁门轮将电梯的层门打开。

图5-20　门锁结构
1—触点开关　2—锁钩　3—压紧弹簧
4—开锁门轮　5—滚轮　6—底座
7—外推杆　8—钩挡

（7）电气安全触点　电梯的锁钩进入钩挡后，通过电气安全触点将门锁回路接通，实现电梯的运行条件，当然，只有当锁钩和钩挡的啮合深度大于7mm时，方允许电气安全触点将门锁回路接通。

电气安全触点是验证锁紧状态的重要安全装置，要求与机械锁紧元件（锁钩）之间的连接是直接的和不会误动作的，而且当触头粘连时，也能可靠断开。

5.3.2　工作原理

为保证电梯门的可靠闭合与锁紧，禁止层门和轿门被随意打开，电梯的每一个层门均在井道内侧上部安装有门锁以及验证门扇闭合的电气安全装置，习惯把这一装置称为“门锁”。

当电梯正常工作时，电梯的各层层门都被门锁可靠地锁住，保证人员不能从层站外部将层门扒开，以防止人员坠落井道。当层门关闭时，层门锁紧装置通过机械连接将层门锁紧，同时为了确认电梯层门已关闭和锁紧，在层门门锁触点接通和验证层门门扇闭合的电气安全装置闭合以后，电梯才能启动，保证电梯运行时，层门一定是处于关闭锁紧状态。

层门门锁的另一个功能是实现轿门驱动下的轿门和层门联动。只有当电梯正常停站（处于开锁区域）时，门锁和层门才能被安装在轿门上的门刀带动而开启。

门锁是电梯的重要安全保护装置之一。

5.3.3　基本要求

1. 门锁装置的设置要求

（1）层门门锁设置　当电梯在运行而并未停站时，电梯的各层层门都被门锁锁住，保证人员正常情况下不能从层站外部将层门扒开。当层门关闭时，层门锁紧装置通过机械连接将层门锁紧，同时为了确认电梯层门的关闭和锁紧，在层门门锁触点接通和验证层门门扇闭合的电气安全装置闭合以后，电梯才能起动，保证电梯运行时，门一定处于锁紧关闭状态。只有当电梯停站时，门锁和层门才能被安装在轿门上的开门刀片带动而开启。

（2）轿门门锁设置　又称为轿门机械锁。当电梯在运行而未停站时，为防止轿门被打开，轿门上通常也设置有门锁装置。如果轿厢与面对轿厢入口的井道壁距离符合标准要求，轿门只需设置验证门扇闭合的电气安全装置，如果不符合标准要求，则轿门需设置与层门相同要求的门锁装置。

2. 验证门扇闭合的电气安全装置

层门和轿门都需要验证门扇闭合的电气安全装置，俗称副门锁。

如果层门是由间接机械连接的门扇组成，门锁只锁紧一扇门，则未被锁紧的其他门扇的闭合位置应由一个电气开关来验证，该电气开关就是副门锁，如图5-21所示。

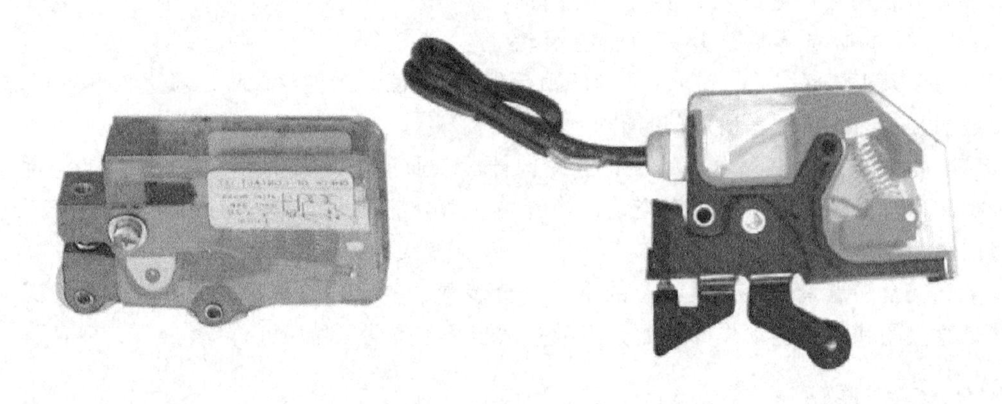

图5-21　门电气开关

每个层门应设有符合安全触点标准的电气安全装置，以验证它的闭合位置，从而满足电梯对剪切、撞击事故的保护。

验证门扇闭合装置的作用是，当电梯门关闭到位后，电梯才能正常启动运行；运动中的电梯门离开闭合位置时，电梯即停止运行。这一安全装置非常重要。如果缺少这一装置，电梯在开门状态下运行，就有可能对轿厢中的乘客造成人身伤害。所以，不论何种类别和型号的电梯都必须具备这一装置。当电梯的一个层门和轿门（或多扇层门和轿门中的任何一扇门）处于开启状态，在正常操作情况下，电气锁将断开，从而断开电梯控制回路中的门锁回路，使电梯立即停止或不能起动。

当电梯的层门或轿门闭合时，电气锁内的触点应闭合；当电梯的层门或轿门打开时，电气锁的结构使得电气锁内的触点即使熔接在一起也应能够可靠的断开。

3. 门锁装置的安全要求

每个层门应设置符合要求的门锁装置，且该装置应有防止故意滥用的保护。所谓滥用是指不恰当的使用，比如无关人员能够轻易使门锁失效等。

轿厢运动前应将层门有效地锁紧在闭合位置上，但层门锁紧前，可以进行轿厢运行的预备操作，层门锁紧必须由一个符合要求的电气安全装置来证实。

为防止轿厢离开层站后，层门尚未锁紧甚至尚未完全关闭而导致人员坠入井道发生意外，要求轿厢运行以前层门必须被有效锁紧在闭合位置上。“有效锁紧”是满足以下各条关于门锁的型式、强度、结构等方面的要求，而且必须在层门闭合位置上锁紧。在门锁紧以前轿厢不应发生运动，但关于轿厢运行的预备操作，比如内选、关门等操作不会导致任何危险发生，同时可以提高电梯的运行效率，因此这些操作是被允许的。

1）轿厢应在锁紧元件啮合不小于 7mm 时才能起动，如图 5-22 所示。

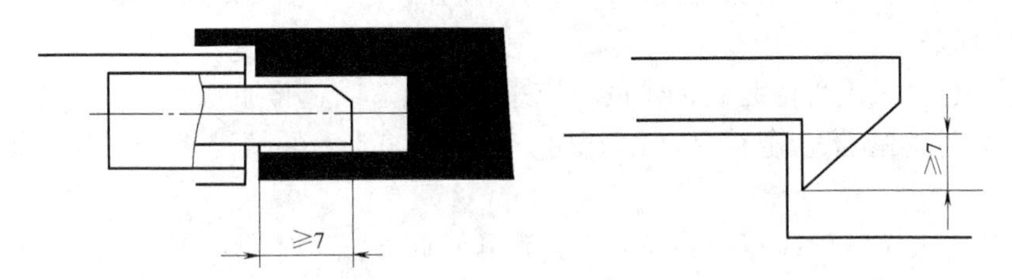

图 5-22　锁紧元件

为了防止层门锁钩在轿厢离开层站后由于一些非预见性原因而意外脱开，要求层门门锁在锁紧状态下锁紧元件必须啮合不小于 7mm。只有在这种条件下，才能使电气安全装置动作以证实门已锁紧，轿厢才能启动。当用门刀或三角钥匙开启门锁时，锁紧元件之间脱离啮合前，电气安全装置应已经动作。即门关闭时，电气安全装置应后于机械啮合而闭合；而在门开启时，电气安全部件应先于机械啮合而脱开。只有这样才能做到真正意义上的“证实锁紧”。

应注意的是，门锁锁钩的开口是朝上还是朝下本身没有关系，关键在于锁钩的中心在什么位置。即当所有的锁紧力保持元件全部失效后，在重力的作用下是否依然能够保持锁紧。

2）证实门扇锁闭状态的电气安全装置，应由锁紧元件强制操作而没有任何中间机构，而且能防止误动作，必要时可以调节。

特殊情况：安装在潮湿或易爆环境中需要对上述危险作特殊保护的门锁装置，其机械部分和电气安全装置元件之间的连接只能是刚性的，只能通过故意损坏门锁装置才能被断开。

为了使锁紧元件上的电气安全装置能够真实反映锁紧元件是否有效锁紧，它必须是由锁紧元件直接操作的，并与之连接牢固。两者之间不能采用中间机构，例如采用联杆、凸轮等来操作电气安全装置是不允许的，因为如果这些中间机构出现损坏可能导致电气安全装置不能正确反映锁紧元件的实际状态。用于验证门闭合的电气安全装置与门锁装置的机械部分是机械—电气联锁装置，而不应由各自独立的机械和电气部件构成。

为了保证电梯的正常运行，门锁装置应能防止电气安全装置发生误动作。可以由电气安全装置自身保证（如安全电路或安全触点型开关等），也可由门锁机构保证。误动作的概念很广，比如由于门锁触点生锈，当门锁锁紧后电气安全装置不能正常导通也属于误动作的范

畴。因此防止电气安全装置误动作要从各方面进行保护。

在特殊环境下，如潮湿或易爆等环境中，如果存在机械锁紧元件和电气安全装置之间被分开的可能时，应采用刚性连接（不得有任何中间机构）的方法将两者结合在一起。在这种预期的特殊环境下，两者不应有被分开的危险。

3）对于铰链门，锁紧装置应尽可能接近门的垂直闭合边缘，即使在门下垂时也能保持正常。

当采用铰链门的形式时，为了保护门锁不被损坏，必须考虑到使用者在对门施加一个垂直于门表面的力的情况下，门锁装置所受到的力矩影响。一般来讲人员在对铰链门施加力（垂直于门表面）时，由于铰链侧是无法移动的，因此力的作用位置应在门的垂直闭合边缘或其附近位置（即使靠近铰链侧施加力，这个力将由铰链本身承受），当门锁部件尽可能靠近门的垂直闭合边缘时，门锁受到力矩的影响将被减小到最低限度。即使当铰链受力变形造成门垂直闭合边下垂，锁紧装置也能够保证将门锁住，同时电气安全装置能够准确验证门锁是否处于锁闭状态。

4）锁紧元件及其附件应是耐冲击的，应用金属制造或金属加固。

5）锁紧元件的啮合应能满足在沿开门方向受 300N 力的情况下，不降低锁紧效能的要求。

300N 是一个人正常可以施加的静态力，锁紧元件的强度应足以避免在承受这个力（用手扒门）时锁紧效能降低甚至意外打开的情况发生。

6）在进行规定的试验期间，门锁应能承受一个沿开门方向，并作用在锁高度处的最小为下述规定值的力，而无永久变形：在滑动门的情况下为 1000N；在铰链门的情况下，作用在锁销上为 3000N。

7）应由重力、永久磁铁或弹簧来产生和保持锁紧动作。弹簧在压缩作用下，应有导向，同时弹簧的结构应满足在开锁时不会被压实并圈。如果锁紧元件是通过永久磁铁的作用保持其锁紧位置，则一种简单的方法（如加热或冲击）不应使其失效。即使永久磁铁（或弹簧）失效，重力也不应导致开锁。

保持锁紧的力应是稳定的、能够防止意外开锁的。这里所述及的两种力，都是不易受到影响的力。如果采用电磁力、摩擦力或气、液压力等会由于环境的变化而受到影响而造成力的不稳定，不易保持锁紧动作的稳定、可靠。但应注意，这里的弹簧要求是压缩弹簧，而且要求在正常开锁时弹簧不得被压实（并圈），这就保证了弹簧的寿命和提供压力的持久性；要求弹簧有导向，则保证了力的方向的稳定。如果使用磁力来保持锁紧动作，要求使用永久磁铁，其性能不易受到环境因素的影响。

在正常情况下，只有重力是全天候存在且不会失效（消失）的，其他在门锁上能够利用的力均有可能存在由于提供力的元件失效（永久磁铁和弹簧的失效）而导致无法保持锁紧动作的可能，因此要求在产生和保持锁紧力的元件意外失效的情况下，单凭重力不能造成开锁。

8）门锁装置应有防护，以避免可能妨碍正常功能的积尘危险。

由于门锁的工作环境不可能是无尘的、洁净的，因此要求门锁装置能够耐受一定程度的恶劣环境而不会影响其正常功能。

9）工作部件应易于检查，例如采用透明板以便观察。

由于门锁的重要性，以及门锁工作环境相对来说有较多灰尘，因此在日常维保中门锁应定期检查。为方便检查门锁的工作部件，本条作出相应要求。要注意的是，“采用透明板”只是一个例子，以达到“以便观察”的效果，不应认为门锁上必须带有一块透明板。

10）当门锁触点放在盒中时，盒盖的螺钉应为不可脱落式。在打开盒盖时，它们应仍留在盒或盖的孔中。

因为当门锁安装完毕后，在以后的维修、检查中不可能每次都将门锁整体拆下来工作，人员也不便在门锁安装位置附近作业，尤其是类似螺钉这样的细小部件很容易在人员拆开锁盒时落入井道，而且一旦落入井道很难找到。一旦锁盒螺钉丢失，如果不及时补配则盒盖无法安装，将造成门锁触点暴露在外面被灰尘覆盖，可能导致触点接触不良而致使电梯故障。更重要的是，由于电气安全回路串联了多个门锁触点，为了保证电气安全回路向系统反馈信号的清晰度，一般情况下电气安全回路的电压通常较高（高于安全电压）。如果触点暴露在外面，很容易对维修保养人员造成电击伤害。所以，为防止门锁触点盒上的螺钉丢失，这些螺钉应设计成不可脱落式的。

5.3.4　层门的紧急开锁装置

层门的紧急开锁装置是电梯门锁必备的配套部件，其作用类同于门的钥匙，当电梯故障或停电时，用于从外部强行打开层门解救被困人员。

1. 结构组成

三角钥匙和其附带的黄色警示标牌共同组成了层门的紧急开锁装置。主要是为援救、安装、检修等提供操作条件，如图5-23所示。

图5-23　三角钥匙

黄色警示标牌是一块印制有使用须知或注意事项的金属或非金属牌。使用须知或注意事项要有类似“注意使用此钥匙可能引起的危险，并在层门关闭后确认已锁住”的内容。该警示标牌直接连接于三角钥匙上的目的是提醒或警告使用者正确而安全地使用三角钥匙，如图5-24所示。

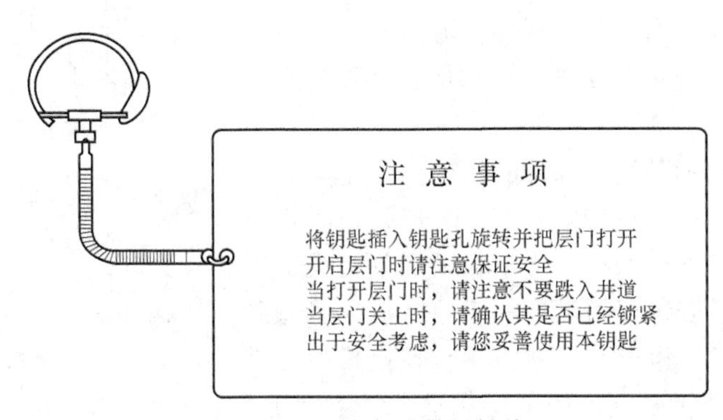

图5-24　三角钥匙警示标牌

2. 工作原理

将三角钥匙插入与其相匹配的锁孔中，顺时针或逆时针方向旋转，带动层门锁芯上的锁舌按相同的方向旋转并使外推杆向上位移，直接推动锁钩也向上位移，当锁钩的位移量大于7mm 时，层门门锁被打开。

3. 层门紧急开锁装置的安全要求

1）每个层门均应能从外部借助于一个与《电梯制造与安装安全规范》（GB 7588—2003 附录 B ）规定的开锁三角孔相配的钥匙将门开启。

2）三角钥匙由专人保管，并配有书面说明，详述必须采取的预防措施，以防止开锁后因未能有效地重新锁上而引发事故。

3）在完成一次紧急开锁以后，门锁装置在层门闭合状态下，不应保持开锁位置。

5.4　终端超越保护装置

电梯的轿厢和对重的运行轨道是两列垂直或与铅锤线夹角不大于 15°的刚性导轨。正常情况下电梯的轿厢和对重运行于最高端站和最低端站之间，然而，当电梯的控制系统发生故障时，电梯的轿厢和对重就有可能超越甚至脱离最高端站或最低端站运行而发生冲顶或蹲底事故，十分危险。为了防止上述事故发生，应设置终端超越保护装置，通常也被称为“上下极限保护装置”。

1. 结构组成

终端超越保护装置设置在电梯井道中，是电梯电气保护的最后一道安全保护装置。它由两部分构成，一部分位于电梯井道的上部靠近最高端站处，对电梯轿厢上终端的行程进行保护；另一部分位于电梯井道的下部靠近最低端站处，对电梯轿厢下终端的行程进行保护。

终端超越保护装置主要由强迫换速开关、限位开关和极限开关三部分组成。早期电梯的终端超越保护装置中除设有强迫换速开关、上下极限保护开关外，还设有上下限位保护开关。随着电梯控制技术的进步、完善以及计算机技术的广泛应用，现在的电梯几乎都将上下限位保护开关取消而直接由上下极限保护开关来完成电梯超越终端行程保护功能。电梯终端超越保护装置的组成如图 5-25 所示。

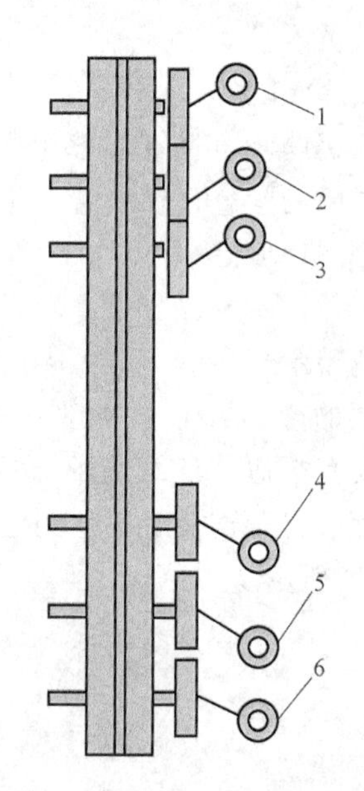

图 5-25　终端超越保护装置的组成

1—上极限开关　2—上限位开关　3—上行强迫换速开关　4—下行强迫换速开关　5—下限位开关　6—下极限开关

终端超越保护装置各组成部件的作用：

（1）上（下）行强迫换速开关　该开关是防止电梯终端越程的第一道安全保护。当电梯轿厢到达强迫换速开关附近位置时，安装于轿厢上的撞弓（尺）触碰到强迫换速开关的滚轮，电气开关触点动作使电梯由正常运行转换为减速慢行并为电梯的平层做准备。上（下）行强迫换速开关至少需设一个，当电梯的运行速度为中、高速时，电梯还需增设一个上

（下）行强迫换速开关，构成电梯速度转换的一级减速和二级减速。

（2）上（下）限位开关　该开关是防止电梯终端越程的第二道安全保护。其应采用符合电气安全触点要求的电气安全开关。当电梯轿厢运行超过强迫换速开关设定的位置而没有减速，且电梯的上（下）端站越程距离又达到50~100mm（也就是超出了电梯的平层区域）时，限位开关应能使控制电梯顺向运行的回路断开，迫使轿厢停止运行。

（3）上（下）极限开关　同上（下）限位开关要求一样，上（下）极限开关也应采用符合电气安全触点要求的电气安全开关。该开关是防止电梯终端越程的最后一道安全保护。在电梯上（下）端站越程距离达到150~200mm（也就是超出了上（下）限位开关所保护的范围）时，上（下）极限开关应动作并保持切断电梯的动力电源或切断向驱动主机接触器线圈直接供电的电路电源或在与系统相适应的最短时间内使电梯驱动主机停止运转。

2. 工作原理

终端超越保护装置中强迫换速开关、限位开关和极限开关之间的相互位置关系如图5-25所示。可以看出，电梯上下极限位置保护开关和上下限位开关之间不仅有一定的距离设定要求，而且还有安装顺序和动作顺序的要求。电梯上下极限位置保护开关和上下限位开关之间通常有100~200mm的安装间距，不同电梯制造厂家此间距可能存在一些差异。

终端超越保护装置的工作原理是：

1）当电梯轿厢到达强迫换速开关附近位置时，安装于轿厢上的撞弓（尺）触碰到强迫换速开关的滚轮，此时，电气开关的触点动作而使电梯由正常运行转换为减速慢行。

2）当电梯轿厢由于某种原因（如强迫换速开关损坏、电气接线松脱和撞弓（尺）偏斜压不到滚轮等）不能停止时，限位开关应动作并能切断控制电梯向危险方向运行的回路电源。

3）在强迫换速开关和限位开关同时失效的情况下，当电梯轿厢仍继续运行时，极限开关必须动作并切断主（控制）电源使电梯停止运行。

在强制驱动、曳引驱动等不同控制方式的电梯中，极限开关动作时可以切断不同的电路。《电梯制造与安装安全规范》（GB 7588—2003）中给出了电梯上下极限保护开关动作时切断不同电路的要求：

① 对于强制驱动的电梯，应用强制的机械方法直接切断电动机和制动器的供电回路。

② 对于曳引驱动的单速或双速电梯，极限开关应满足以下要求：

a. 按要求切断电动机和制动器的供电回路。

b. 通过一个符合规定的电气安全装置，按照相关要求切断向两个接触器线圈直接供电的电路。

c. 对于可变电压或连续调速电梯，极限开关应能迅速地，即在与系统相适应的最短时间内使电梯驱动主机停止运转。

由此可见，在不同驱动方式和不同控制方式的电梯中，上下极限保护开关动作时，必须要切断或控制的电路是不同的。

上下极限保护开关应在轿厢或对重接触缓冲器前起作用，并在缓冲器被压缩期间保持其动作状态。

当电梯的上下极限保护开关动作后，电梯必须由经过专业训练的人员来操纵、复位，恢复电梯的正常运行。

5.5　电气安全保护装置

5.5.1　直接触电的防护

直接触电是指人或畜与带电部分直接接触发生的触电。直接触电非常危险，为防止直接触电的发生通常采用以下几种防护措施。

1. 绝缘

绝缘是防止发生直接触电和电气短路的基本措施。

电气绝缘的基本要求是：导体之间和导体对地之间的绝缘电阻必须大于1000Ω/V。对电梯的电气线路和电气设备而言，电气绝缘须满足以下的要求：

1）动力电路和电气安全装置电路之间的绝缘电阻不小于0.5MΩ。

2）照明电路和其他电路之间的绝缘电阻不小于0.25MΩ。

2. 各种电气设备的防护外壳

各种电气设备必须要有防护外壳。各种电气设备对外壳的防护要求，可以根据该电气设备的防护等级来决定。《外壳防护等级》(GB 4208—2008)（IP代码）根据“防止人体接近壳内危险部件、防止固体异物进入壳内设备和防止由于水进入壳内对设备造成有害影响”3个因素对电气设备的防护等级进行了划分。

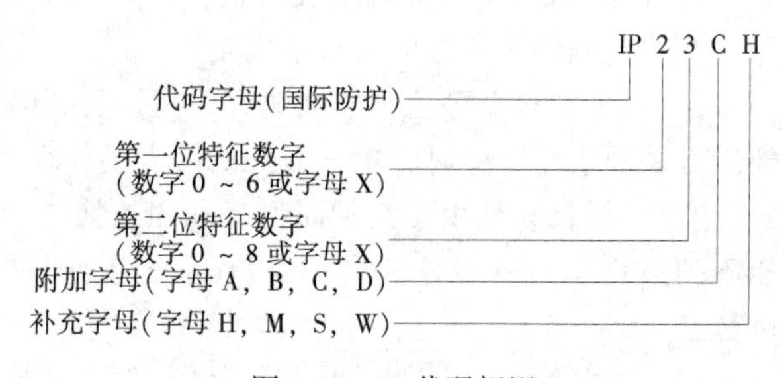

图5-26　IP代码标识

电气设备的防护等级常用IP代码标识来表示，如图5-26所示。

图5-27给出了IP代码各要素的简要说明。

3. 控制电路、安全电路导体之间和导体对地的电压等级

电梯控制电路、安全电路导体之间和导体对地之间的电压等级应不大于250V。

4. 机房、滑轮间、轿顶和底坑中的电源插座电压

电梯机房、滑轮间、轿顶和底坑中通常安装有电源插座，对电源插座除要求采用2P+PE（三脚插座）这种型式外，还要求其使用电压等级不大于50V。

5.5.2　间接触电的防护

间接触电是指人接触正常时不带电而故障时带电的电气设备外露可导电部分，如金属外壳、金属线管、线槽等发生的触电。间接触电也很危险。

间接触电的防护措施通常与供电系统的形式有关，不同的供电系统应采取不同的防护措施。

我国的供电系统总体来说可分为两种形式，一种是电源中性点直接接地的供电系统，还有一种是电源中性点不直接（间接）接地的供电系统。

1. 电源中性点直接接地的供电系统

在电源中性点直接接地的供电系统中，防止间接触电最常用的防护措施是将故障时可能带电的电气设备外露可导电部分与供电变压器的中性点进行电气连接。在电气设备发生绝缘损坏和导体接触金属外壳等故障时，通过与变压器中性点之间的电气连接和相线形成故障回路，在故障电流达到一定值时，使串接在回路中的保护装置动作而实现切断故障电源，达到防止发生间接触电的目的。

组成	数字或字母	对设备防护的含义	对人员防护的含义
代码字母	IP	—	—
第一位 特征数字	 0 1 2 3 4 5 6	防止固体异物进入 无防护 ≥直径 50mm ≥直径 12.5mm ≥直径 2.5mm ≥直径 1.0mm 防尘 尘密	防止接近危险部件 无防护 手背 手指 工具 金属线 金属线 金属线
第二位 特征数字	 0 1 2 3 4 5 6 7 8	防止进水造成有害影响 无防护 垂直滴水 15°滴水 淋　水 溅　水 喷　水 猛烈喷水 短时间浸水 连续浸水	—
附加字母 （可选择）	A B C D	—	防止接近危险部件 手背 手指 工具 金属线
补充字母 （可选择）	H M S W	专门补充的信息 高压设备 做防水试验时试样运行 做防水试验时试样静止 气候条件	—

图 5-27　IP 代码各要素的简要说明

外露可导电部分与变压器中性点的电气连接一般有两种：一种是通过大地，称为“接地”；一种是直接用金属导线连接，称为“接零”。

我国绝大多数城镇使用的是“TN”供电系统，在这个系统中，“T”代表的是变压器二次线圈的中性点直接接地；“N”代表的是系统内电气设备外露可导电部分应与中性点直接连接（通过导线）。当然，除“TN”供电系统之外，“TT”供电系统和“IT”供电系统在我国的一些地区也有所应用。

TN 供电系统一般有三种形式：即 TN-C 系统、TN-C-S 系统和 TN-S 系统。

（1）TN-C 系统　也就是平常所说的三相四线制系统，是使用最为广泛的一种供电系统。此系统是由三根相线和一根 PEN 线组成的。在这个系统中，PE 线和 N 线是合二为一的，且只适用于电气保护要求不高的场合，因为PEN线在系统三相电流不平衡和/或只有单相用电设备工作的工况下，会有电流通过并对地呈现一定的电压，该电压将会反馈到正常运行的接PEN线的电气设备外露可导电部分。TN-C系统如图5-28所示。

（2）TN-C-S系统　它是介于TN-C系统和TN-S系统间的一种系统，是一种过渡系统。这种系统一方面弥补了TN-C系统在电气保护方面的不足，另一方面也兼有TN-S系统在电气保护方面的优点。该系统的特点是：PE线与N线部分是分开的，当PE线与N线在某一点分开后，电气设备外露可导电部分只能与PE线连接；另外，该系统具有较好的电磁适应性。TN-C-S系统如图5-29所示。

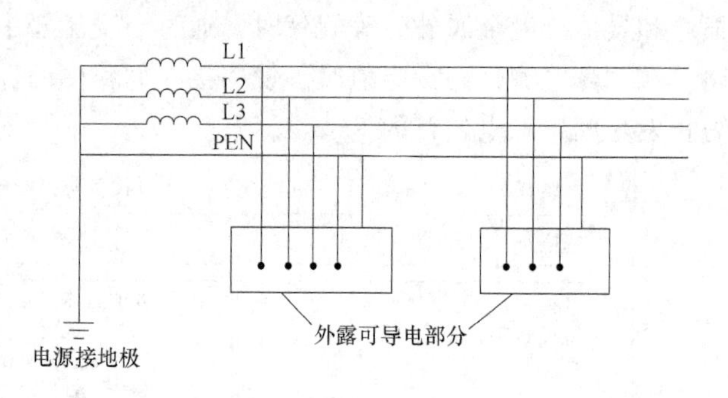

图5-28　TN-C系统

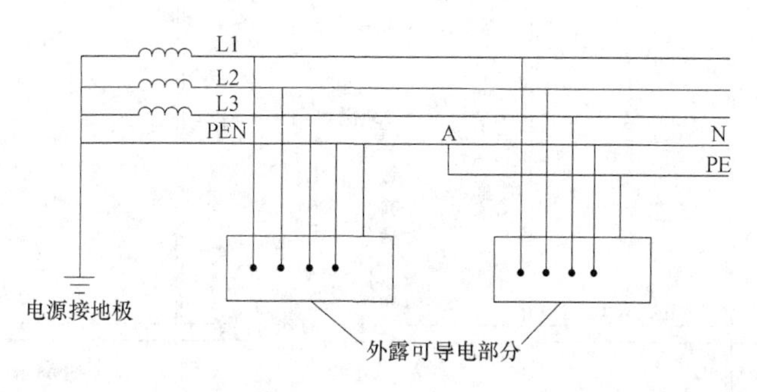

图5-29　TN-C-S系统

（3）TN-S系统　即三相五线制系统，是目前最佳的一种供电系统，应优先使用。在这个系统中，PE线与N线从变压器二次线圈的中性点开始起始终是分开的，所有电气设备外露可导电部分只能与PE线连接，所以，PE线在电气设备正常运行的情况下是没有电流通过的。该系统适用于电气保护要求以及电磁适应性要求都较高的场合。TN-S系统如图5-30所示。

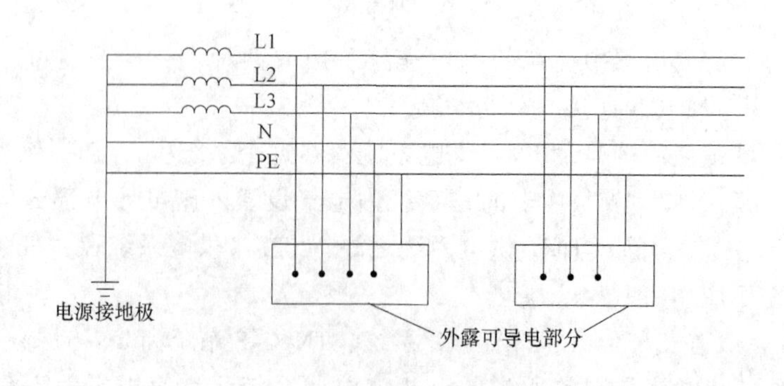

图5-30　TN-S系统

在中性点直接接地的供电系统中，除 TN 系统外，还有一种 TT 系统。

TT 系统是将电气装置上外露的可导电部分单独接至电气上与电力系统的接地点无关的接地极。在这一系统中，由于各自的 PE 线互不相关，电磁适应性较好，但故障电流值往往很小不足以使数千瓦的用电设备的保护装置断开电源，因此为保护人身安全必须采用剩余电流保护器（即漏电保护开关）作为线路及用电设备的保护装置，否则，只适用于小负荷系统。TT 系统如图 5-31 所示。

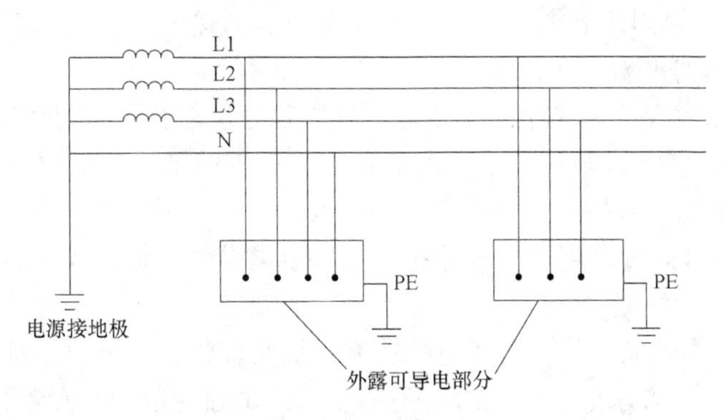

图 5-31　TT 系统

2. 电源中性点不直接（间接）接地的供电系统

电源中性点不直接（间接）接地的供电系统主要是“IT”供电系统。该系统也被称为“三相三线制”，目前很少使用。IT 系统是由三根相线和与每个电气装置上外露的可导电部分单独连接的接地装置组成（即电气装置上外露的可导电部分直接接地），只有在很特殊的环境下（煤矿及工厂等希望尽量少停电的场所）才会被使用。这一系统与 TN 供电系统的不同点就在于：其电源部分与大地之间不直接连接而是通过电气装置与大地间进行间接连接。IT 系统如图 5-32 所示。

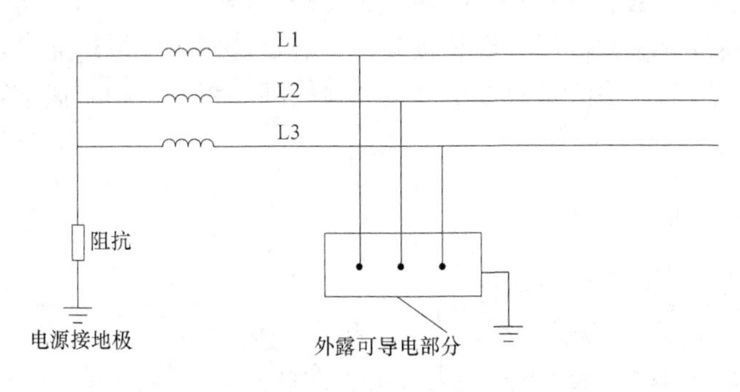

图 5-32　IT 系统

3. 供电系统的保护

供电系统的保护形式有两种，一种是保护接零；一种是保护接地。不同的供电系统应采用不同的保护形式。对于 TN 和 TT 系统，应采用“保护接零”这一形式，而对于 IT 系统，则应采用“保护接地”这一形式。同一供电系统中不允许采用不同的保护形式。

为了保护的可靠性，采用 TN 系统时，还应进行重复接地。所谓重复接地就是将电气设备的接地线再次与 PE 线的总接线端子连接。对重复接地的阻值要求是不大于 10Ω。

PE线只是在电气设备发生绝缘损坏、导线触碰到电气设备的金属外壳时，提供一个阻抗较小的故障回路，要切断故障电源还必须依靠电气切断装置。

PE线应采用专用的黄绿双色线，其截面面积一般应等于被保护设备电源线相线的截面面积。PE线不应串联连接，而应将所有的PE线集中连接到PE线的总接线端子上，PE线的连接必须牢固可靠，无松动现象。

随着计算机技术在电梯上的运用，出现了另一种电气设备保护形式——逻辑接地。对由计算机（包括PLC）控制的电梯，应把计算机看作是电梯的一个组成部分，就像其他机械设备具有电气控制部分一样。

由于计算机电源均采用隔离变压器供电，接口部分也都有隔离和噪声处理措施，其工作部分与外部设备没有直接的电气连接。为了满足计算机的抗噪防护要求，有时要设置“逻辑地”，这种“逻辑地”可按下述方式之一进行处理：

1）一般情况下可通过专用“接地母排”接到供电系统的保护线（PE线）上。

2）进行“悬空”处理。

3）当产品的抗噪性能较差，而环境的噪声干扰又较强，“悬空”和“接地母排”均不能保证正常工作时，可考虑把计算机的“逻辑地”与单独的接地装置连接。但要注意的是，为计算机单独提供的接地装置不能作为设备的接地保护使用（接地电阻不得大于4Ω）。

4）当产品对接地有特殊要求时，按产品要求接地。

5.5.3　电气故障防护

目前，电梯大多使用TN-S或TN-C-S供电系统，对于这种供电系统，应设置当供电电源断相或错相时的电气故障保护。随着电动机拖动技术的发展和变频技术的应用，越来越多的电梯使用了变频器来驱动，对于采用变频器驱动的电梯，因为电梯的运行方向与供电电源的相序无关，所以，只需设置供电电源的错相保护即可。

直接与电源相连接的电动机和照明电路应设有短路保护，一般采用断路器或熔断器。

直接与电源相连接的电动机还应设有过载保护。过载保护一般用非自动复位的自动断路器或热继电器。当对过载的检测是通过检测电动机线圈绕组温升的方法来实现时，过载保护可以是自动复位的。

5.5.4　电气安全装置

电梯中的电气安全装置主要包括：

1）直接切断驱动主机电源接触器或中间继电器的安全触点。

2）不直接切断上述接触器或中间继电器的安全触点和不满足安全触点要求的触点。当电梯设备出现故障，如无电压或低电压、导线中断、绝缘损坏、元件短路或断路、继电器或接触器不释放或不吸合、触头不断开或不闭合、断相或错相等时，电气安全装置应能防止出现电梯危险状态（只能是故障）。

安全触点是指在动作时应由驱动装置将其可靠断开，甚至触点熔接在一起时也应断开。所以使用安全触点时可以不考虑触点无法断开造成的危险。

为达到上述安全触点的要求，一般驱动机构与动作元件（动触点）应直接作用，并且宜有两处断开点，即两个动或静触点。触点闭合时，动触点应由长臂的弹性铜片或其他弹性

元件使其两个断点都可靠闭合。在断开时驱动机构的工作行程必须大于弹性元件的弹性行程，使两个断点在弹性元件的作用下可靠断开，即使一个断点无法断开时，另一个断点也会由驱动机构强行断开。

安全触点应能防止由于部件的故障而可能引起的短路。触点带电部分应安装于防护壳中，外壳的防护等级不低于 IP4X。

安全触点应符合《低压开关设备和控制设备》(GB 14048.5—2008）规定的要求：AC-15 用于交流电路、DC-13 用于直流电路。

电气安全装置是为保证电梯的安全运行而设置的，为此，当电气安全装置动作时，其应能切断控制驱动主机供电的设备电源。为了保证电气安全装置的可靠动作，不应有其他的电气装置与电气安全装置并联。

5.6　报警装置与救援装置

电梯发生人员被困在轿厢内、轿顶或底坑时，可通过报警或通信装置与建筑物内的组织机构取得有效联系，然后救援人员通过救援装置将被困人员安全地救出轿厢、轿顶或底坑。

1. 报警装置

电梯必须要装设由应急电源供电的报警装置和应急照明装置。低层站的电梯除设置报警装置外，一般也设有警铃。警铃安装在轿顶或井道内，操作按钮应设置在轿厢内操纵箱的醒目处并用黄色标志。警铃的声音要急促响亮，不应与其他声响混淆。

当电梯提升高度大于 30m 时，轿厢内与机房也应设置对讲装置。通过按压操纵箱面板上的控制按钮来实现轿厢内与机房的对讲。除了警铃和对讲装置，轿厢内也可设置内部直线报警电话或与公共电话网连接的电话。此时轿厢内必须要有清楚易懂的使用说明，告知乘客如何使用和拨打号码。

轿厢内的应急照明应有适当的亮度和容量，在外部供电或轿厢照明断电的情况下，其亮度应能保证看清报警装置和有关的文字说明。其容量应能保证 1W 的灯泡被点亮的时间不小于 1h。

2. 救援装置

以往对电梯受困人员的救援主要是采用自救的方法，即轿厢内的操作人员从轿厢上部的安全窗爬上轿顶后将层门打开，被困人员再利用打开的层门离开电梯。随着电梯控制技术和自动化程度的提高，电梯困人时再使用自救的方法不仅不能适应时代的发展，而且也变得越来越不可能了。因为作为垂直交通运输工具的电梯，在发生停电或故障困人时，将安全窗、井道和层门作为乘客的救援通道十分危险，因此，现在的电梯救援是通过报警装置或通信装置与建筑物内的组织机构取得联系后，由接受过专业训练并经授权的人员从电梯外部来进行的。

救援装置包括曳引机的紧急手动操作装置和层门的人工紧急开锁装置。

当相邻两层站地坎间的距离超过 11m 时，应设置井道安全门，若同一井道相邻电梯轿厢间的水平距离不大于 0.75m 时，可设置轿厢安全门。

机房内的紧急手动操作装置，应放在明显且拿取方便的地方，盘车手轮应漆成黄色，松闸板手应漆成红色。为使救援时操作人员能知道轿厢的停靠位置，机房内必须要有层站正常停靠位置标识。最常用的方法就是在曳引钢丝绳上用油漆做上标记，同时将标记对应的层站写在机房操作位置附近清晰可见的地方。

机房内的紧急手动操作装置适用于向上移动装有额定载重量的轿厢所需的操作力（盘车力）不大于400N的情形。当此操作力大于400N时，还应在机房中设置一个符合《电梯制造与安装安全规范》（GB 7588—2003）规定的紧急电动运行控制电气操作装置。

目前一些电梯安装了电动停电（故障）应急救援装置，在停电或电梯故障时自动接入。该装置动作时用蓄电池作为电源向电动机送入低频交流电（一般为5Hz），并使制动器线圈得电后释放。在判断轿厢负载力矩后按力矩小的方向慢速将轿厢移动至最近的层站并自动开门将被困人员放出。

应急救援装置在停电、中途停梯（故障）、冲顶、蹲底和限速器安全钳动作时均能自动接入，但若在门未关好或门的安全回路发生故障时，则不能自动接入移动轿厢。

第 6 章

电梯安装与技术检验

6.1 电梯安装通用工艺

本工艺综合常见梯种的结构形式，按照国家有关电梯的规范、规程及检验评定标准，并在总结实践经验的基础上拟编通用性安装工艺。

6.1.1 安装前的准备

1. 电梯安装工艺流程（见图 6-1）

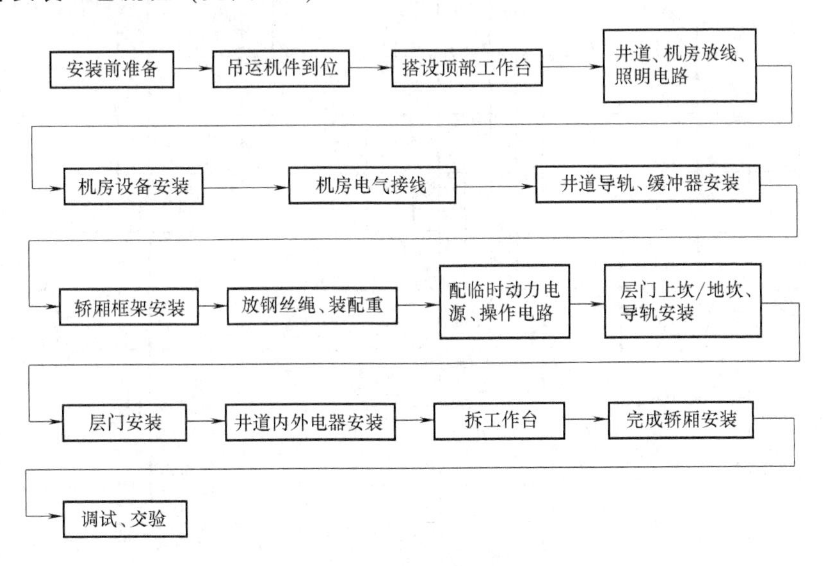

图 6-1 电梯安装工艺流程

2. 电梯安装工程计划进度表（见表 6-1）

3. 现场勘查

电梯安装前，应先对安装条件进行实地勘查。安装负责人向安装小组工作人员进行有关电梯井道、机房、仓库、材料、货场、施工现场、施工办公室、电话、厕所、电源、灭火器、火警报警处、医疗站等事项的介绍。

对现场道路、井道内壁障碍物等不安全因素应加以清除，对地表孔洞加盖或设置栏杆。

对现场临时仓库要按干燥、安全、有照明、层位就近的原则准备，大件堆放地点要选择

表 6-1 电梯安装工程计划进度（以 20 层 20 站客梯 4 人装为例）

序号	内容＼日程	3	6	9	12	15	18	21	24	27	30	33	36	39	42	45	48	51	54	57	60	63	66
1	安装前准备	—																					
2	吊运机件到位		—	—																			
3	搭设顶部工作台				—																		
4	井道、机房放线、照明电路				—	—	—																
5	机房设备安装				—	—	—																
6	机房电气接线				—	—	—																
7	井道导轨、缓冲器安装						—	—	—	—	—	—	—										
8	轿厢框架安装						—	—															
9	放钢丝绳、装配重							—															
10	配临时动力电源、操作电路							—	—	—													
11	层门上坎/地坎、导轨安装										—	—											
12	层门安装													—	—	—	—						
13	井道内外电器安装		—	—	—	—	—	—	—	—	—	—	—	—	—	—	—						
14	拆工作台																	—					
15	完成轿厢安装																	—	—				
16	调试、交验																		—	—	—	—	—

防雨、干燥、安全的地方。

施工负责人应当按照设计文件和标准的要求，对电梯机房（或者机器设备间）、井道、底坑等涉及电梯施工的土建工程进行检查，并做好记录，符合要求后方可进行电梯施工。

对机房、井道的布置应考虑到井道、机房内无水箱、水管及其他无关设备。主电源箱应设在从机房门容易接近的地方，要求对电梯单独供电，接地端要预留到位。另外还要求井道顶板（机房对井道的地板）暂不封闭，给吊运预留通道。机房吊点位置、承载能力是否足够、合理。

4. 劳动力和机具配备

安装小组成员主要由钳工、电工组成，需要四人左右。必要时可增配起重工、木工或瓦工进行配合。

机具配备包括：无齿锯、气割工具（一套）、电焊机、卷扬机、电锤、对讲机、角向磨光机、千斤顶、手拉葫芦；万用表、绝缘电阻表、转速表；照明、动力、操作用电缆、开关、按钮、灯具、安全变压器；钳工、电工常规工具各两套；专用线架、专用轨道量具、钢丝，配重砣一套。专用电梯安全门一套。

5. 开箱清点

安装前会同用户（必要时由用户邀请生产厂家）进行设备开箱检查，根据装箱清单及有关技术资料清点箱数，并逐箱核对所有零部件及安装材料。如发现漏发、错发和损坏的零部件应及时由用户与有关单位联系解决，并且填写开箱检查报告书，会同甲方签字。

在此过程中，对电梯制造质量（包括零部件和安全保护装置等）进行确认，并且做好记录，符合要求后方可进行电梯施工。对新产品一时难以确认的零部件必须向用户说明，在下一步结构分析时解决。

6. 有关图样、资料、文件的收集与办理

安装前必备的资料有土建井道结构图、机械安装图、电气接线图、电气原理图、调试大纲、安装验收规范、检验评定标准、电气元件代号说明、安装操作规程、装箱清单、产品合格证书和接地端点交接单。对土建状况应办理基础验收单。

6.1.2　机械安装（1）

1. 吊运机电部件

吊运电梯机电部件有 4 种方式：一是利用土建施工升降机进行垂直搬运；二是利用土建施工塔机进行垂直运输；三是预留井道上口（井道直通机房），利用自备卷扬机直拉，进行垂直搬运；四是自备卷扬机，在已封闭井道上口的情况下分段搬运。一般现场搬运要尽量避免劳动强度较大的方式。本工艺考虑到通用性、合理性、选用第 3 种吊运方式进行具体介绍。

在机房房梁的吊环上悬挂一只定滑轮，在井道上口（机房地面）层门侧装一只导向定滑轮，在一层层门口底部再装一只定滑轮。在一层层门前便于操作的地面上固定一台卷扬机，将卷筒上的钢丝绳拉出，依次穿过一层定滑轮、机房导向定滑轮、机房梁上定滑轮转向向下。从一层层门拉出后夹上起重钩、备好“千斤”绳和对讲机，准备起吊。

第一步，将曳引机、配电柜、曳引钢丝绳、工字钢梁、锥套、限速器、选层器、极限开关、断路器、机房线槽、电线管、导线等机房设备分批直接拉入机房。

第二步，将配重框、配重砣、顶部样板架、吊线钢丝、少量脚手管、扣件和跳板一一吊入最高层，从层门拉出井道。然后由土建及时配合用快干、高标号水泥封闭井道上口，并尽早拆去卷扬机钢丝绳、卷回卷筒。吊运结束，拆去滑轮组，以免影响土建。

2. 搭设顶部工作台

首先，从机房楼板（地板）中孔放下一根可栓安全带的挂绳。操作者将安全带扣于绳上，长度以操作方便为宜。

按图6-2所示先放两根1号斜脚手管，管距以不影响悬挂门线和四列导轨的安装为宜。操作者在层门口（外），以90°扣件扣牢2号管，其管位要紧贴门内侧的井壁上，这就是工作台的支点，非常重要，一定要紧固可靠。在两根1号管上横铺跳板，一块紧靠一块，边铺边扎牢固定，一直铺到3号管附近。站在铺好的跳板上用90°扣件扣牢3号管。用转向扣件把4根4号立管牢牢地扣在1号管上，并且将4根4号立管靠于井壁上，准备好5、6号水平管，扶正4号立管，将5、6号水平管扣于4号立管上。5、6号水平管按需要可搭数层，且交替顶靠井壁防止晃动。最高层水平管（5、6号管）作为扶手层，扶手下面一层水平管作为铺跳板的吊线工作台，其高度以方便装线架为宜。这样，一个悬空、方便、四边有扶手的安全的顶部工作台就搭成了。为了更加安全可靠，搭完后还应在4—4号立管5、6—5、6号水平管两侧增设一套支7、8—7、8号管承，即7、8号管。其要求同1、2号管一样，确保万无一失。要注意的是，操作人员要始终扣着安全带工作，并把每一块跳板都用铁丝绑扎牢，避免发生安全事故。

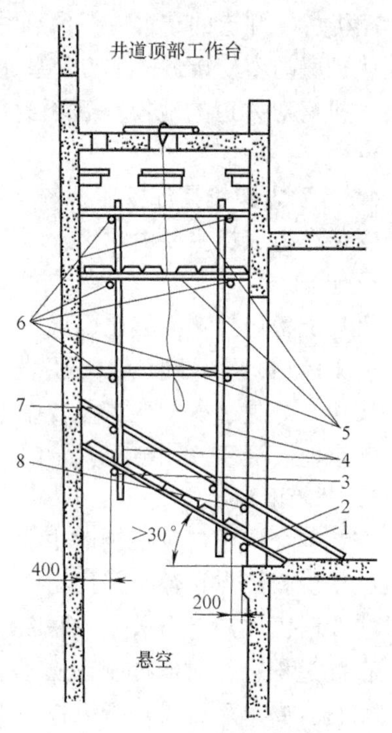

图6-2　搭顶部工作平台
1—1号斜脚手管　2~8—2~8号管

3. 放线

（1）挂线板制作　按T89/B型挂线板（见图6-3）图形制作八块挂线板。要求四个缺口和$\phi 1$孔的位置精确，这将成为永久性重复使用的挂线板架。本图针对最常使用的T89/B型导轨设计，如果导轨是T90/B型或其他型号轨道，则根据实际尺寸另行设计制做。

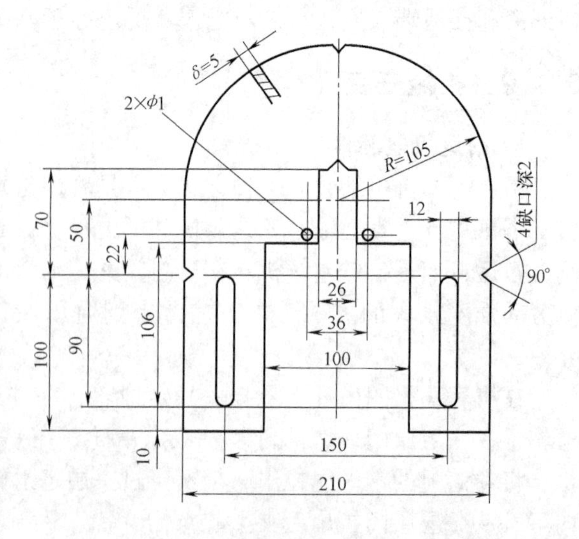

图6-3　挂线板（T89/B型）

上述四列导轨挂线板做好后还需配制厅门挂线杆。其制作过程非常简单，只要取二根1″方管，两端各钻一个1mm的孔，孔距等于层门净宽即可。

(2) 线架定位　根据图 6-4 所示，要求将八块 T89/B 挂线板布置好并安装在导轨架上，同时也将门线杆安装到位。调整顺序是先将门线杆放好，穿好钢丝，挂上线砣直到坑底，砣尖不能落地。然后沿牛腿边沿向下目测，找到牛腿向井内凸进最明显的那一层，并使得这一层的“*F*”与“*F′*”、“*E*”与“*E′*”相等。其中“*E*”要与施工图对应，一般有 25mm 和 30mm 两种尺寸。常见的井道都有一定的偏差，*F* 和 *F′* 尺寸要从上到下截取中间位置。初步定位后，再通过门线和甲方交给的门外轴线测出“*L*”和“*L′*”。从理论上讲应该是 *L* 与 *L′* 相等，但结合多年来的安装实践来看，土建提供的门外轴线与井道本体的偏差是较大的，有的甚至是严重超差。这一点应向甲方提示：是井体偏差造成的，不要发生误解。

另外，还要用探杆，通过门线探测一下向井内凸进最明显的“*G*”和“*G′*”的尺寸，判断是否能够满足电梯的通过量。然后做出记录，会同甲方、土建、监理等有关部门，共同商讨，确定出既能保证电梯正常安装，又能使层门装璜少受或不受影响的门线位置。最后请建设单位确认签字后固定上部门线杆，摆好底部门线杆。将砣尖尽可能地靠近底部门线杆的 ϕ1mm 孔，砣尖稳定后移动底部门线杆的两个 ϕ1mm 孔，对准砣尖，固定牢固。摘去重砣，将门线钢丝经 ϕ1mm 孔向下穿移，将钢丝上部绑牢，底部悬好重物，层门线就完成了。

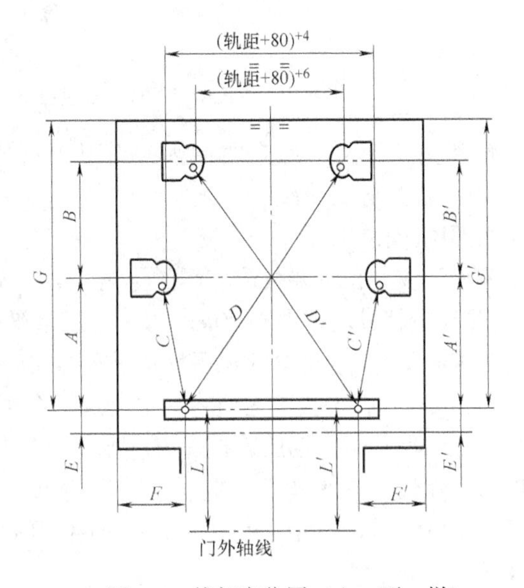

图 6-4　线架定位图（上、下一样）

需要说明的是，高层点式建筑是屹立在大自然气流中的，也就是说楼在一定范围内不停地做弹性摆动。因此，厅门线砣尖想要稳定是困难的，甚至是不可能的。为了能让电梯的安装进行下去，则须在砣尖的摆动范围内取其中间点定位即可。

层门线定位之后，按图 6-5 所示方式定准四列导轨（八块）挂线板，并将螺栓拧紧固定。

技术要求（见图 6-4）如下：

$A=A'$　$B=B'$　$C=C'$　$D=D'$

另外，还要求 1 号缺口与 2 号缺口重合于 *H* 弦（见图 6-5）。

副轨挂线板参照图 6-5 中主轨挂线板方式固定。

将主、副导轨轨距线的实际正偏差值写在井壁上记录下来，以便在调轨时参考。

在已经定位的挂线板上挂好钢丝垂线，悬好重物（见图 6-5），ϕ1mm 孔的垂线暂时不安装，待调整导轨时才穿线。如遇到成排并联的梯群时，要将门线排齐，可采取多井道互借的“借料”技术来满足上述要求。井道线完成后，将中心点引向机房地面。在机房地面上弹好中心墨线，包括限速器中心线、边沿线，这样电梯的施工布线就完成了。如果是点式高层建筑，编者建议用激光经纬仪或普通经纬仪在建筑外，对建筑体进行垂直度测量，并记录签字。这样可以避免新建筑的基础不均匀沉降之后，电梯导轨垂直度受到影响，不仅影响电

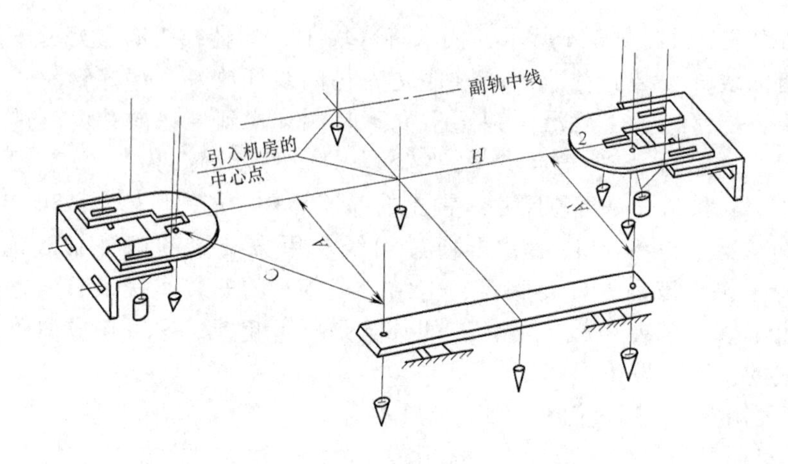

图 6-5 T89/B 型挂线板的调整与固定

梯无法顺利交工，又不易查明原因，无形中造成企业损失。另外，在使用经纬仪时切记“盘左”“盘右”各测一次。

4. 曳引机安装

承重梁的安装位置要按施工图的标高、方位确定。其两端埋入基础或墙壁的深度不小于75mm，并且应超过墙壁中心 20mm 以上。承重梁中心的位置偏差不应大于±2mm（以地面中心线为基准测量）。承重梁的水平度应控制在 0.2%以内。梁与梁之间的水平偏差也应控制在 2mm/m 以内。找平找正之后将承重梁焊接在预埋板或膨胀螺栓固定的钢板上，同时也要将梁与梁之间用角钢、钢筋连接焊牢，通知土建二次灌浆。

曳引机就位（在承重梁二次灌浆前后均可）。就位时，将机下减震器同步放入。对正，划好开孔位置（有的机型不开孔），移开主机开孔。然后复位，找平找正并加以固定。

技术要求如下：

按图 6-6 中 A、B、C、D 四点位置各放一次吊线砣（见图 6-7），使 A、D 两点与地面中心线交点重合，B、C 两点与纵向中心线重合，且曳引轮、导向轮的端面对垂线偏差不大于 2mm（无论轿厢空、满载均不得大于该数据）。然后在曳引轮和导向轮两轮的端面拉一直线，测出其端面平行位移量。电梯厂一般要求平行位移量偏差不大于 1mm，而国家规范却无此要求。因此编者认为，该数据应优先服从图 6-6 的 A、B、C、D 四点对地面中心线重合的要求。

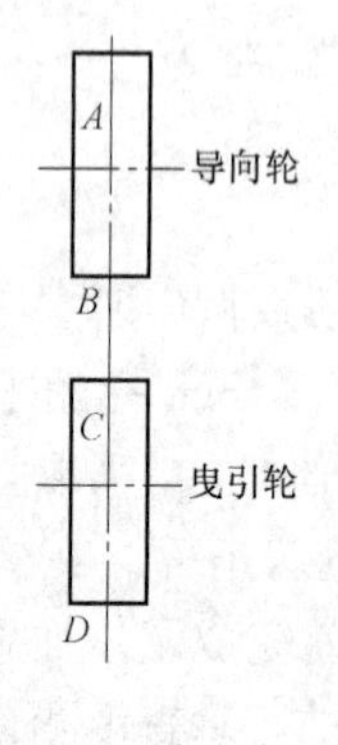

图 6-6 曳引机的安装

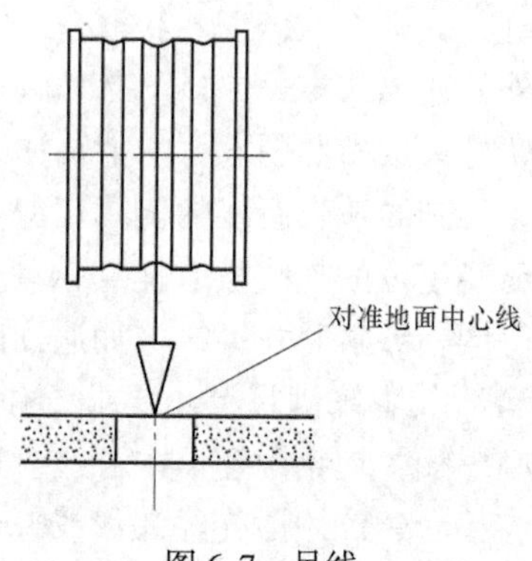

图 6-7 吊线

曳引机安装好后，还应将盘车轮的升降方向，标于手轮上。将松闸工具挂于墙壁上，张贴松闸说明。将房顶吊耳承载能力标在房顶吊耳旁。放好灭火器，在机房门上标示"机房重地，闲人免进"。

5. 限速器安装

限速器的安装要求位置准确，绳轮端面垂直度偏差不大于 0.5mm，并固定牢靠、动作方向正确，灵敏可靠，并指示动作方向。

此时电工开始进行机房电气、电线管、线槽、电缆、电源的安装接线工作。如果随行电缆是直通机房的，也要将轿厢端垂入井道，机房端固定牢靠。

6. 上行超速保护装置安装

轿厢上行超速保护装置，按照执行机构分为安装在轿厢上（包括上行安全钳，制动夹轨器），安装在对重上（如对重安全钳），安装在悬挂钢丝绳或者补偿钢丝绳上（夹绳器），以及安装在曳引轮或最靠近曳引轮的轴上（制动器）。形式较多，具体见厂家的安装说明书，这里不再赘述。

7. 坑底导轨、缓冲器、限速器张绳轮安装

根据施工图（或随机文件），按已挂好的线位，在坑底放好钢制条形底座。找正、找平使偏差控制在 3mm 以内，并固定好。然后安装导轨支架。导轨支架的安装要求是，每节导轨至少有两个支架，其间距不大于 2.5mm，支架的水平度不能超过 1.5%。如果是焊接在预埋板上的，要求焊缝连续、双面焊牢。每列导轨只装最下端的一节（5m），要求凹口端向下、小心缓慢地穿过挂线板凸形孔，落在钢制条形底座上。在落底前要将接油盘插入并摆端正。找正导轨、紧固压轨件（必要时可借助梯子进行操作）。

安装限速器张绳轮时，使其轮中心高距坑底 350～400mm 为宜。缓冲器就位，要求轿厢的两个缓冲器高度一致，之间的高差不大于 2mm，垂直度偏差不大于 0.5%。并按随机文件要求注足液压油。

8. 轿厢框架及轿厢底板安装

安装前，首先检查轿厢底梁两端的安全钳口，并调整同步（指同步拉杆在下梁上的），使其在动作后的带负载情况下（即楔块夹轨状态）左、右钳口开距一样大且动作灵敏。在调整中力求消除空行程，同时兼顾在自由状态下钳口张开度也足够，而且不擦轨。在目前的标准规范中已无安全钳间隙要求，但对限速器、安全钳的动作要求却是很严格的。下面将对偏重于功能方面的问题加以叙述。

安装轿厢底梁前在底层层门地坪高度上架设两根支承梁（见图 6-8），然后在支承梁上安装底梁。要求安全钳口内与导轨工作面的间隙要前后左右对称，并符合随机文件要求。为保证其水平度需用水平尺从四角对称找平，电梯厂要求误差在 3～5mm 之内，而本文建议更加精确以免轿底就位后引起不平带来重复调平的麻烦。

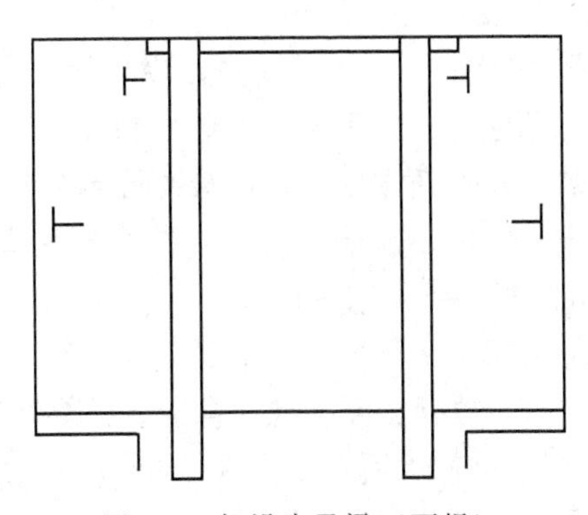

图 6-8　架设支承梁（两根）

安装立柱时，要求前后左右垂直度偏差都在 1.5mm 以内。要求上梁水平度横向偏差在 2mm 以内，前后方向 1mm 以内，测量对角线，误差不得大于 2mm。

上梁、立柱和下梁安装完成后，按图 6-9 要求对照 A、B 尺寸，固定上导轨。要求 $A=A'$、$B=B'$。对于下导靴则应另外考虑。对采用单面楔块安全钳的电梯要先调好安全钳间隙，再装设下导靴。对采用双面楔块安全钳的电梯，要在安全钳楔住的工作状态下安装下导靴，以确保安全钳和下导靴同心，同时也保证了安全钳的功能。

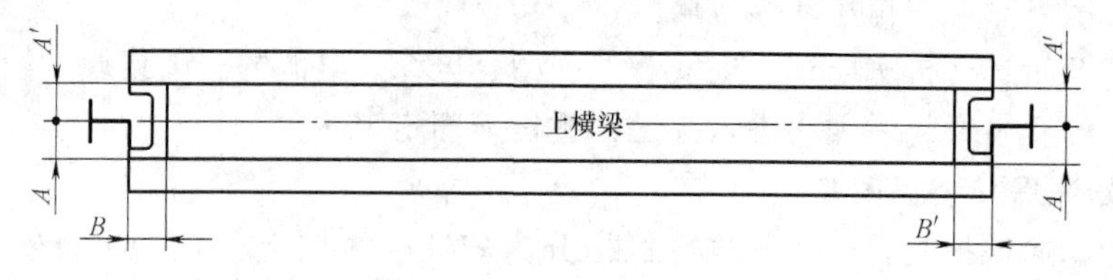

图 6-9　对照 A、B 尺寸固定上导轨（两根）

安装轿厢底时要考虑到以下四个因素：

1）在轿底和底梁之间的避振器下加垫片，对轿底水平度进行调整，水平度在 3/1000 以内即可。

2）对于带拉杆的轿厢，应该将四根斜拉杆的四个螺母拧紧，然后再均匀地拧紧 1/4 圈，使拉杆紧紧地拉住、固定，然后再拧紧防松螺母。

3）轿底纵向中心线，要对准层门的中心线。其偏差要控制在 1mm 以内。

4）轿厢地坎对层门地坎间隙偏差应控制在 0~3mm 的公差带内。

当上述四个方面均调整完毕后，应将轿底牢牢地固定在轿厢框架上。

9. 施工升降台搭设

如图 6-10 所示，利用轿底、轿厢框架作依托架设一个可随意操作升降的工作台，即升降工作台。

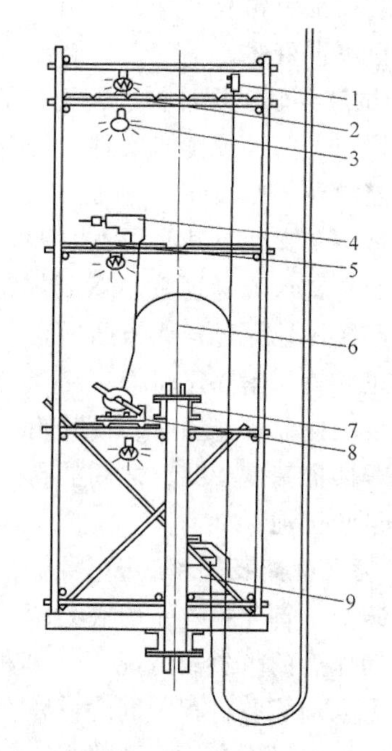

图 6-10　升降工作台施工

1—升降操作按钮盒　2—2 号跳板　3—灯（36V）　4—电锤　5—跳板　6—本梯部件、待装导轨　7—已装导轨　8—无齿锯　9—电焊机

其搭设原则如下：

四周不得伸出轿底外缘。轿底可放置电焊机、安全灯变压器、载导轨、安装“撞弓”。中层可放置切割机（无齿锯）、安装导轨支架、续接导轨、调整导轨。上层可安装导轨支架、提拉导轨、安装导轨。轿顶以上的部分高度需要约 4m。整个升降工作台由脚手管搭成。工作面由跳板铺设，同样不能伸出轿底。脚手架下部要在前后左右均卡紧轿箱框架的立柱。在脚手架上部 2 号跳板层下的水平面以 X 形式交叉将四角和曳引钢丝绳用 8 号铁丝拉在一起并绞紧，以尽可能地减少上部脚手架的晃动。

10. 放钢丝绳、挂配重、调试刹车安全钳

按图 6-11 所示，由绳 1 起绕过曳引轮、导向轮直到绳 2。量出绳 1 到绳 2 的长度，然后按下面的公式进行计算：

$$钢绳长度=绳1到绳2的长度+A-B-C-D-E$$

式中 $C=350\text{mm}$，E 为拉伸量=层数×20mm，计算得钢丝绳的实际长度后，在机房门外的屋顶上截断，浇注（注意：钢芯绳不放余量，按实切割）。

在截断钢丝绳前，先将要截断处的两侧用16号铁丝进行绑扎处理，然后再截断钢丝绳。具体方法是：将钢丝绳的端头，由小孔穿入锥套，在A处截断麻芯，分股、去油、去污。从绳端量取2.5×钢丝绳直径的长度，向绳中心折股。如图6-12所示。将钢丝绳向小孔向拉紧，使被折弯绳股的部分缩进大孔内，稍微露一些为止。

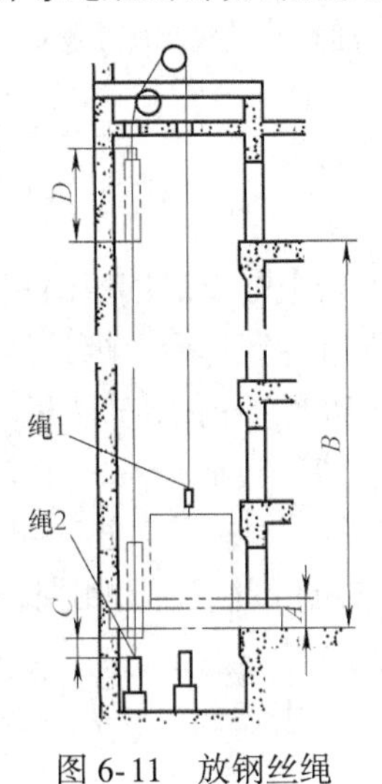

图6-11　放钢丝绳

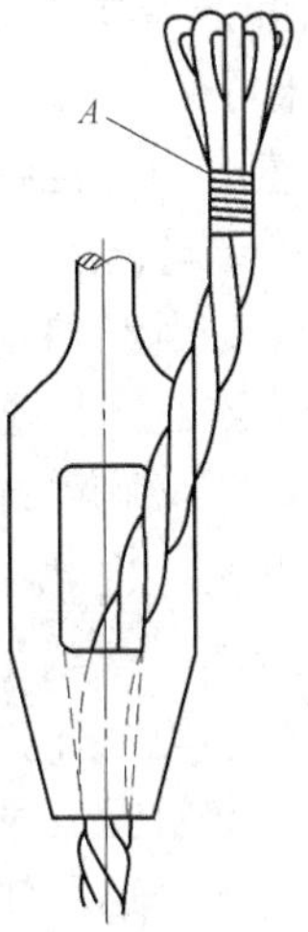

图6-12　钢丝绳穿孔、绑扎

将巴氏合金加热到400~500℃，浇满锥套。锥套的大口端可见菊花形，小口端可见少许巴氏合金。浇注前以木片插入法测量合金液体的温度，木片焦黄表示温度合适。锥套本身应预热，并一次浇注成形，严禁多次浇注。

把浇注好的钢绳一端从机房的配重绳孔穿入井道拉出最高层门外，装在配重框绳孔内，拆去配重框的导靴。在机房配重绳孔处挂一倒链挂绳，站在顶部工作台上挂倒链于挂绳圈上。将倒链用起重钩拉出井道，挂上配重框。缓缓吊起配重框上部，用缆绳留住下部。边向上吊起，边放留绳。保持上部不碰顶部工作台脚手管，下部不拖坏工作台跳板，直至配重框全部立起。然后以交替拆装6号脚手管的方式（见图6-2）让过配重（注意：不得拉翻顶部工作台，不得同时将6号管全部拆除，不得在无安全带保护的情况下在顶部工作台工作），使配重框顺利进入行程，拉到适宜的高度，加上2/3的配铁。

将钢丝绳另一端绕经导向轮、曳引轮、轿厢绳孔和顶部工作台，利用钢绳的自重下滑，同时用夹具作制动，控制下滑速度。最后穿过井降工作台装于轿厢的上梁绳孔内。

调整刹车间隙的方法是：

曳引机抱刹间隙在电控开闸状态下瓦片四角平均间隙不大于0.7mm。合闸状态要求瓦片与制动轮紧密且均匀地贴合。

缓缓放下挂配重倒链，观察有无溜车和其他不稳定、不平衡的现象。确认安全后摘去起重钩，取下倒链和挂绳。

把限速器钢丝绳绕过限速器绳轮，在限速器制动钳的控制下放进底坑，两端都在坑底对接，放开制动钳口把钢绳接口提升到轿厢安全钳操纵轴的拨叉杠杆处，装好连接件。使限速器、安全钳均在可运行状态。由电工把随行电缆下端安装好，并按图6-10所示接好升降按钮盒、无齿锯、电锤、电焊机、36V照明灯。同时，利用随行电缆、原机配电柜电器，使电梯可以用慢车速度在轿厢上操作升降（见图6-13）。可以有焊机、电锤、无齿锯和照明的供电。然后向上点动开车（行程不可使上导靴出轨），测试限速器。确认抱闸、限速器、安全钳正常后，方可进行下一步安装工作。

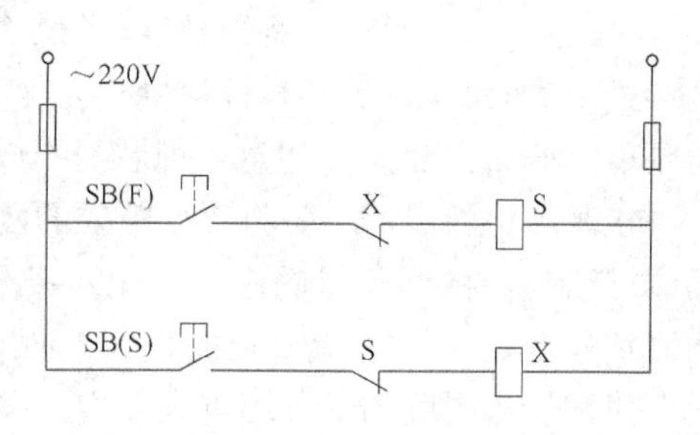

图6-13　慢车施工接线

11. 导轨安装与调整

慢车开动前要拆除轿厢下的支承梁（见图6-8）和顶部工作台上与曳引钢丝绳相碰的跳板，并检查井壁、各层安全门，要无障碍、不缺门、关好门。还要在升降工作台上携带一部分导轨、支架，并将井道下部的第二节主副（四列均装）导轨装好，完成初调，压住导轨压板。

此时便可开始一边上升电梯，一边安装导轨支架、导轨。直至升到全高的1/2处，以升降电流的差值来加（或减）一次配重。调节配重之后，要将配重框扶稳使其不再摆动。然后再继续边装轨、边上升。如果条件得当，在钳工装轨的同时也可自下而上用射钉枪把井内线槽钉上井壁。导轨安装完成的同时，电线槽的固定也完成。

当导轨需进入井道顶部安装时，便可站在升降工作台上，拆去顶部工作台，从顶层层门送出脚手管、跳板和扣件等物。

当安装最顶端导轨时，要先分别量出四列顶部一节的长度，减去由气温影响造成的延伸量。留凹口段，切去凸口段，平切口端向上，自下而上慢慢插入挂线板凸形孔。不得碰撞挂线板。

随着社会的发展，高层建筑越来越多，也越来越高。因此不得不考虑由气温影响所造成的导轨伸长量，否则会造成尺寸不足导靴越出导轨；尺寸过长不是顶坏楼板就是顶弯导轨。

导轨全部装好后，开慢车向下到轿厢和配重相遇时，安装配重导靴，并在挂线板上穿好四根1孔线（见图6-4、图6-5）准备调轨。

调整导轨可按图6-14自行制作一副调整轨夹。调整导轨时，按图6-14示意夹在轨道上向左右导轨推靠，并目测两夹在同一水平面上，1号槽口重合于弦线，3边缘的刻度线对准图6-3中T89/B型挂线板1孔垂下的钢丝，并使3边缘虚靠钢丝，即说明导轨已经调好。如果不满足上述对准刻度线、虚靠边缘的条件，则需调整导轨直到满足条件为止。调轨道应自下而上四轨同步，每逢一对轨道支架测量一次。

最终达到如下要求：主轨垂直度控制在0.6/5000以内，副轨垂直度在1/5000以内；全长垂直度主轨在1.2mm以内、副轨在2mm以内；主轨距偏差在+0.2mm以内，副轨距偏差在+0.3mm以内；接头修光，修光长度在150mm以上。在接轨时要注意接缝靠紧，局部缝隙大于0.5mm的要先修再装。导轨应用压板固定在导轨支架上，不应焊接或用螺栓直接连接。

12. 层门安装

安装层门门框有壁式安装，即用螺栓把层门固定在墙壁安装板上；另有安装在墙壁的凹穴内，即用方木或定位板将门框固定在墙壁的合适位置内。当门框被安装固定后，就应该把门板装上，以便保护层门口，从而减少事故。对于层门的安装，各电梯制造厂均有非常详细

的安装说明，而且各梯种门的结构也不尽一样，详细方法见随机文件，本文不做详述。

层门安装一般常用两种方法进行施工。一是在井道内先组成整体，然后随升降台提升到层位，做临时性支撑、楔正、找平，确认无误后在门套和层门水泥墙之前点焊固定并灌浆，待水泥基本凝固后挂上门板装上电锁。

另一种方法是先将地坎找平、找正，灌浆固定，待水泥凝固后再装门套、门头轨、门板、电锁。

层门安装质量要求如下：

1）层门地坎应具有足够的强度，水平度不大于0.2%，地坎应高出装修最终地面2~5mm。也可满足用户再提高一点的要求，但一般不高于最终装修地面10mm。同时要告诉用户地坎外沿应做过渡坡面，以保护地坎。对于双层轿厢的电梯，要严加注意地坎高度，使轿厢地坎和层门地坎两两对应，不得超差。

2）内外门地坎间隙偏差应控制在+0.3mm以内。

3）门扇之间、门扇与门套之间、门扇底边与地坎之间的间隙应控制在1~6mm，货梯可放大到1~8mm。

4）电锁滚轮外端要离开轿厢地坎5~10mm（在同一水平面上测量）。

5）外观应平整、光洁、无划伤，更不应有碰伤。

6）当门被打开后，应确保能自动合拢。

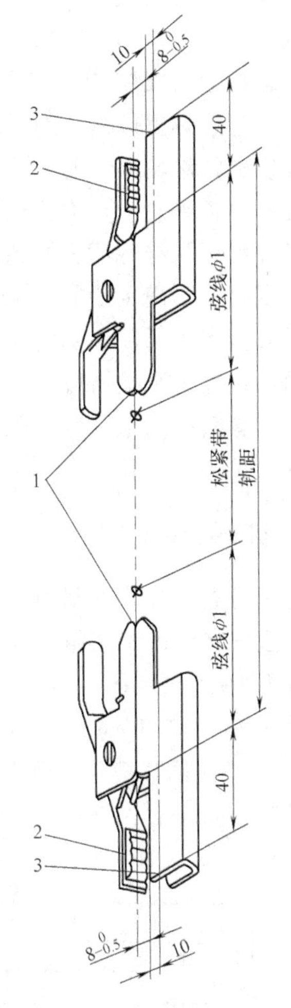

图6-14 调轨夹工作状态

1—1号槽 2—耐油橡胶 3—边缘刻线

13. 轿厢、开门机安装

完善轿厢，首先要将全部层门闭锁，只留底部两层层门。把轿厢开到底层平层位置，拆除升降工作台，从层门送出脚手管等物。在轿厢侧立柱上装好“撞弓”，限位开关、极限开关等轿壁背面的全部设施。拖出电焊机，切去电源。只留升降按钮，挂于不碍事的地方。

按随机文件要求，先把轿顶悬在梁处，组合四壁，扣下轿顶板，紧固扶正的四壁及顶板。安装镜子、扶手和轿顶板固定件。必要时把操纵箱、操纵板、随行电缆及电工接线也同步完善。接线时应尽量保留慢车功能，优先考虑轿内照明和对机房的通信。然后把电梯开到二层处，装开门机，找正、固定、挂门板、接力臂、装门刀。

14. 整机调整

首先，在轿底挂上补偿链的一端，并按随机文件要求固定好。把开门机提升到二层层门区，对开门机进行调整。调整程序一定要正确，避免重复劳动。

在施工中，已经完成了曳引机、缓冲器、导轨、安全钳的安装，层门轿门的对中，层门扇、轿厢等部件的调整。下一步要从轿厢的门扇开始，要求中缝垂直、合拢、门扇平整，运行无摆动、无噪声。门刀对层门地坎的水平间距为5~10mm。门刀限制器、开门力臂、轿门闩和安全触板等的安装均应符合随机文件的要求。电工接线后对其功能再进一步调整。轿门、门机、门刀调整好后，对层门电锁逐一调整。其顺序是自下而上，边升高轿厢，边调整电锁，要使电锁滚轮对轿厢地坎间距为5~10mm，门刀对滚轮间距达到随机文件要求。层门电锁的杠杆、锁钩、触点都要达到灵敏可靠的要求。把全部电锁调完，此时对重也降到了最低点，正好可以悬挂补偿链的另一端。挂完补偿链还需装导链轮、配重护拦。如果缓冲器顶部对配重底空程不满足200~350mm的要求，要加（或减）对重座块。必要时提高缓冲器，以保证对重座底时轿顶上部的空程。做完上述工作后，在对重缓冲器附近设置永久的明显标识，标明当轿厢位于楼层端站时，对重装置撞板与其缓冲器顶部的最大允许垂直距离。

最后把剩余的配重铁装入配重架。准备砝码，配合电气安装维修人员调试平衡系数，进入电气调试状态。

6.1.3　机械安装（2）

当现场受到各种条件制约，而不能实施机械安装（1）的工艺时，可考虑有脚手架的安装工艺。这里将对此工艺作一简要的叙述。

1. 搭脚手架

脚手架采用单井字式（见图6-15、图6-16），应安全稳固，承载能力不得小于2500N/m^2。横梁间隔应为850~900mm，一直到顶。每层横梁上铺设两块以上的脚手板，板伸出横梁约500mm，两端扎牢。脚手架搭好后须经安装人员仔细检查后方可使用。

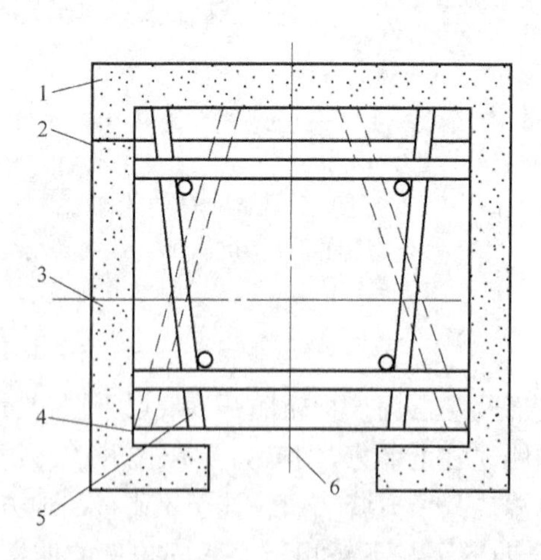

图6-15　单井字式脚手架平面图

1—井道　2—对重导轨中心　3—轿厢导轨中心线
4—层门地坎外沿线　5—脚手架　6—轿厢和对重中心线

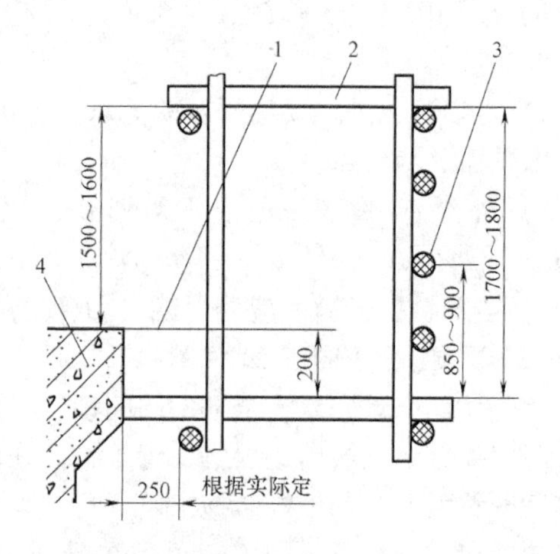

图6-16　单井字式脚手架立面图

1—楼板地平面　2—脚手架横梁
3—攀登用梯级　4—层门入口处牛腿

2. 安装施工照明

应采用不高于36V的安全电压。每台电梯井道应单独供电，并在底层井道入口附近设电源开关。井道内应有足够的亮度，可根据需要在适当位置设置手灯插座。顶层和底坑应设两个或两个以上的电灯照明，其他层站也均应备有照明。机房照明电灯数量应为电梯台数

×2或以上。施工所需动力电源应送到机房内和工地的施工场地，确保施工使用。

3. 安装样板架与导轨支架

制作样板架的木料应干燥，不易变形，四面刨平，互成直角，其断面尺寸可参照表6-2规定。

表6-2　样板架木料尺寸

提升高度/m	厚度/mm	宽度/mm
≤20	40	80
20~40	50	100

注：提升高度在超高的情况下应将木料厚度和宽度相应增加，或与安装施工部门磋商选取其他材料制作。

图6-17中的G、C尺寸为布置图上标注的导轨端面间距加两倍的导轨高加5~6mm间隙。

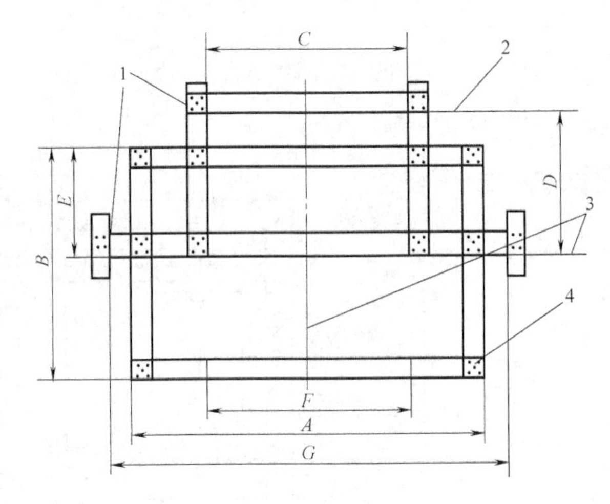

a) 样板平面示意图

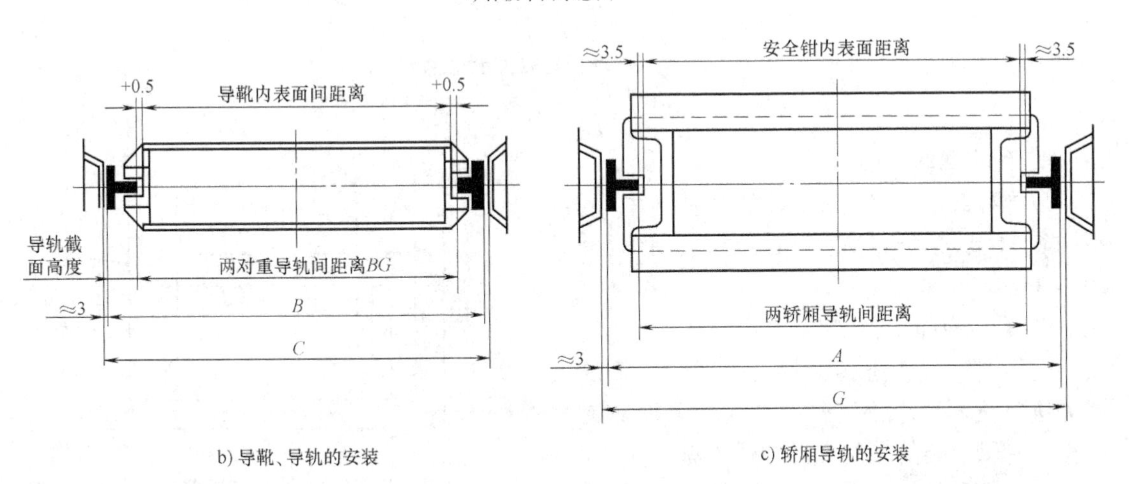

b) 导靴、导轨的安装　　c) 轿厢导轨的安装

图6-17　样板架、导轨、支架安装

样板架上标出轿厢架中心线、门中心线、门口净宽线、导轨中心线，各线的位置偏差不应超过0.3mm。在样板架放铅垂线的各点处，用薄锯条锯出斜口，其旁钉一铁钉，作为悬挂固定铅垂线之用（见图6-18）。

在机房楼板下面500~600mm的井道墙上，水平开凿四个150mm×150mm孔洞，用两根截面大于100mm×100mm刨平的木梁，托着样板架，两端放入墙孔，用水平仪校正水平后固定（见图6-19）。

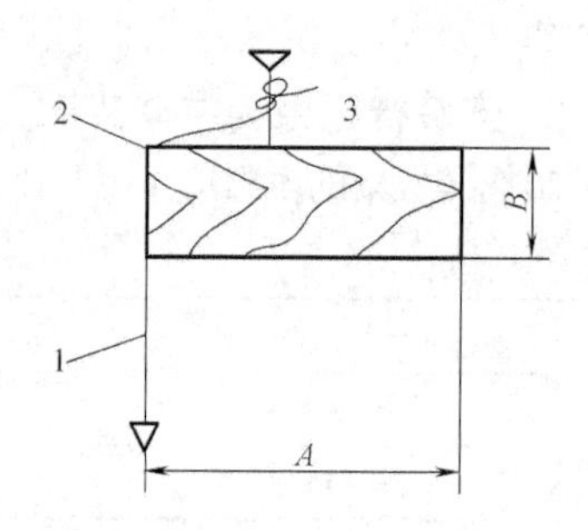

图6-18　铅垂线悬挂

A—木条宽　B—木条厚

1—铅垂线　2—锯口　3—铁钉

在样板架上标记悬挂铅垂线的各处，用直径为1mm的钢丝挂上10~20kg的重锤，放至底坑，待铅垂线张紧稳定后，根据各层层门、承重梁，校正样板架的正确位置后固定在木梁上。在底坑距地面800~1000mm处，固定一个与顶部样板架相似的底坑样板架，样板架安置符合要求后，用U形钉固定于底坑样板架上（见图6-20）。上下两个样板架的水平度不应超过5mm，而且相互间水平偏移不大于1mm。

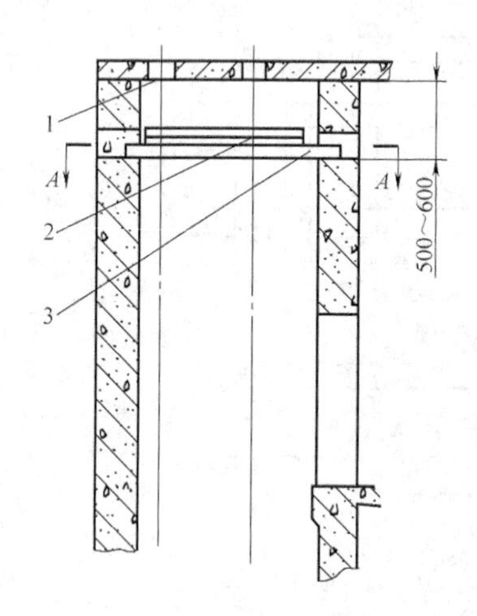

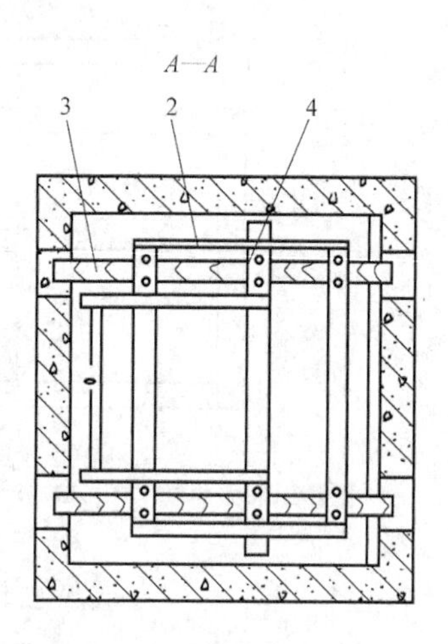

图6-19　样板架安置示意图

1—机房楼板　2—样板架　3—木梁　4—固定样板架铁钉

4. 确定导轨中心

以样板架垂下的1mm钢丝为基准中心线，按图6-21要求调整导轨。其中导轨C的尺寸见表6-3。

5. 其他机械部件安装

前面对吊线、搭脚手架、确定中心等的安装方法与技术要求都已作了介绍。下面对无脚手架、有脚手架的安装方法与流程做一介绍：

（1）无脚手架安装流程（见图6-22）

（2）有脚手架安装流程（见图6-23）

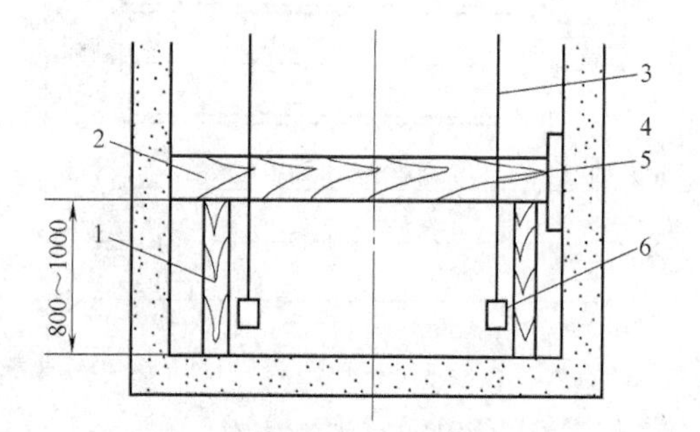

图6-20　底坑样板架

1—撑木　2—底坑样板架　3—铅垂线

4—木楔　5—U形钉　6—重锤

6.1.4　电气安装

电气系统安装是电梯安装的重要部分，它包括电气设备和装置的布置，安装步骤、方法

以及保护接地等。

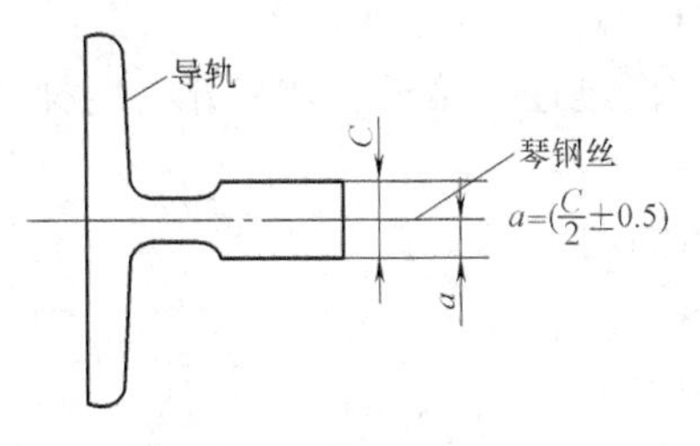

图 6-21　导轨的调整

表 6-3　*C* 尺寸

导轨/(kg/m)	*C*/mm
5	16.4
8	10
13、18	16

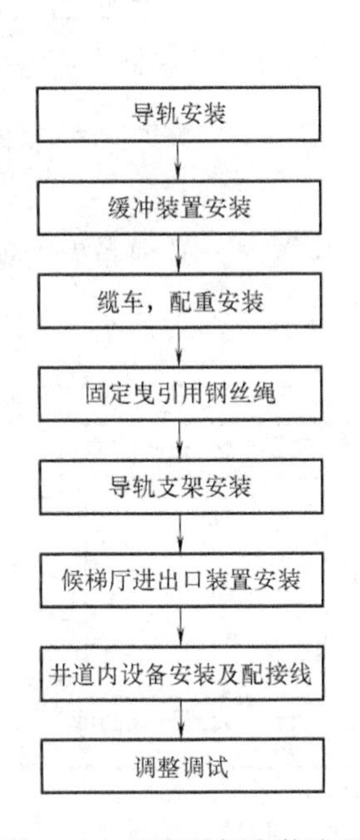

图 6-22　无脚手架安装流程

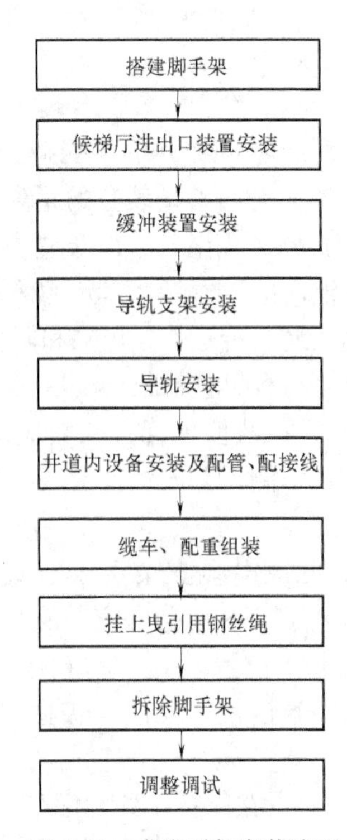

图 6-23　有脚手架安装流程

1. 电气系统各装置的布置

根据电气接线图绘制机房、井道、轿厢的布线图，确定控制柜、选层器、线（槽）、限速器钢丝绳、选层器钢带、限速开关和安全保护开关等装置的实地安装位置和尺寸。若设计有明确规定的，则应按设计图样施工；反之，则应根据机房、井道、轿厢的具体实际情况布置，以安全、可靠、美观和不影响其他装置安装为原则，且便于巡视、操作和维修。

根据井道高度与随行电缆实际到货长度，确定随行电缆的敷设方法。

根据样板层门线、标高线，实地画出每一层按钮盒、层楼指示灯盒的位置（两台以上并列电梯应注意各按钮盒、指示灯盒的高度和到层门框边距离一致）。

根据电梯行程画出上下限位和极限开关的安装位置（标注在井壁上和导轨上）。

（1）机房内电气平面布置

机房内的电气装置有：电源总开关、控制柜（屏）、选层器、曳引机和线槽（管）等，各装置的安装应布置合理。若无设计规定，可参照图6-24，并符合下列要求：

1）电源总开关的操作机构，应能从机房入口处方便迅速地接近。如果几台电梯共用一机房，各电梯的电源总开关的操作机构应易于识别。

2）控制柜（屏）应尽量远离门窗，与门窗正面的距离不小于600mm；柜（屏）的维护侧与墙的距离不小于600mm，群控、集选电梯不小于700mm；屏、柜的封闭侧与墙的距离不小于500mm。双面维护的屏、柜成排安装时，若其宽度超过5m，两端应留有出入通道，通道宽度不小于600mm。控制柜（屏）与机械设备的距离不宜小于500mm。

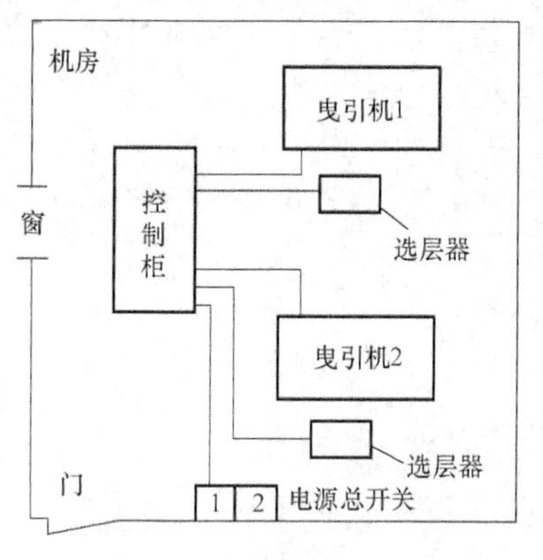

图6-24　机房布置示意图

3）线槽（管）布置合理美观，不得有交叉重叠现象；电源线不得和其他导线敷设于同一线槽（管）中；线槽（管）与可移动装置的距离不小于50mm。

（2）井道内电气平面布置

井道内的电气装置有：线槽（管）、随行电缆、限速器钢丝绳、传感器、极限和限位开关等。确定各装置的安装位置时，必须考虑电梯运行时各装置之间有足够的距离，可参照图6-25所示。

1）井道线槽（管）一般应安装在门外召唤按钮盒一侧，并不得卡阻运行中摆动的随行电缆。

2）井道电缆支架可安在线槽（管）一侧，如果间距不足也可安装在线槽（管）对侧（图中4位置），但应避免与限速器钢丝绳、选层器钢带、限位与极限开关、传感器等装置交叉。

3）原本在位置4处的限位开关等应放在图中位置7，与传感器在同一侧。

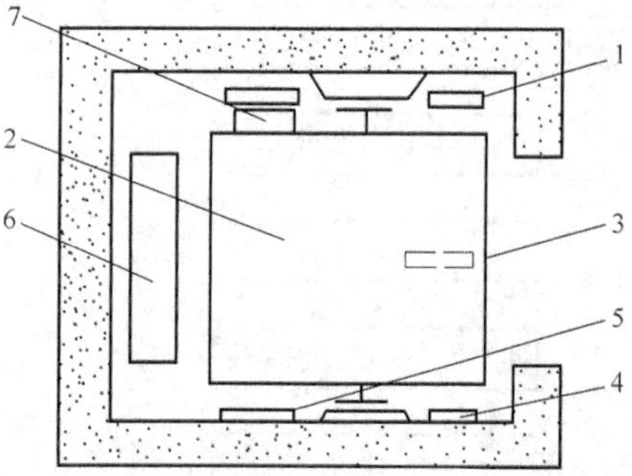

图6-25　井道布置示意图

1—井道电缆支架　2—轿厢　3—轿底电缆支架　4—极限与限位开关　5—限速器钢丝绳　6—对重　7—传感器

井道各装置的布置可根据实际情况予以调整，但应使摆动的随行电缆单独在一侧。

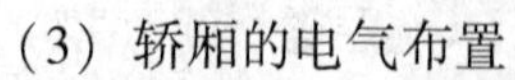

（3）轿厢的电气布置

轿厢的各装置分布在轿底、轿内和轿顶，并在轿底和轿顶各设一只接线盒。随行电缆进入轿底接线盒后，分别用导线或电缆引至称重装置、操作屏和轿顶接线盒。再从轿顶接线盒引至轿顶各装置，如门电动机、照明灯、传感器、安全开关等，图6-26所示为轿厢轿顶导线敷设示意图。从轿顶接线盒引出导线，必须采用线管或金属软管保护，并沿轿厢四周或沿轿顶加强肋敷设，应整齐美观，维修操作方便。

如果随行电缆比较长，可以将电缆直接引至轿内操纵屏和轿顶接线盒。在敷设电缆之前测算好轿内和轿顶各需要多少根线，合理安排随行电缆的排列，可以减少中间接线，使故障点减少，便于安装与维修。

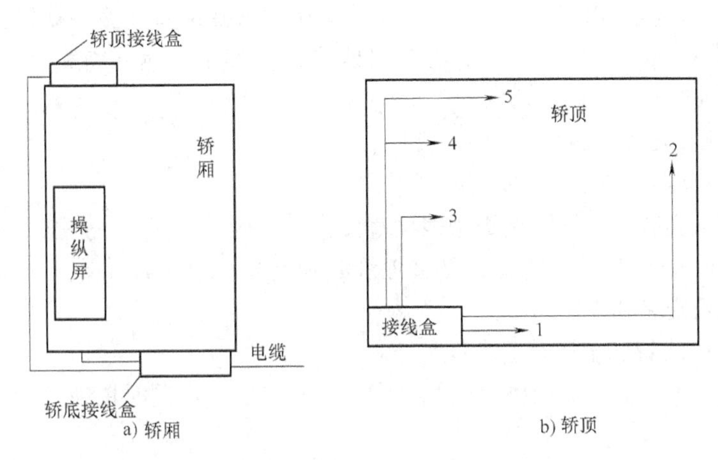

图 6-26　轿厢轿顶导线敷设示意图

1—门电动机　2—传感器　3—照明与风扇　4—安全钳开关　5—安全窗开关

2. 电气系统安装

（1）机房内电气安装

根据机房内已画好的实际安装位置，将开箱清点并检查无误后的盘、柜等运至机房（有的已事先吊入机房），平稳地安装在型钢基础或混凝土基础上，并用螺栓固定牢靠，不允许将盘、柜直接安装在地面上。盘、柜等大型电气装置安装就位后，方可进行线槽、电线管和金属软管的敷设。

具体安装要求如下：

1）盘、柜与基础连接要紧密，无明显缝隙，多台排列的应保持平直不得有凹凸现象，柜体的垂直误差应小于0.15%，水平误差应小于0.1%，柜列的四周应留出大于600mm 的安全操作通道。

2）小型励磁柜不允许直接安装在地面上或放在盘柜的顶上，必须安装在距地面高度约为 1.2m 的专制支架上。

3）电梯应单独供电，电源总开关应安装在距地高度为 1.2~1.5m 的墙上，以便于应急处理。当然电源总开关应由建筑电气设计予以考虑，但原设计遗漏或位置不正确时，应提请用户修改。

4）机房、轿厢、井道内、底坑的照明、机房、轿顶与底坑的电源插座及报警装置应与电梯主电源开关分开设置和控制，不可共用一个刀开关。

（2）箱与盒安装

楼层指示灯箱，厅外呼唤按钮箱（盒）在安装前应将内芯取出，另行妥善保管。先将箱盒壳体按统一的标高和至层门框的距离水平埋入墙内，外口与墙面齐平（有大理石贴面应考虑加减大理石厚度）用水泥砂浆填实，待导线敷设完毕后再将内芯装上盖好面板。注意遮光罩应遮光良好，不应有漏光、串光现象。如果是柱形按钮，应保证按柱伸缩自如。如果是触摸按钮，里面的微形继电器应待调试时线路检查完毕后再装上，以避免烧坏。

机房或井道中的分线盒、中间接线箱等是接线枢纽，因此，要在分线盒中设接线端子板，以便于维修工作。

中间接线箱安装位置可视随行电缆的到货长度而有 3 种固定方法：

1）在机房内固定。在线槽（或电线管）从机房进入井道口处做一立式支架，其底边距地面的高度大于 300mm，将中间接线箱牢固地装在支架上，然后将机房和井道中的线槽（或电线管）分别接至中间接线箱内。

2）在井道顶部安装（或隔音层内安装）。

3）在井道中间再加 1.5m 处安装。

在后两处地点安装时，均需用膨胀螺栓直接将中间接线箱固定在井壁上，定位应便于检修和接线。金属或有 CPU 的接线盒，其接地线必须与总线直接机械连接。随行软电缆支架应靠近中间接线箱安装和固定。

（3）线槽、电线管和金属软管敷设

机房、井道内、轿厢上的线槽、电线管和金属软管安装可同时单独进行，也可从上至下顺序进行。

线槽、电线管和金属软管敷设方法一般采用明敷方法，有条件的也可以采取预先配合结构施工，暗敷电管。

在安装井道线槽时，先在线槽安装线的井道顶部打一膨胀螺栓（M10～M14），将第一根线槽挂上，按顺序将其他线槽连接起来，直至井底（以不触地为宜）。连接好的长条线槽，由于自重自然垂直，这时只要按线槽内底孔位置逐个打入，塑料木针用木螺钉加垫旋紧即可。

电线管、金属软管的敷设参照电气专业有关的规程规范进行。

具体做法和要求如下：

1）在机房内安装的线槽、电线管等可沿墙、沿梁或楼面上敷设。注意美观、方便行走而不碰撞，保证横平竖直。在井道内可安装于层门口和井道壁内侧墙上（一般敷设在随行电缆的反面）。

2）线槽的端头应作封闭，以防老鼠等钻入咬坏导线，线槽间的连接不允许用电焊、气焊切割方法进行开孔等操作，应用手锯截断，用圆锯或压孔机开孔。在拐弯处不可成直角连接，而应沿导线走向弯成 90°，端口应衬以橡胶板或塑料板保护。

3）线槽中所引出的分支线，如果距离设备、指示灯、按钮等较近，可采用金属软管连接。如果距离较远（大于 2m 以上）时，宜采用电线管引接。无论是用金属软管或电线管引接，均需排列整齐、照顾美观、固定牢靠，与运动的轿厢留有一定安全距离，以确保安全，不被刮坏。

4）电线管或线槽中敷设的导线不可过多，避免挤压。按一般规定：电线管中穿入的电源线总截面面积（包括绝缘层）不可超过电线管截面面积的 40%，线槽截面面积的 60%，导线放置在线槽内应排列整齐，并用压板将导线平整固定。导线两端应按接线图标明的线号套好号码管，以便查对。

5）所有电线管、线槽均要做电气连接（跨接地线），使之成为地线或零线的通路。采用接零保护系统保护时，零线要做重复接地。重复接地最好由井道底坑引出，其接地电阻应小于 10Ω。电线管、线槽做好后敷线前应清除垃圾、积水等，出线口应无毛刺，线槽盖板应齐全完好。

（4）导线、电缆敷设

敷设导线前，应先将线槽、电线管吹扫干净，清除灰尘杂物和积水等。根据线槽，电线

管长度和接线的需要，仔细计算导线的放线长度和根数，将导线缓慢平稳穿入电线管和线槽中，不可强拉硬曳，保证电线绝缘层完好无损。电线不能扭曲打结，预留备用线根数应保证在总数的10%以上。出入电线管或线槽的导线，应有专用护口保护。导线在电线管内不允许有接头，防止漏电。

动力回路和控制回路导线应分开敷设，不可敷于同一线槽内。串行线路需独立屏蔽；交流线路和直流线路亦应分开；微信号线路和电子线路应采用屏蔽线，以防干扰。为了保持电线或电线与设备的良好接触，线芯之间连接应挂锡，大于10mm^{2}的导线与设备连接时要用接线卡或压接线端子线（鼻子）。导线的接头必须先用黄腊带包扎严密，再用塑料胶带包扎好。

导线与设备及盘、柜连接前，应将导线沿接线端子方向整理整齐，顺序成束，并用小线分段绑扎好，这样既美观大方又便于在发生故障时查找和维修。所有导线均应编号和套上号码管。所有导线敷设完毕后，应检查其绝缘性能，要求每伏工作电压的绝缘电阻大于1000Ω。然后用线槽板盖严线槽，电线管端头封闭。

随行电缆的敷设方法如下：

1）将电缆支架用膨胀螺栓牢固地固定在井道上，根据随行软电缆的到货尺寸确定中间接线箱的位置并安装固定。

2）将随行电缆沿径向放卷，同时检查有无外伤和机械变形等缺陷，测试绝缘情况并检查有无断芯等。

3）将软电缆自由悬吊在井道内（下端头不着地）使其充分退扭，计算电缆运动长度，将电缆牢固绑扎于电缆支架上，支架上部的电缆用木卡固定在井壁上，直至上端头进入中间箱（中间箱与控制柜间敷设线槽或电线管用导线连接）。电缆的下端部先固定在轿底支架上，再进入轿底接线箱或直接进入轿厢接线。

需要注意的问题是：

① 轿厢底和井道壁两电缆支架之间的垂直间距应不小于500mm（8芯电缆为500mm，16~24芯电缆为800mm）。电缆在进入接线盒时应留出适当的余量，以便维修。当轿厢出现蹲底或冲顶时，电缆不至因拉紧而断裂，且在轿厢蹲底时，随行电缆距地面应有100~200mm的距离。

② 电缆在支架上应绑扎整齐、牢固，绑扎物以1.5mm^{2}单芯塑料铜线为宜，不允许用铁丝或镀锌铝丝绑扎。排列应整齐，不得扭花。

③ 多根电缆的长度应保持一致，以免受力不均。轿厢在运行时，随行电缆不得与井道内任何物体碰撞和摩擦，电缆两端接线均应编号并排列整齐。

（5）电气安装工艺流程（见图6-27）

3. 安全保护与平层装置的安装

（1）强迫减速开关和终端限位开关

强迫减速开关和终端限位开关统称为终端限位装置，它在井道内的安装位置如图6-28所示。其具体安装方法如下：

在井道底坑和顶站上方限制轿厢越位的地方用两根角钢分别卡在轿厢导轨的背面，把限位装置用螺栓固定在角钢支架上，并使其垂直，调整减速开关和限位开关的碰轮，使之垂直对准轿厢上的碰铁（俗称打板或撞弓）中心，并试验校准轿厢到上下两个端站越程时的动

作。当碰铁碰撞限位开关碰轮时，其内部电气触点即断开，碰铁离开后触点又自动复位。有些型号的电梯，其终端限位装置在出厂时已组合成箱或限位开关组，这样就便于安装。

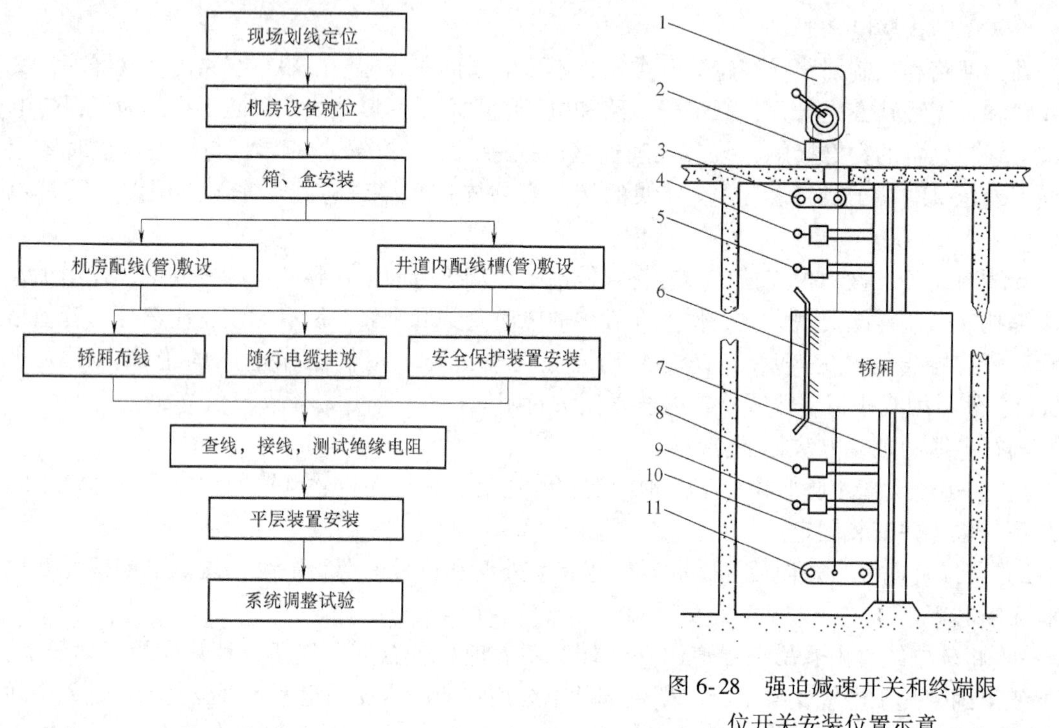

图 6-27　电气安装工艺流程

图 6-28　强迫减速开关和终端限位开关安装位置示意

1—终端极限开关　2—张绳配重　3—上极限开关碰轮　4—上限位开关　5—强迫减速开关　6—弓形打板　7—导轨　8—强迫减速开关　9—下限位开关　10—钢丝绳　11—下极限开关碰轮

（2）终端极限开关

终端极限开关的设置通常有两种方式：

1）机械式：装置安装在机房，由轿厢侧面打板碰撞安装于井道上下两端的滚轮，经极限开关钢丝绳拉动而动作，切断电梯的动力电源和控制电源（照明回路除外）。安装时，应注意极限开关钢丝绳应垂直无卡阻现象（见图 6-28）。

2）电气式：采用与强迫减速开关和终端限位开关相同的滚轮式行程开关。

由轿厢边上的打铁直接碰撞该开关，进而切断电源，使电梯不能再起动。安装方法与强迫减速开关和终端限位开关相同，也有的是与之组合成一个整体的。

终端极限开关是电梯运行中的最后一级安全保护装置，所以要装在底坑最下端和顶层最上端，其安装位置在轿厢或对重接触缓冲器前 50~100mm 处为宜。

除此之外，还有其他电气安全保护装置如下：过载及短路保护、相序颠倒（错相）或断相保护、直流电动机弱磁保护、层轿门闭锁保护、超速或断绳保护、补偿装置张绳或断带保护及急停、乘员超载、轿顶及底坑检修、事故逆转、轿厢自动门防夹、轿顶安全窗、并联电梯相对侧面安全门等。这些装置安装都较简单，有些是靠电气元件动作来实现安全保护

的，在这里不逐个介绍。

（3）平层装置安装

要使电梯到达平层区域后能自动平层，必须有一套自动控制系统，即电梯的平层控制装置，用来完成电梯慢车爬行和电动机停转抱闸的控制。

常见的电梯平层控制置有两种：

（1）干式舌簧感应器　其安装方法是：干簧管和U形磁铁统装于一个感应盒中（统称感应器）。安装时摘掉短路板，把感应器装在轿厢顶上面的支架上，按图样所示的位置、方向要求，将感应器开口对着每层井道内的遮磁板，每层的遮磁板用支架固定在电梯导轨的背面，调整位置，使之插入感应器开口中心，其间隙为5~10mm，各层遮磁板的位置、长短等，都要满足轿厢地坎与厅门地坎平层准确度的要求。电子式传感器严格按刻度要求和安装定位要求安装。

（2）井道传感器　井道传感器常见于迅达系列的电梯（又称为格雷玛），它由下列组件组成：①带托管的开关组件块；②开关组件块与PLC模块之间的引入电线及悬挂电缆；③环形永久磁钢及异形支架。

其安装方法是：先将开关组件块的托管水平固定在轿厢梁架上，检查开关组件块内的双稳态开关动作是否可靠和正确，然后将组件块固定在托管上。将环形磁钢固定支架固定在轿厢导轨背面，用水平尺调整其水平度，再将环形磁钢固定在横异型导轨上，并与对应的双稳态开关中心对正，其中心误差应小于1mm。调整环形磁钢端面与开关组件块间的距离保持在8~10mm。复查磁钢与开关的极性是否正确。

上述两种平层装置的安装均为电梯电气安装的最后一道工序，是在轿厢慢车运行之后进行的。安装完毕后，还要进行平层调整试验工作。

4. 电气系统保护接地

电梯电源有交流、直流电源，三相、单相电源，且贯串于电梯机房、井道、轿厢等处。为了保护人身安全，防止间接触电而必须将所有设备的外露可导电部分进行接地或接零。

（1）接地安装要求

电气设备的柜、屏、箱、槽、管应设有易于识别的接线端，接地线的颜色为黄绿双色绝缘电线。零线和接地线应始终分开。

所有电气设备的金属外壳均应良好接地，其接地电阻值不应大于4Ω。接地线应用铜线，其截面积不应小于相线的1/3，但裸铜线不应小于$4mm^2$，绝缘铜线不应小于$1.5mm^2$。钢管接头处的连接线可用钢筋跨接焊牢。电梯轿厢可通过电线电缆的钢芯或线心进行接地，用电缆线心接地时，不得少于两根。

1）接地电阻。接地电阻是接地体的流散电阻与接地线和接地体电阻的总和。由于接地线和接地体的电阻相对很小，可忽略不计，因此可认为接地电阻就是指接地体流散电阻。对TN系统，其中所有设备的外露可导电部分均接在公共PE线或PEN线上，一般无所谓保护接地电阻。但TT系统和IT系统需要保护接地电阻，因此应满足接地电阻不大于4Ω，并设置漏电保护装置的要求，所以保护接地电阻值应小于等于对地安全电压除以流过电阻的电流所得值。

2）人工接地体。当自然接地体的电阻值不能满足接地要求时，应设置人工接地装置作为补充。人工接地体分为垂直埋设和水平埋设两种，如图6-29所示。

最常用的垂直接地体为直径 50mm、长 2.5m 的钢管。如果采用直径小于 50mm 的钢管，则由于钢管的机械强度较小，易弯曲，不宜采用机械方法打入土中；如果采用直径大于 50mm 的钢管，流散电阻减小很少，而钢材消耗则大大增加，经济上不合算。如果采用的钢管长度小于 2.5m 时，流散电阻增加很多；而钢管长度如大于 2.5m 时，则难以打入土中，流散电阻减小也不显著。由此可见，采用上述直径为 50mm、长度为 2.5m 的钢管是最为经济合理的。但为了减少外界温度变化对流散电阻的影响，埋入地下的垂直接地体上端距地面不应小于 0.5m。同时，为了防止腐蚀，可采用镀锌钢管，或采取其他措施。

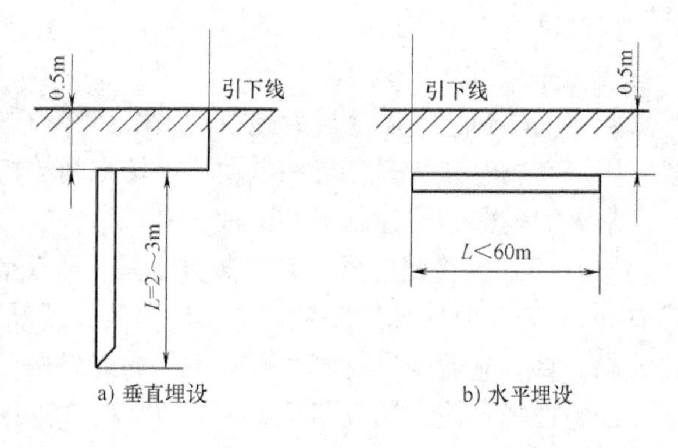

图 6-29　两种接地体装置

3）对于微机控制的电梯，必须将接地单独引入机房控制柜中。

（2）保护线的布置

目前电梯供电电源广泛使用 TN 系统，凡是可能引起间接触电的装置都应将其外壳与 PE 线或 PEN 线连接。如电梯的曳引机组、电源总开关、控制柜、线槽、轿厢、导轨、箱盒等等都在该范围内。

图 6-30 是 TN-C 系统接线示意图。供电电源进入总电源开关后，将 PEN 线引至控制柜的 PEN 分线板，再从分线板用导线或其它导体与各装置外壳连接。为了确保 PEN 线安全可靠，在电源进线处及底坑采取重复接地措施。

图 6-31 是 TN-C-S 系统接线示意图。供电电源进入总电源开关后，将 PEN 线分成 N 线和 PE 线，分别引至控制柜的 N 分线板和 PE 分线板，两极之间不连通。N 线接单相用电设备，如轿厢、底坑照明灯、插座等；PE 线与各装置外壳连接。为了确保 PE 线安全可靠，在电源进线处采取重复接地措施。

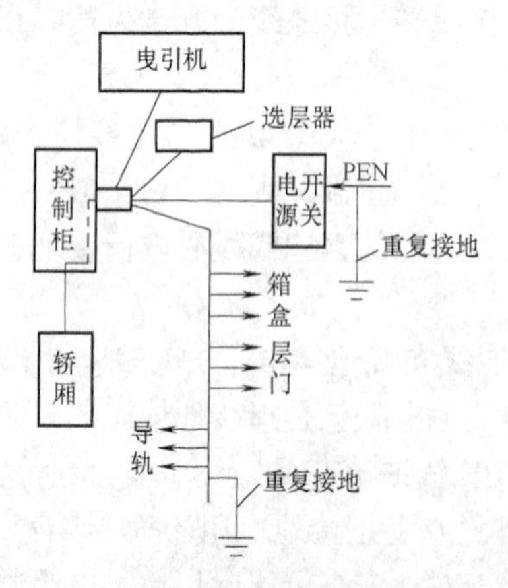

图 6-30　TN-C 系统接线示意图

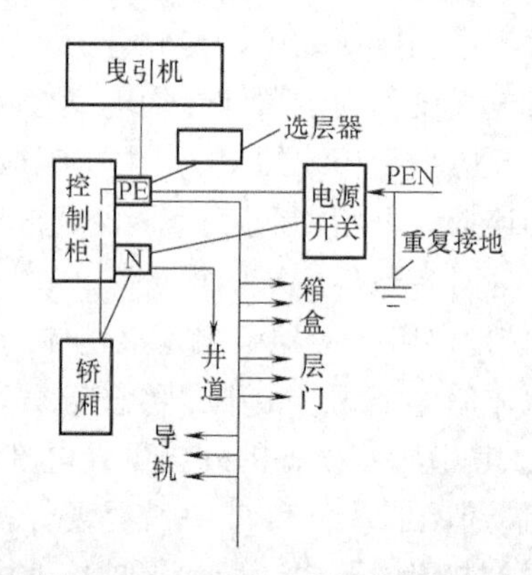

图 6-31　TN-C-S 系统接线示意图

两种连接方法都应采取并联方式，即各装置外壳单独与 PE 或 PEN 干线连接。当某一处发生断线不会涉及其他装置的保护线。

6.1.5 系统调试

1. GPS、GPM（VEDL）三菱变压变频微机网络控制电梯系统调试

（1）调试前的准备

1）电梯的调试工作应在电梯的安装工作全部完毕后进行。

2）调试前，电梯井道中的脚手架应被全部拆除，并确认井道中无任何阻拦物，以免轿厢在井道中上下时发生碰撞。

3）检查用户提供的配电线路的接线是否正确，确认动力电源和照明电源线严格分开，确认用户提供的单独的接地线连接可靠。

4）先关断配电板上的所有电源开关。

5）清扫轿厢内、轿顶、各层站显示器和召唤按钮等部位的垃圾，彻底清除轿门和各层门地坎内的垃圾。

6）打扫机房，把控制柜、曳引机等机房中各部件表面的灰尘清除干净，最后把粘贴在控制柜顶上用于防尘的塑料纸除掉。

7）检查电源电压是否在规定要求范围内（见表6-4）。

表6-4 电源电压范围

变压器	电路种类	测量点	标准电压	误差
TR-01 TR-02	制动器、接触器	端子 TA79-00	DC125V	DC125～135V
	触点输入 PAD	端子 TA420-400	DC48V	DC48～54V
	轿厢顶部 ST	端子 TAC10-C20	AC200V	AC200～220V
	层门 ST	端子 TAH10-H20	AC105V	AC105～115V
	多路电源	P1 板上 TJ 端子-12V-GND	DC-12V	-12×(1±5%)V
		P1 板上 TJ 端子+12V-GND	DC+12V	+12×(1±5%)V
		P1 板上 TJ 端子+5V-GND	DC+5V	+5×(1+5%)V
	充电电源	CHG1-GHG2	AC 220V	AC220～240V
	风扇	端子 TBL10A-L20A	AC100V	AC100～110V
	照明	端子 TBL10-L20		

（2）低速运行的调整

1）低速运行试验的准备工作

① 把控制柜、电梯轿顶ST和轿内操纵箱内的AUTO/HAND（自动/手动）开关，切换到HAND（手动）一侧。

② 把电梯轿顶ST内的POWER（电源）开关合上，把RUN/STOP（运行/停止）开关拨到RUN（运行）位置上。

③ 把轿内操纵箱内的RUN/STOP（运行/停止）开关拨到RUN（运行）位置。

④ 把曳引电动机的软线U、V和W从接线端子上拆下，并用绝缘胶带扎牢。

⑤ 分离从曳引机构的制动装置中引出的B4和B5外接电缆，并用绝缘胶带扎牢。

2）测试电压

① 测量电源电压，要确保各相电压的误差不超过额定电压的±5%，每两相之间的电压

差不超过3%（见表6-5）。

② 控制柜内自耦变压器电压抽头的位置见表6-5。

表6-5　控制柜内自耦变压器电压抽头的位置

电源	Up	Vp	Wp
400V	U3	V3	W3
346V、415V、420V、460V	U2	V2	W2
380V、440V、480V	U1	V1	W1

③ 电梯层站ST内变压器电压抽头的位置参见控制柜标准接线图。

3）检查发光二极管的工作状态

① 要确保电源接通时KCJ-40X上的断相指示发光二极管（P-P）亮。

② 要确保电源接通时KCJ-40X上的发光二极管CWDT和DWDT均亮。

③ 要确保电源接通时KCJ-40X上的充电状况指示发光二极管（DCV）亮，而当电源切断时该发光二极管就熄灭。

4）部分开关的功能（见表6-6）

表6-6　部分开关的功能

印板	开关		功能	正常状态
KCJ-40X	TOP/BOT		TOP(向上):顶层呼叫 BOP(向下):底层呼叫	中间位置
	UPC/DNC		UPC(向上):电梯轿厢上升 DNC(向下):电梯轿厢下降	中间位置
	DOOR/RST		DOOR(向上):切断门机电源 RST(向下):CPU复位	中间位置
	DCB/FMS		DCB(向下):关上门 FMS(向下):打开门	中间位置
	MNT/WEN		MNT(中间):警报器R/M熄灭 WEN(向下):允许E^2EPROM写入修正	一般放在 中间位置
	LDO/LDI		将负载存入并显示出来	中间位置
	RSW	SHIFT	调整减速开始点	8
		LTB	确定在电梯到达时,制动器的作用时间	8
		MON	功能控制开关	安装:6 运行:8

5）开关MON的功能和7段发光数码指示器的显示内容（见表6-7～表6-9）

表6-7　功能及指示器

MON	功能	发光数码指示器
0	故障显示	见维修保养说明书
1	指示电梯轿厢的位置	指示电梯轿厢在井道中的中间位置
2	存入负载量(为安装用)	见表6-8
3	楼层显示	指示层站
4	手动操作	指示层站

（续）

MON	功能	发光数码指示器
5	存入负载量(为服务用)	见表 6-8
6	为安装而进行的手工操作	显示 H+层站
7	楼层显示	指示层站
8	标准设置	指示层站
9	楼层显示	指示层站
A	楼层显示	指示层站
B	调节制动转矩	设定制动值(用十进制)
C	检查超载蜂鸣器	见表 6-9
D	指示负载重量	见表 6-8
E	检查 TSD 余量	指示层站
F	检查 TSD 的运行	指示层站

表 6-8　负载重量的指示和存入

功能	RSW3 开关 MON	开关 LD0/LD1	开关功能
重量指示	D	中间位置	指示目前的重量
		LD0	指示存入 EEPROM 的空载重量
		LD1	指示存入 EEPROM 的“BL”(50%负载)的重量
存入重量 I	2	中间位置	指示目前重量
		LD0	把目前重量作为“NL”(空载)存入 EEPROM(存入时出现闪烁,存入完毕后闪烁停止)
		LD1	把目前重量作为“BL”(带负载)存入 EEPROM(存入时出现闪烁,存入完毕后闪停止)
存入重量 Ⅱ	5	中间位置	指示目前的重量
		LD0	将目前重量作为“NL”(空载)存入“(原 BL 重量)-(原 NL 重量)+(目前重量)”等于 EEPROM 内的“BL”(存入时出现闪烁,存入结束闪烁停止)
		LD1	指示存入 EEPROM 内的 BL 重量(带负载重量)

表 6-9　检查超载蜂鸣器

开关 MON	开关 LD0/LD1	开关功能
C	中间位置	用十进制法显示目前负载与额定负载的比值(%)
	LD0 或 LD1	显示“OL”(超载)

6）低速运行的条件

① 要确保发光二极管 DWDT、CWDT、29 和 P-P 都亮。发光二极管 CSTOK 和 HSTOK 应保持闪烁。当按钮 UP 或 DN 被按下时，发光二极管 UP 或 DN、22 和 89 应亮。

② 应确保当安全电路内的下列任意一只电气开关断路时，发光二极管 29 不亮。

a. 电梯轿顶 ST 的 RUN/STOP （运行/停止） 开关。

b. 轿内操纵箱内的 RUN/STOP（运行/停止）开关。

c. 电梯轿内的安全窗开关。

d. 安全保护装置开关。

e. UOT 开关。

f. DOT 开关。

g. GOV 开关。

③ 要确保当机房、轿顶 ST、轿内操纵箱内的任何一只 UP/DN（上行/下行）开关被按下时，下列发光二极管就会点亮，继电器就会动作。

二极管：UP、DN、22、89 点亮。SD 接触器：5、LB 动作。

7）低速运行

① 关掉电源。

② 把电动机电缆 U、V、W 与接线盒内的接线重新接通，并重新接上制动器的引出线 B4 和 B5。

③ 接通电源。

④ 要确保当按下按钮 UP 或 DN 时，电梯轿厢向上运行或向下运行。

⑤ 运行速度采用 20m/min，当电梯轿厢低速进入门区域时，电梯机房内控制柜中发光二极管 DZ 就亮。

⑥ 先把 DOOR 开关拨到 ON 位置，进行正常的慢车运行，如果轿厢停在门区位置，电梯门应自动开启，在没有操作的情况下保持开门状态。

⑦ 按下向上或向下的开关（或按钮）后，如果此时电梯门开着，则应自动关门。门关毕后电梯就向上或向下以 20m/min 速度运行（起动时有加速过程）。

⑧ 松开向上或向下开关（或按钮）后，电梯立即停车，如果停在门区，则会自动开门。

⑨ 电梯向上、向下低速运行几遍后，如果动作都正确，则说明电梯慢车运行功能正常。

⑩ 分别在轿顶和轿内进行手动慢车运行，确认轿顶和操纵箱上的上、下行按钮的功能正常。

8）制动器的临时设定

① 制动器弹簧刻度调整到 200%（如无刻度，就调整至极限位置）。

② 确认制动器在上行和下行时都是开放的。

③ 将柱塞冲程设定到约 2mm。

（3）高速运行的调试

1）高速运行的准备工作

① 在低速运行过程中，存储楼面高度，把 AUTO/HAND（自动/手动）开关切换到 HAND（手动）位置。

② 以低速将电梯轿厢移动到底楼的门区域，并把开关 FMS 按下，然后松开。印制板上的楼面层次指示灯均开始闪烁。

③ 以低速将电梯轿厢从底楼移动到顶楼的门区域（中途不停），到顶层停车后，层楼数码管停止闪烁，显示最高层楼数据，层高基准数据写入结束。

④ 称量数据写入流程（见图 6-32）。

2）高速运行

① 在机房内以低速将电梯轿厢移到中间一层楼面处，并把 AUTO/HAND（自动/手动）开关调换到 AUTO（自动）位置。

② 以自动方式输入指令使电梯做单层运行，在每一层都停靠，检查电梯轿厢是否准确到达。

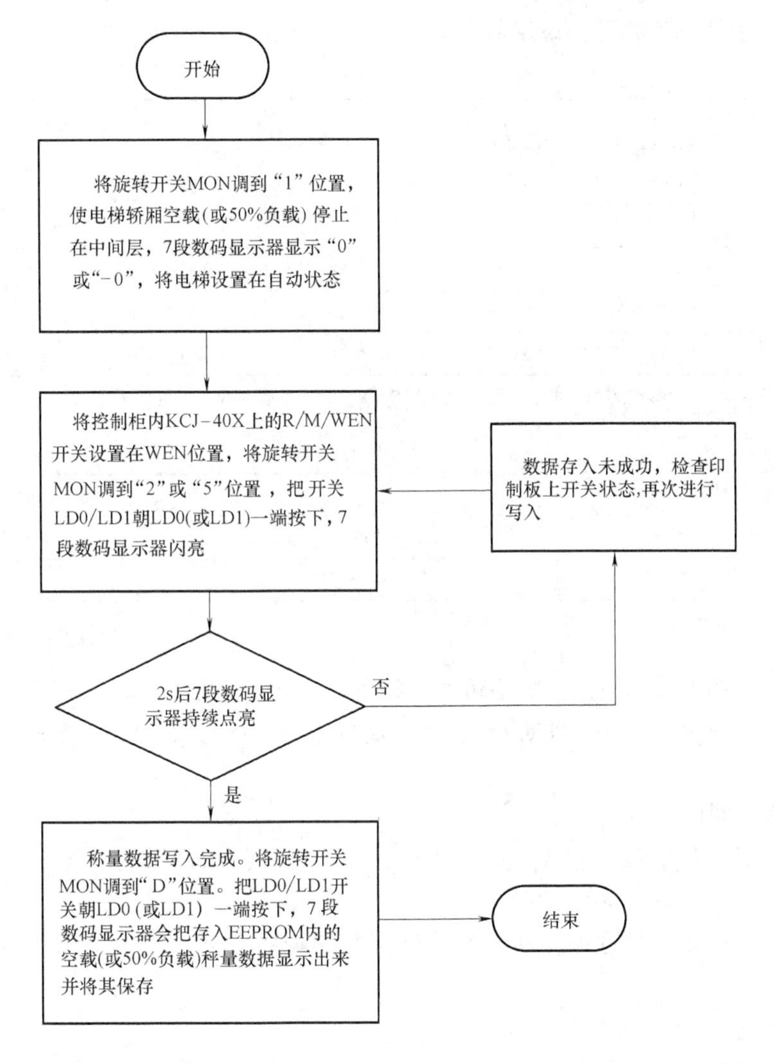

图 6-32　称量数据写入流程

③ 再进行跳过一层停靠、跳过两层停靠等等操作，检查在每一种操作模式中，电梯轿厢是否都准确到达。

3）制动器调整

① 调节柱塞的行程和制动器触点的间隙。在制动器的弹簧被同等压缩后，将左右两侧调节螺栓转动到相同程度，直到柱塞的行程达到 2mm±0. 5mm 为止。把制动器触点的间隙调节到 1. 5mm±0. 5mm。

② 调节制动器弹簧。a. 把不带负载的电梯轿厢停靠在顶楼；b. 改为 AUTO（自动）操

作并切断门电源，把 KCJ-40X 上的旋钮开关 MON 调到 B 位置；c. 从底楼呼叫电梯轿厢，电梯轿厢开始下降，立即把 AUTO/HAND（自动/手动）开关调到 HAND（手动）位置；d. 电梯轿厢会立即停在井道的中点处；e. 读出 KCJ-40X 上的 7 段发光数码管指示数值（楼面层次指示器）；f. 把上述 a~e 的程序重复三遍，并调节制动器的弹簧，使 7 段发光数码管的平均值与表 6-10 中所列值相符，设定值越大，制动器的制动力矩就越大。

表　6-10

曳引机	绳索绕法	设定值	验证值	基准	
				速度	其他
EM-1660 EM-2430	1∶1	35~40	≥29	45~60m/min	
EM-2470	1∶1	70~80	≥58	90~105m/min	
EM-3615	1∶1	30~35	≥25	45~60m/min	
EM-3640	1∶1	60~65	≥48	90~105m/min	

注：当旋钮开关 MON 被调在 B 位置时，7 段发光数码管将显示（见表 6-11）所示的信息。

表　6-11

开关位置	停止	运行
自动	速度	速度
手动	制动器设定值	速度

③ 验证：

a. 使电梯轿厢下降到底楼，电梯轿厢上的负载为额定值的 110%。

b. 操作方式改为 AUTO（自动），并切断门的电源，把 KCJ-40X 上的旋钮开关 MON 调到 B 位置。

c. 在顶楼呼叫电梯轿厢。

d. 电梯轿厢一开始向上运行，就立即将操作方式改变为 HAND（手动）。

e. 电梯轿厢会立即停在井道的中点。

f. 要确保 KCJ-40X 上的 7 段发光数码管指示器与表 6-10、表 6-11 中所列的验证数值相符。

4）高速自动运行各基本功能的确认

① 插上所有接插件，合上电源开关。将控制屏、轿内、轿顶上所有 AUTO/HAND（自动/手动）开关拨至 AUTO（自动）位置，所有 RUN/STOP（运行/停止）开关拨至 RUN（运行）位置。

② 调试者在轿厢内操作电梯。

③ 按下轿内所有指令按钮，除本层以外，其他层站的指令按钮灯都应点亮。

④ 电梯能准确地停在指令登记的层站平层，平层后自动开门，并消去该层站的指令响应灯。

⑤ 逐个检查层站召唤按钮，在电梯离开后，该层的响应灯在按后点亮。

⑥ 电梯能响应同向召唤信号。在有同向召唤信号的层站电梯能准确平层，同时消去该召唤响应灯信号，并自动开门。

⑦ 在前方无任何召唤和指令的条件下，电梯能响应逆向召唤信号。在有逆向召唤的层站，电梯能准确平层，同时，消去该召唤响应信号，并自动开门。

⑧ 本层开门功能有效。当电梯停在某一层站时，按层站的向上或向下召唤按钮时，除非此前电梯已定有相反的运行方向，否则电梯会保持开门状态或变关门动作为开门动作。

⑨ 安全触板功能检查。电梯在开门过程中，装在轿门边缘的安全触板碰到阻拦物后，就会转成开门动作。

⑩ 确认电梯轿厢内的开、关门按钮动作有效。

⑪ 确认电梯在任何一层楼时，轿内和层站的层楼显示数据正确。加到额定负载的110%时，电梯的超载保护装置起作用，超载蜂鸣器响，轿厢不能关门，也无法起动。

⑫ 静载试验。安全钳动作试验具有一定的破坏性，故应在检验有关方都在场的情况下动作一次。达不到要求的须调整后再动作，直至达到有关规范要求为止。但经试验已达到规范要求的，不得再次、更不得多次进行此项试验。

2. TOEC 60-VF 奥的斯变频电梯电气调试

（1）调试前的检查

1）接线检查

① RER、VTR 速度传感器必须按接线图正确连接。

② 对每个专用电路应按专用电路要求正确接线。

③ 所有必要的地线必须正确连接。

注意：屏蔽线仅一端接地（HL1）。

④ 接线端子可靠固定

注意：用绿色线作为地线；地线（HL1）固定在一点接地。

2）绝缘检查

① 拆除控制柜地线排上的地线（HL1）。

② 测量每条线路（包括动力电路、照明电路和电气安全电路）的绝缘电阻是否符合表6-12的要求。

表6-12　各线路绝缘电阻要求

标称电压/V	测试电压(直流)/V	绝缘电阻/MΩ
安全电压	250	≥0.25
≤500	500	≥0.50
>500	1000	≥1.00

③ 恢复控制柜地线排上的地线。

3）检查齿轮油　使用油位计检查曳引机油位是否到位，若油超量可能导致漏油。

4）抱闸调整

① 拆卸制动器。清理制动器铁心、销钉和其他运动部件上附着的脏物，并用清洁的润滑油润滑。切勿把油弄到制动器滑轮表面。

② 确定制动器铁心的法兰与制动器架之间的调整垫，按如下过程：

a. 拆下所有的调整垫。

b. 在两侧放入制动器铁心。

c. 把一个铁心对着抱闸架往里推，同时在抱闸架另一端用手托着另一个铁心，直到把两个铁心推到彼此的铁心靴里相接触。

d. 铁心法兰与制动器架应有间隙。

e. 定出调整垫数，厚度将等于上述的间隙。

f. 再额外增加 8 个调整垫，然后将总垫数平分，如果总数是奇数再加一个。

g. 把调整垫放在制动器与制动器铁心法兰的两边之间，每边数量相等。

③ 重新安装制动器。

④ 松开制动器铁心，锁紧螺母。调节和转动制动器铁心，让制动铁心连杆孔与制动器架叉的口对准，穿上销钉，拧紧螺钉。

调整期间，对着抱闸架托着铁心，除垫了调整片的地方之外，将铁心法兰与抱闸架之间调到看不出间隙为止。

5）电源电压的检查

① 断开主电源及轿厢照明开关。

② 测量主开关的一次电压（确定这些电压应在规定范围内）。

③ 轿厢照明电压应为 100V（AC）。其电压范围为：持续额定电压波动率±5%；瞬间额定电压波动率±10%。

只有实际电压不超出规定的限度，才能保证电梯获得优良的特性和稳定性。如超过限定范围应请用户改善。

6）合上主电路开关之前的检查

① 所有的熔丝完好。

② 切断微机的电源。

③ 轿内检修开关 ICB 打至 INS 位置。

④ 为避免门机工作，拆掉门机电枢专用接线。

⑤ 所有 PC 板以及与微机接口的相关连接件均应切断。

（2）测试运行

装卸 PC 板和连接之前，必须切断主电路开关，在 PC 板的开关打开或关断之前也必须切断主电路。

注意：控制柜中的逆变装置下面有一个发光二极管，当二极管点亮时，表示直流侧的大滤波电容和 DBR 电阻上的高电压正在工作。也表明既便发光二极管熄灭，也不能触摸逆变装置中的元件。

释放电路须使用 500Ω 或 1000Ω，200W 电阻。

运行试验方法如下：

1）接通用于轿厢照明的开关（NFBL），确认灯、风扇、轿顶用的插座功能。

2）合上电源主开关 NFBM：

① 确认断相继电器 PFR 的显示不亮。

② 检查电压。

a. 合上开关 CP1，确认继电器 DO 的触点 13 与地线（HL1）间电压。

b. 确认开关 CP2 的一次电压。

开关 CP2 控制电路供电，如果电压低应重新调整 TRM 变压器的一次电压。

③ 检查安全链上的所有安全装置，确认控制电路电压。合上主开关工作（正常工作时

必须断开主开关）。确认逆变器内部的所有连接件，连接件 CN1 和端子线应接好。合上主开关 NFBM，确认继电器 SDP 吸合。

3）接通 CP4，该装置在正常情况下，发光二极管的+15V、-15V 和 5V 显示灯亮，以及继电器 SDP 吸合。控制电路的电源在逆变器内。若安全链通，系统在检修状态下，位于显示装置上的 READY 和 INS 指示灯将被点亮。

4）测试运行。

① 减小制动电阻 B1 可使制动器完全打开。

② 用控制柜检修按钮 ICB 进行试验运行。轿顶检修开关 TCI 应拨到正常位置。

③ 压下“D”按钮，然后继电器“D”和“DX”应吸合，轿厢向下运行。

④ 假如轿厢上行时，即使是继电器“D”、“DX”吸合，“DOWN”发光二极管点亮，轿厢还是上行，则要把 UP/DOWN 选择插件 F、R 反接，再重复上述试验。最好在轿厢内放以平衡负载，以防过电流保护电路动作。

⑤按方向按钮“U”，确认轿厢的运行方向和继电器“U”和“UX”的吸合以及上行发光二极管点亮。

（3）轿顶检修操作模式

1）将 TCI 转至检修位置，分别按下 U 或 D 按钮，确认电梯运行方向。

2）确认所有的安全装置功能正确。当电梯上行时，可用 6LS 停止。当电梯下行时，可用 5LS 停止。

（4）调整与检查井道装置

1）一般检查。

① 测量必要的尺寸：将电梯准确地停在顶层或底层，测量全部必要的间隙。例如：在顶层的轿顶上方间隙及在底层的轿底距底坑之间的间隙等。确认全部间隙符合规定。

② 确认所有底坑装置的安装是否正确。将轿厢放在缓冲器上，在这种情况下，缓冲器活塞或弹簧要完全压到底，同时确认轿底下的装置没有妨碍轿厢。

对对重缓冲器也按照上述重复试验。如果是油压缓冲器用油位计检查油位。

③ 随动电缆、补偿链和张绳装置。确认以上各项已经正确安装并调整到正常的功能上。

2）导靴调整。

① 检查所有紧固螺钉是否已经拧紧。

② 在导轨距方向的导靴衬与导轨脸相接触时，调整垫片或导靴的安装，使导靴后背支架与导靴轴上的间隙正确。再调整弹簧，此时导靴应在 DBG 方向上能自由运动。底部安全靴的调整，应使安全钳部件不碰导轨，甚至在轿厢向导轨压去也不会接触。对重导靴也需如此调整，以使导靴平行于导轨，当对重朝另一导轨推时，导靴衬与导轨之间应有间隙。

3）安全钳调整。

① 调整安全钳（9672C 安全钳），使安全钳块的运行间隙在导轨两侧一样。然后，调整 L 形连杆，使轿厢左、右侧面的安全钳同时起作用。

② 将安全钳操作开关 SOS 调整到当安全钳动作时，该接点断开的位置。

4）极限开关调整。

5）层门检查。检查井道门是否安装正确。

6）门操作。MRDS 门机参考现场安装资料。

7）标记钢带的平层标志。轿内放上平衡负载，把轿厢开到基站使轿厢平层，在机房钢带轮上做好标记，其他层也如此进行。另外，也可在导轨上做好水平标记，使调试更方便。

8）井道楼层桥板安装。

9）检查轿顶传感器的安装。

（5）正常运行前准备

1）拆除轿门和层门电路的过线。

2）检查所有层门门锁开关和轿门接点开关。

3）检查门机运行：

① 在控制柜中的继电器 DZ 接点 5-9 加过线。

② 在检修模式下，用轿底上 TDOS 开门开关检查门机运行方向，将 TODS 拨至 DO 位置，门应打开。

③ 应检查门电动机的电阻值，电阻在出厂前已调整过，但若门机运行质量不好，可以重新调整这些电阻及控制接点。

4）检查微机板的电压。

5）安装计数板。

6）安装微机板。

7）轿厢向下检修运行。

8）检查方各信号灯的功能。首先确认连接到 SGB、HLB 及 EPB 板上的显示电路信号线是不接地的。

（6）正常操作

1）正常操作测试准备。ICB，TCI 打在正常位置。

2）确认 TPC 功能。

3）检查平衡系数。轿厢放入平衡载荷，确认平衡系数。

4）检查轿厢运行速度。

5）调整抱闸弹簧。轿厢满载下行，切断 NFBM 主开关，测量制动滑动距离，调整制动簧。

6）调节电阻 B1。把电阻整定到刚好抬起抱闸。

7）调节逆变器里逻辑板上的各电位器。

8）调节加减速时间。

9）其他：

① 轿厢舒适感的调节。

② 平层精度的调节。

③ 微动开关的调整。

④ 检查信号装置功能是否良好，包括位置显示，大厅方向灯，呼梯记忆灯及其他装置。当轿厢转入正常操作，这些装置应实现其功能。

⑤ 检查电梯操作功能。

⑥ 安全功能。

（7）故障处理

1）显示功能：

① 参数选择开关。这是一个旋转开关，通常设置在“0”位置，指示器指出运动驱动系统现在的状态，设置在“1”位置，将显示刚发生一次故障，设置在“2”位置，将显示前二次故障，依此类推。

② 复位钮。逆变器逻辑板的CPU为8749，处理所有输入/输出信号，复位按钮可以使CPU初始化。

③ 输入信号指示器。

④ 输出信号指示器。

⑤ 故障模式指示器。

2）电梯不起动（U或D不吸合）：

① 当电梯起动时，主开关NFBM动作。可能原因：主电路整流器故障等。解决方法：用新的驱动装置更换。

② 逻辑板上+15V、-15V、+5V对应的LED灯不亮。可能原因：电路保护器CP4故障。解决方法：检查电路保护器。

③ LED灯“READY”亮，但电梯仍不起动。此时可校对继电器U. UX或D. D的连接。

④ LED灯“READY”亮，但继电器SDP不吸合。此时可校对断路器CP2。

⑤ LED灯“READY”灭，继电器SDP吸合。可能原因：逆变器出故障。解决方法：更换显示板或逻辑板。

⑥ LED灯“READY”灭、“POWER”灭。可能原因：滤波器直流电源不正常。解决方法：检查逆变器整流环节。

⑦ LDE灯“READY”灭、“FAULT”及“FAULTMODE”灯亮。可能原因：功率晶体管故障（OCT）主电源电压过高（OVT）、AC电源电压过低（MAIN UVT）、控制电压过低（CONT UVT）、机械抱闸电路故障（OVER LOAD）等。

3）控制柜U或D吸合，但不起动。

4）轿厢不减速：

① 通过IPC功能，轿厢只在端站进入正常减速。

② 轿厢超过终端运行（TPC不起作用）。校核确认接线，然后更换MIP与逻辑单元。

5）停车平层精度差：

① 显示单元上的灯LV闪烁。可能原因：CUB2故障。

② 灯LV一直亮。用一个至少40mm的桥板来校核IP动作情况。

6）运行特性差调整：

① 在轿厢中感到起动抖动。

② 停车抖动。

③ 轿厢抖动。须对运行特性进行分析调整。

6.1.6 运行调整后的测试和试验

电梯经安装和全面调整后，要根据电梯的有关技术条件、安装规范、制造及安全的有关规定进行测试和试验：

1. 平衡系数

货梯、客梯的平衡系数一般取0.4~0.5。

具体测试方法如下：

（1）坐标测试　轿厢分别装载额定载重量的30%、40%、45%、50%、60%作上、下全程运行，当轿厢和对重运行到同一水平位置时，记录电动机的电流值，绘制电流—负荷曲线，以上、下行运行曲线的交点确定平衡系数。

（2）电流测试　在电动机进线处设置钳形电流表（某些梯种在总电流处有较大误差）。在轿厢中放入该梯应有平衡系数的重量。电梯上、下正常运行，记录楼层1/2点电流基本相同（误差<5%），固定对重压块。此时，该梯的平衡系数就是轿厢内重量的设定值。

有些梯种，在慢车阶段就要确定平衡系数。

（3）计算机测试　在一些智能电梯中，称重装置采用电子秤，把精确的重量信号经CPU转换成数字信号，再经串行线路送到控制柜内，通过转换开关，在主控制板上显示出平衡数值。调整对重重量，可以满足该梯平衡系数的初调工作。此项测试必须由专业调试人员来做。

（4）手感测试　在轿厢内装载40%~50%额定负载，将电梯运行至与对重等高位置，切断电源，手动松开制动器，盘动曳引手轮，以上下方向转动，通过手盘力感觉判断是轿厢侧重，还是对重侧重，调整到力感相等时，轿厢载荷除以额定载重量即为平衡系数。

（5）快捷检测方法　可参照《电梯平衡系数快捷检测方法》（T/CASEI T101—2015）进行检测；如对检测结果有异议，仍需按照本条1）所述方法确定平衡系数。

2. 曳引试验

（1）空载曳引力试验

当对重压在缓冲器上而曳引机按电梯上行方向旋转时，应当不能提升空载轿厢。

（2）上行制动试验

轿厢空载且以正常运行速度上行至行程上部时，切断电动机与制动器供电，轿厢应当完全停止，并且无明显形变和损坏。

（3）下行制动试验

轿厢装载1.25倍额定载重量，以正常运行速度下行至行程下部，切断电动机与制动器供电，曳引机应当停止运转，轿厢应当完全停止，并且无明显形变和损坏。

（4）静态曳引试验

对于轿厢面积超过规定的载货电梯，以轿厢实际面积所对应的1.25倍额定载重量进行静态曳引试验；对于额定载重量按照单位轿厢有效面积不小于200kg/m^{2}计算的非商用汽车电梯，以1.5倍额定载重量进行静态曳引试验，保持10min，曳引绳应当没有打滑现象。

3. 运行试验

轿厢分别在空载、额定载荷工况下，按照产品设计规定的每小时起动次数和负载持续率各运行1000次（每天不少于8h），电梯应运行平稳、制动可靠、连续运行无故障，符合该梯的设计要求及有关技术文件的规定和要求。

6.2　电梯安装施工安全

电梯安装人员必须接受专门技术培训和安全操作培训，并经考核合格取得作业人员资格证书（例如电梯机械安装维修，项目代号为T1；电梯电气安装维修，项目代号为T2）后方

可独立操作；电梯安装人员必须熟悉和掌握起重、电工、钳工、电梯驾驶等方面的理论知识和操作技能，且需熟悉高空作业、电气焊、防火等安全知识。

6.2.1　施工基本安全操作注意事项（见表6-13）

表6-13　施工基本安全操作注意事项

序号	注意要点
1	电梯安装人员接到安装任务单后，必须会同有关人员勘察施工现场，根据任务单的要求和实际情况，拟定切实可行的安全措施，且付诸实施后，方可进入工地施工
2	施工现场的材料和物品必须存放整齐，堆垛稳固，防止倒塌。场地必须保持清洁、通行无障碍物
3	对施工操作人员的个体防护，必须使用符合规定的劳动防护用品，且按照劳动防护用品使用规则和防护要求正确合理使用。对集体备用的防护用品，应有专人保管，定期检查，使之保持良好状态
4	电梯层门拆除或安装前，必须在层门门框外设置安全护栏，并悬挂醒目的标志，如“门已拆除，严禁入内”或“严禁入内，谨防坠落”等。在层门口未设置障碍物前，必须有专人守护，防止有人进入
5	施工操作人员进出轿厢、轿顶时①，必须思想集中，看清楚其停靠的位置，然后采取正确稳妥的方式出入。严禁在轿厢未停妥或层门刚开启就匆忙出入，以免造成坠落或剪切事故
6	在运转的绳轮两旁清洗钢丝绳，且必须用长柄刷帚操作，开慢车进行清洗要注意电梯轿厢的运行方向。在清洗对重方向的钢丝绳时，应使轿厢向上运行；清洗轿厢方向的钢丝绳时，应使轿厢向下运行
7	修理与拆装曳引机组、轿厢、对重、导轨和调换钢丝绳时，严禁冒险或违章操作，必须由施工负责人统一指挥，使用安全可靠的设备、工具、做好人员的配备组织工作
8	施工过程中，严禁操作人员站立在电梯层门、轿门的骑跨处，以防触动按钮或手柄开关，电梯轿厢位移发生事故。骑跨处是指电梯的移动部分与静止部分之间，如：轿门地坎和层门地坎之间，分隔井道用的工字钢（槽钢）和轿顶之间等
9	施工过程中，操作人员若需离开轿厢时，必须切断电源，关闭层门、轿门，并悬挂“禁止使用”警告牌，以防他人启用电梯
10	调试过程中，必须由专业人员统一指挥，严禁载客

① 出入轿厢、轿顶应确认桥厢位置；出入轿厢、轿顶之前应分别确认层门电气安全装置、轿顶急停、轿顶检修的有效性，防止在出入瞬间轿厢移动；必要时，应在出入轿厢、轿顶前通知其他安装施工人员，不得移动轿厢。

6.2.2　常用工具设备安全操作注意事项（见表6-14）

表6-14　常用工具设备安全操作注意事项

序号	注意要点
1	操作人员应使手持工具经常处于良好状态，如果锤子或大锤的手柄有松动，则必须更换手柄，且装配紧固，以防锤头滑脱伤人；又如錾子或样冲的顶部要经常修整，避免出现“蘑菇状”的碎片伤人
2	登高操作所用扒脚梯、竹梯、单梯的梯脚应包扎防滑橡胶，使用前必须检查确认稳固可靠方可使用 使用扒脚梯时扒开角度应在35°~45°，且中间必须有绳索将梯子两面拉牢，操作者不得站在顶尖档的位置进行操作 使用单梯时，应有他人监护扶住梯脚或在上部用绳索扎紧 登梯操作者应尽可能使用安全带，以防坠落。扶梯监护者需要戴安全帽，以防物体打击 严禁两人同时攀登一部梯子
3	各种移动电气设备要经常检查，绝缘强度应符合规定要求，且有良好的安全接地措施。引线必须采用三芯（单相）、四芯（三相）坚韧橡皮线或塑料护套软线，截面至少0.5mm^2，长度不超过5m 使用手持式电动工具，操作时要戴绝缘手套或脚垫绝缘橡胶，并要求： ①一般作业场所应尽可能使用Ⅱ类工具，若使用Ⅰ类工具，应有漏电保护器等保护措施 ②在潮湿作业场所或金属构架上等导电性能良好的作业场所，应使用Ⅱ类或Ⅲ类工具

6.2.3　用电安全操作注意事项（见表6-15）

表6-15　用电安全操作注意事项

序号	注意要点
1	施工人员必须严格遵守电工安全操作规程
2	进入机房检修时必须先切断电源，并悬挂“有人工作，切勿合闸”警告牌
3	清理控制屏开关时，不得使用金属工具，应用绝缘工具进行操作
4	施工中如需用临时电源线操纵电梯时必须做到： ①所使用的按钮装置应有急停开关和电源开关 ②所设置的临时控制线应保持完好，不允许有接头，并能承受足够的拉力和具有足够的长度 ③在使用临时电源线的过程中，应注意盘放整齐，不得用铁钉或铁丝扎紧固定临时线，并避让触及锐利物体的边缘，以防损伤临时电源线 ④使用临时电源线操纵轿厢上、下运行，必须谨慎、注意安全
5	施工中使用的临时照明灯具，应有用绝缘材料制成的灯罩，避免灯泡接触物体，其电压不得超过36V
6	电气设备未经验电，一律视为有电，必须使用绝缘良好、灵敏可靠的工具和测量仪表检查。禁止使用失灵的或未经按期校验的测量用具
7	电气开关跳闸后，必须查明原因，故障排除后方可合上开关

6.2.4　井道作业安全操作注意事项（见表6-16）

表6-16　井道作业安全操作注意事项

序号	注意要点
1	施工人员进入井道作业前必须佩戴安全帽，登高操作时应系安全带；工具应放入工具袋内，大型工具应用保险绳扎牢，妥善放置
2	搭设脚手架时必须做到： ①搭设前委托单位应向搭建单位详细说明安全技术要求，搭建完工后，必须进行验收，不符合安全规定的脚手架严禁施工 ②脚手架如需增设跳板，必须用18号以上的铁丝将跳板两端与脚手架捆扎牢固。木板厚度应在50mm以上，严禁使用劣质，强度不符合要求的木材 ③施工过程中应经常检查脚手架的使用状况，一旦发现安全隐患，应立即停止施工采取有效措施 ④脚手架的承载荷重应大于250kg/m^2，脚手架上不准堆放工件或杂物，以防物体坠落伤人 ⑤拆除脚手架时，必须由上向下进行，如需拆除部分脚手架，待拆除后，对保存的部分脚手架，必须加固，确认安全方可再施工
3	在井道内施工使用的照明行灯应有足够的亮度，其电压必须采用不超过36V的安全电压
4	安装导轨及轿厢架等部件时，因劳动强度大，必须合理组织安排人力，且做好安全防护措施，由专人负责统一指挥
5	进入底坑施工时，轿厢内应有专人看管，并切断轿厢内电源，轿门和层门应开启
6	在轿顶进行维修、保养与调试时必须做到： ①轿厢内应有检修人员或具有熟练操作技能的电梯驾驶人员配合，并听从轿顶上检修人员的指挥；检修人员应集中思想，密切注意周围环境的变化，下达正确的口令；当驾驶人员离开轿厢时，必须切断电源，关闭轿门、层门，并悬挂“有人工作、禁止使用”的警告牌 ②轿顶设置检修操纵箱的应尽量使用，轿厢内人员必须集中思想，注意配合；无轿顶检修操纵箱的应使用检修开关，使电梯处于检修状态 ③在电梯将到达最高层站前，要注意观察，随时准备采取紧急措施；当导轨加油时应在最高层站的前半层处停车；多部并列的电梯施工时，必须注意左右电梯轿厢上下运行情况，严禁将人体手、脚伸至正在运行的电梯井道内
7	施工人员在安装、维修机械设备或金属结构部件时，必须严格遵守机械加工的安全操作规程

6.2.5 吊装作业安全操作注意事项（见表6-17）

表6-17　吊装作业安全操作注意事项

序号	注意要点
1	吊装作业时必须由专人指挥。指挥者应经过专业培训，具有安全操作岗位证书
2	吊装前，必须充分估计被吊物件的重量，选用相应的吊装工具设备；使用吊装的工具设备，必须仔细检查，确认完好，方可使用
3	准确选择悬挂手动链条葫芦的位置，使其具有承受吊装负荷的足够强度，施工人员必须站立在安全的位置进行操作；使用链条葫芦时，若拉动不灵活，必须查明原因，采取相应措施修复后方可进行操作
4	吊装过程中，位于被吊重物下方的井道或场地的吊装区域（地坑）不得有人从事其他工作或行走
5	吊装使用的吊钩应带有安全销，避免重物脱钩，否则必须采取其他防护措施
6	起吊轿厢时，应用强度足够的钢丝绳进行起吊作业，确认无危险后方可放松链条葫芦；起吊有补偿绳及衬轮的轿厢时，不能超过补偿绳和衬轮的允许高度
7	钢丝绳绳卡的规格必须与钢丝绳匹配，绳卡的压板应装在钢丝绳受力的一边，对于ϕ16mm以下的钢丝绳，使用钢丝绳绳卡的数量应不少于3只，被夹绳的长度不应少于钢丝绳直径的15倍，但最短不允许少于300mm，每个绳卡间的间距应大于钢丝绳直径的6倍。钢丝绳绳卡只允许将两根同规格的钢丝绳扎在一起，严禁扎三根或不同规格的钢丝绳
8	吊装机器时，应使机器底座处于水平位置，然后平稳起吊；抬、扛重物时，应注意用力方向及用力的协调一致性，防止滑杠，脱手伤人
9	顶撑对重时，应选用较大直径的钢管或大规格的木材，严禁使用劣质材料，操作时支撑要稳妥，不可歪斜，并要做好保险措施
10	放置对重块时，应用手动链条葫芦等设备吊装；当用人力放置对重块时，应有两人共同配合，防止对重块坠落伤人
11	拆除旧电梯时，严禁先拆限速器和安全钳。条件许可时应搭设脚手架。如果没有脚手架，必须有可靠的安全措施落实后，方可拆卸，并注意操作时互相协调配合
12	吊装、起重操作时，必须严格遵守高空作业和起重作业的安全操作规程

6.2.6 预防火灾安全操作注意事项（见表6-18）

表6-18　预防火灾安全操作注意事项

序号	注意要点
1	施工场所各种易燃物品（汽油、煤油、柴油）应有严格的领用制度，工作完毕，剩余的易燃物品必须妥善保管，存放在安全的地方。使用易燃物品时，必须加强环境通风，降低空气中爆炸性的混合气体的浓度，并且严格禁止吸烟或有其他火种
2	施工场所使用焊接、切割和喷灯等明火作业时，必须严格遵守岗位安全操作规程。凡需动用明火时，必须执行动火审批制度，未经批准不得擅自动用明火
3	施工中有明火作业、必须在施工前做好防火措施，设置足够数量的灭火器材，如干粉、二氧化碳、1211灭火器（见表6-19）和干黄砂桶。严禁用水、泡沫灭火器
4	火焰作业点必须与氧气、乙炔气容器以及木材、油类等物质保持10m以上的距离，并用挡板屏隔离。对易爆物质与火焰作业点必须有20m以上的距离
5	喷灯提供热源属于明火作业，其安全要求： ①煤油喷灯，严禁使用汽油，以防发生爆燃 ②使用时经常检查灯壶内的油量，不可少于1/4，以防灯壳过热发生爆燃 ③使用时应注意火焰不可反射至灯的本体，以防发生危险 ④严禁任意旋动安全阀调节螺钉，应保持清洁，防止阻塞失灵，造成事故 ⑤若发现喷灯底部外凸，应立即停止使用，重新更换
6	施工场所有明火作业时，应有专人值班负责安全监督，施工完毕后应仔细检查现场情况，消除火苗隐患

表 6-19　几种灭火器的性能和用途

灭火器种类	二氧化碳灭火器	四氯化碳灭火器	干粉灭火器	1211 灭火器
规格	2kg 以下	2kg 以下	8kg	1kg
	2~3kg	2~3kg		2kg
	5~7kg	5~8kg	50kg	3kg
药剂	液态二氧化碳	四氯化碳液体,并有一定压力	钾盐或钠盐干粉,并有盛装压缩气体的小钢瓶	二氟-氯-溴甲烷,并充填压缩气体(氮)
用途	不导电 扑救电气精密仪器、油类和酸类火灾;不能扑救钾、钠、镁、铝物质火灾	不导电 扑救电气设备火灾;不能扑救钾、钠铝、乙炔、二硫化碳火灾	不导电 扑救电气设备火灾,石油产品、油漆、有机溶剂、天然气火灾;不宜扑救电机火灾	不导电 扑救电气设备、油类、化工化纤原料初起火灾
效能	射程 3m	3kg,喷射时间 30s,射程 7m	8kg,喷射时间 14~18s,射程 4.5m	1kg,喷射时间 6~8s,射程 2~3m
使用方法	一手握住喇叭筒对着火源,另一手打开开关	只要打开开关,液体就可喷出	提起圈环,干粉就可喷出	拔下铅封或横销,用力压下压把
检查方法	每 2 月测量一次,当减少原重 1/10 时,应充气	每 3 个月试喷少许,压力不够时应充气	每年检查一次干粉,是否受潮或结块。小钢瓶内气体压力,每半年检查一次,如果重量减少 1/10 时,应充气	每年检查一次重量

6.3　电梯基本检验技术

6.3.1　电梯检验前的准备

1. 常用仪器

电梯检验所需常用仪器包括：万用表、绝缘电阻表（250V/500V）、钳形电流表、接地电阻测量仪、转速表、百分表、拉力计（10N、200N 各两个）、秒表、声级计（A）、点温计、便携式限速器测试仪、加速度测试仪、对讲机（500m）和功率测量表。

2. 常用工具和量具

电梯检验常用工具和量具包括：手电筒、钢卷尺、钢直尺、导轨检验尺、塞尺、磁力线坠、游标卡尺和常用电工工具一套。

3. 检验时应具备的资料

（1）制造许可证明文件，其范围能够覆盖所提供电梯的相应参数；防爆电梯制造许可证明文件，其范围能够覆盖所提供防爆电梯的规格型号和防爆等级等（试生产样机除外）。

（2）电梯整机型式试验合格证书或者报告书，其内容能够覆盖所提供电梯的相应参数；防爆电梯整机防爆型式试验合格证书，其内容能够覆盖所提供的防爆电梯的规格型号和防爆

等级等（试生产样机除外）。

（3）产品质量证明文件，注有制造许可证明文件编号、该电梯的产品出厂编号、主要技术参数，门锁装置、限速器、安全钳、缓冲器、含有电子元器件的安全电路（如果有）、轿厢上行超速保护装置、驱动主机、控制柜等安全保护装置和主要部件的型号，以及这些安全保护装置和主要部件的编号（门锁装置除外）等内容，并且有电梯整机制造单位的公章或者检验合格章以及出厂日期；防爆电梯产品合格证等质量证明文件，应注有该防爆电梯的整机防爆标志，以及液压式防爆电梯液压泵站、液压缸、液压油的型号，以及这些产品的编号（门锁装置除外）和防爆电气部件编号、防爆标志和防爆合格证号等内容，并且有防爆电梯整机制造单位的公章或者检验合格章以及出厂日期。

（4）门锁装置、限速器、安全钳、缓冲器、含有电子元器件的安全电路（如果有）、轿厢上行超速保护装置、驱动主机、控制柜等安全保护装置和主要部件的型式试验合格证，以及限速器和渐进式安全钳的调试证书；防爆电梯控制柜、制动器、电动机等防爆电气部件的防爆合格证，液压泵站（如果有）的防爆合格证等；以及防爆电梯限速切断阀和液压泵站型式试验合格证（如果有）；控制柜、限速器、安全钳、轿厢上行超速保护装置等防爆型式试验合格证，限速切断阀调定合格证及调节示意图和高压软管的出厂检验合格证（如果有）。

（5）机房或者机器设备间及井道布置图，其顶层高度、底坑深度、楼层间距、井道内防护、安全距离、井道下方人可以进入的空间等满足安全要求；消防员电梯机房或者机器设备间及井道布置图有对防火前室/环境的要求，对井道和底坑的防水、排水要求。

（6）电气原理图，包括动力电路和连接电气安全装置的电路；消防员电梯包括对供电电源的要求；以及防爆电梯电气安装敷线图（如采用本质安全电路应有标识）、标有防爆类型的防爆电气部件电缆引入装置的位置示意图、液压原理图（如果有）等。

（7）安装使用维护说明书，包括安装、使用、日常维护保养和应急救援等方面操作说明的内容。

（8）安装许可证和安装告知书，许可证范围能够覆盖所施工电梯的相应参数。

（9）施工方案，审批手续齐全。

（10）施工现场作业人员持有的特种设备作业人员证。

（11）施工过程记录和由整机制造单位出具或者确认的自检报告，检查和试验项目齐全、内容完整，施工和验收手续齐全。

（12）变更设计证明文件（如安装中变更设计时），履行了由使用单位提出、经整机制造单位同意的程序。

（13）安装质量证明文件，包括电梯安装合同编号、安装单位安装许可证编号、产品出厂编号、主要技术参数等内容，并且有安装单位公章或者检验合格章以及竣工日期；对于防爆电梯，还应包括整机防爆标志。

（14）对于防爆电梯，施工单位还应提供施工现场作业人员接受并掌握防爆电梯基础知识的证明材料。

6.3.2　电梯安装质量和整机性能检查

1. 安装质量检查

（1）机房部分的安装质量（见表6-20）

表 6-20　机房部分的安装质量检查

对象	项目	检 查 内 容
机房	1. 机房使用	机房内不应放置与机房无关的设备和杂物
		机房内不应存放易燃易爆的化学性物质
		机房内应放置足够数量的灭火消防器材
		机房的门应有锁紧装置
	2. 机房照明	机房应有固定式照明设施，地板表面上的光照度应不小于 200lx
		照明器的开关应设在机房入口处
	3. 机房通风	机房应有通风调温设施，能保持机房内的空气温度为 5~40℃
		当机房使用排风扇通风时，如安装高度较低，应设置防护网
	4. 设备安装位置	电源总开关应装在机房入口处距地面高 1.3~1.5m 的墙壁上
		各种机械设备距离墙壁不应靠近，应在 300mm 以上；其中限速器可在 100mm 以上
		控制屏、柜与门、窗正面的距离不小于 600mm，其封闭侧距墙不小于 50mm，维修侧距墙不小于 600mm，群控、集选电梯不小于 700mm
		控制屏、柜与机械设备的距离不小于 500mm
	5. 楼板孔	机房内钢丝绳与楼板孔每边间隙应为 20~40mm
		通向井道的孔洞四周为防止油、水侵入井道，应筑一高 50mm 以上的台阶
控制屏	1. 安装	控制屏应牢固地固定在机房地面
		屏体应与地面垂直，其倾斜在任何方向均应在全高的 5/1000 以内
		屏体应可靠接地，接地电阻不应大于 4Ω
	2. 工作状态	控制屏各开关及电器元件的工作情况应良好，无任何不正常现象
曳引机	1. 安装	曳引机承重梁架在井道壁上，其两端均应超过壁中心 20mm，且架入深度不应小于 75mm（对于砖墙，梁下应垫以能承受其重量的钢筋混凝土过梁或金属过梁）
		曳引机若是刚性固定式应固定可靠，在任何情况下均不应发生位移
		曳引轮应垂直于地面，测量时 a 值不应大于 2mm 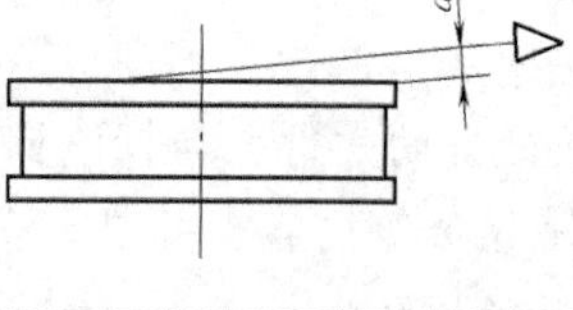 a
		所有曳引绳均应位于曳引槽的中心，不应有明显偏斜
	2. 润滑	减速箱中润滑油的加入量应符合要求，油的规格也应符合要求
		使用润滑脂润滑的部位，应已注入润滑脂；设置油杯时，油杯中应充满油脂
		轴的伸出端不应有漏油现象；对于采用盘根密封的机型，只允许有少量渗油

（续）

对象	项目	检查内容
曳引机	3. 运转	运转时不应有异常的振动和不正常响声
		电梯空载或满载运行、制动及换向起动时，曳引绳不应有明显打滑现象
	4. 电磁制动器	制动器的动作应灵活可靠，不应出现明显的松闸滞后现象及电磁铁吸合冲击现象
		制动时两侧闸瓦应紧密、均匀地贴合在制动轮的工作面上，松闸时应同步离开制动轮表面
		制动闸瓦与制动轮的间隙，其四角处间隙平均值两侧各不大于0.7mm
	5. 曳引电动机	若曳引轮与电动机直接连接，则直流电动机的电刷不应出现火花及杂音
		电动机座应可靠接地，接地电阻应不大于4Ω
导向轮	1. 与楼板孔的间隙	导向轮两侧与楼板孔应有足够的间隙，一般应不小于20mm
	2. 与曳引轮的位置	导向轮侧面应平行于曳引轮侧面，测量时 b-a 的值应不超过±1mm
		导向轮应垂直于地面，a 值应不大于2mm
限速器	1. 安装	限速器的安装位置要正确，底座应牢固；与安全钳联动时应无颤动现象，运转平稳
		限速器的动作速度整定封记应完好无拆动痕迹
		对于设置超速开关的限速器，应可靠接地，接地电阻应不大于4Ω
		限速器绳轮应垂直于地面，a 值应不大于0.5mm
	2. 运转	限速器绳轮的转动应平稳，无不正常声响
		限速器抛块或抛球的抛开量应能随电梯速度变化灵敏动作
		限速器钢丝绳在绳槽中应无明显打滑
		限速器动作时，限速器绳的张紧力不得小于以下两个值的较大者：300N或安全钳装置起作用所需力的两倍
其他	1. 搬运吊钩	曳引机上方的机房顶板或横梁上应设吊钩（或金属支架），并注明最大承载负荷
	2. 手动松闸扳手	手动松闸扳手应涂成红色，挂在易于接近的墙上
	3. 标记	在电动机或手轮上应有与轿厢升降方向相对应的标志；曳引轮、手轮、限速器轮外侧面应涂成黄色
	4. 盘车手轮	对于可拆卸的盘车手轮，应放置在机房内容易接近的地方；对于同一机房内多台电梯的情况，盘车手轮与相配的电梯驱动主机应标注记号

（2）轿厢部分的安装质量（见表6-21）

表 6-21 轿厢部分的安装质量检查

对象	项目	检查内容
轿壁	1. 安装	轿壁的固定应牢固
		壁板与壁板之间的拼接应平整
		轿厢应可靠接地,接地电阻应不大于 4Ω
	2. 强度	在轿壁任何位置施加一个均匀分布于 $5cm^2$ 面积上的作用力为 300N 时,其弹性形变不大于 15mm,且无永久形变
轿底	1. 底盘平面的水平度	轿厢底盘平面的水平度不应超过 0.2%
	2. 轿门地坎与层门地坎位置	轿门地坎与层门地坎之间的水平距离不得大于 35mm
		层门门扇与门扇,门扇与门套,门扇下端与地坎的间隙,乘客电梯为 1~6mm,载货电梯为 1~8mm
照明及风扇	1. 照明	全部照明灯应工作正常
		具有应急照明装置时,其照明应能随时启用
	2. 风扇(或排风机)	风扇工作时应平稳,不应有异常振动和噪声
		对于具有自动控制功能的风扇,应能在基站与电梯同时起动;当轿厢停止 3min 左右,能自动停止
操纵箱	1. 安装	操纵箱安装在轿壁上应平贴,周边应无明显缝隙
	2. 工作状态	各开关的动作应良好
		电话、对讲机、警铃等均应使用良好
安全窗	使用安全性	当安全窗打开时,电梯控制回路应被切断,电梯不能起动、重复检查不少于两次
轿厢门	1. 门的位置关系	门扇的正面和侧面,均应与地面垂直,不应有明显倾斜
		门扇下端与地坎之间的间隙,客梯为 1~6mm,货梯为 1~8mm
		在采用板条型直线导轨时,门滑轮架上的偏心挡轮与导轨下端面的间隙应不大于 0.5mm
		门扇与门套之间的间隙 a,门扇与门扇之间的间隙 c(对旁开门),均应符合有关要求,客梯为 1~6mm、货梯为 1~8mm
	2. 门的开度	门在全开后,门扇不应凸出轿厢门套,并应有适当的缩入量 $e \approx 5mm$
	3. 手动开门力	在轿厢停住并切断开门机电源后,门应能在轿厢内用人力打开(在开锁区域内)
		手动开门力不应过小,在未与层门系合时,98N 以下的力不能打开;在与层门系合后,245N 以下的力不能打开

（续）

对象	项目	检 查 内 容
轿厢门	4. 安全触板	安全触板的凸出量应上下一致，凸出量应大于触板的工作行程
		安全触板应有良好的灵敏度，触板动作的碰撞力不大于 4.9N 的力
		安全触板一经碰触，作关门动作的门扇应立即转为开门动作
		安全触板在动作时，应无异常声响
	5. 门的开启与关闭	按下操纵箱上的关门按钮，门应立即平稳起动，在接近关闭时，应有明显的减速，闭合时应无撞击现象
		按下开门按钮，门应迅速平稳打开，在接近全开时，应有明显的减速

（3）层门部分的安装质量（见表 6-22）

表 6-22　层门部分的安装质量检查

对象	项目	检 查 内 容
层门套及层门地坎	1. 外观	门套表面不应有划痕、修补痕等明显缺陷
		各接缝处应密实，不应有可见空隙
	2. 安装	门套立柱应垂直于地面；横梁应水平，立柱的垂直度和横梁的水平度均不超过 0.1%
	3. 门口宽	门套立柱间的最小间距，应等于电梯的开门宽
	4. 地坎	地坎应安装牢固可靠
		地坎应水平，水平度不超过 0.1%
		地坎应略高于地面，但不应有使人绊倒的危险，其高出地面为 2~5mm，并抹成 1/100~1/500 的过度斜坡
		地坎槽内不应有硬块杂物
层门	1. 门的位置关系	门扇的正面和侧面，均应与地面垂直，不应有明显倾斜
		门扇下端面与地坎之间的间隙，客梯为 1~6mm，货梯为 1~8mm；两门扇的间隙差 K-K'不应过大，其值一般不应大于 2mm
		当门导轨是板条型直线导轨时，门滑轮架上的偏心挡轮与导轨下端面的间隙均不大于 0.5mm
		门扇与门套间的间隙 a，门扇与门扇间的间隙 b（对旁开式门），一般客梯为 1~6mm，货梯为 1~8mm
		门扇与门套的重合量和旁开式门门扇间的重合量，应保证门闭合密实，b 和 d 值一般均不应小于 14mm
		中分式门在门扇对口处应平整，两扇门的不平度误差应不大于 1mm
		中分式门在门扇对口处的门缝不应过大，在整个可见高度上均应不大于 2mm

（续）

对象	项目	检 查 内 容
层门	2. 门强度	当门在锁住位置时，将300N的力，均匀作用于门扇任何位置$5cm^2$的面积上，门应无永久形变，弹性形变不大于15mm
	3. 门的开和关	门在开、关过程中应平稳，不应有跳动、抖动等现象
		门在全关后，在厅外应不能以人力打开；对中分式门，当用手扒开门缝时，强迫锁紧装置或自闭机构应使之闭合严密
门锁	1. 门锁开关	当电梯上所有层门的门电锁的机械锁头全部锁住，电气触点接通时，电梯才能开动。如果有一个层门的门电锁未锁住和电气触点未接通，电梯就无法开动，需逐层检查
	2. 门锁的锁合与解脱	门锁在锁合时应灵活轻巧，不应有太大的撞击声
		门锁在锁合后，锁钩与锁臂之间应有一定的松动间隙，用手扒门时，应能使门扇稍有移动
		对于固定式门刀，门锁在解脱时，两个滚轮应能迅速将门刀夹住，在整个开、关门运动中，两滚轮均应贴住门刀
层门指示灯和召唤按钮箱	1. 指层灯	指层灯箱的安装应平整，周边应紧贴墙面，不应有可见缝隙；灯面板不应有明显歪斜
		数字灯应明亮清晰，反应准确
	2. 按钮箱	按钮箱的安装应平整，周边应紧贴墙面，不应有可见缝隙；箱面不应有明显歪斜
		按钮的动作应灵活，指示灯明亮
层门钥匙	动作可靠性	每个层门均应设专用钥匙开锁装置，钥匙带有安全提示警告牌
基站钥匙开关	动作可靠性	将钥匙插入召唤箱上的钥匙孔，应能接通电源，使电梯门自动打开

（4）轿顶及井道部分的安装质量（见表6-23）

表6-23　轿顶及井道部分的安装质量检查

对象	项目	检 查 内 容
轿顶轮	1. 安装位置	轿顶轮应位于轿厢上梁的中心位置，其与上梁的间隙a、b、c、d应一致，其差值应不大于1mm
	2. 铅垂度	轿顶轮的不铅垂度，a值应不超过2mm
	3. 安全盖板及钢索防脱棒	安全盖板应固定牢固
		当装有钢索防脱棒时，其与绳轮的间隙应适当（一般为3mm）

（续）

<table>
<tr><th>对象</th><th>项目</th><th>检查内容</th></tr>
<tr><td rowspan="5">导靴</td><td>1. 固定滑动导靴</td><td>靴衬与导轨端面的间隙应均匀，间隙应不大于1mm，两侧之和不大于2mm</td></tr>
<tr><td>2. 弹性滑动导靴</td><td>靴衬与导轨端面无间隙，导靴的三个调整尺寸 a、b、c 应符合如下要求：
<table>
<tr><td>电梯额定载重量/kg</td><td>500</td><td>750</td><td>1000</td><td>1500</td><td>2000~3000</td><td>5000</td></tr>
<tr><td>b/mm</td><td>42</td><td>34</td><td>30</td><td>25</td><td>25</td><td>20</td></tr>
<tr><td>a、c/mm</td><td>2</td><td>2</td><td>2</td><td>2</td><td>2</td><td>2</td></tr>
</table>
导靴应有润滑装置，并已经加足润滑油，工作良好</td></tr>
<tr><td rowspan="3">3. 滚轮导靴</td><td>滚轮对导轨不应歪斜，在整个轮缘宽度上与导轨工作面应均匀接触</td></tr>
<tr><td>电梯运行时，全部滚轮应顺着导轨面滚动，不应有明显打滑现象</td></tr>
<tr><td>导轨工作面上不应加涂润滑油或润滑脂</td></tr>
<tr><td rowspan="7">钢丝绳锥套与钢丝绳</td><td rowspan="3">1. 钢丝绳锥套</td><td>巴氏合金的浇注应高出锥面15~20mm，最好能明显看到钢丝的弯曲情况</td></tr>
<tr><td>钢丝绳在锥套出口处不应有松股、扭曲等现象</td></tr>
<tr><td>绳头弹簧支承螺母应为双重结构，两个螺母应对顶拧紧自锁，并已在锥套尾装上开口销</td></tr>
<tr><td rowspan="4">2. 曳引钢丝绳</td><td>全部钢丝绳在全长上均不应有扭曲、松股、断股、断丝、表面锈斑等情况</td></tr>
<tr><td>钢丝绳表面应清洁，不应粘满尘砂、油渍等</td></tr>
<tr><td>钢丝绳表面不应涂有润滑油或润滑脂</td></tr>
<tr><td>每根曳引钢丝绳张应力均匀相近，其相互差值应满足≤5%。检查方法是将轿厢停在与对重同一水平面上，在井道内轿顶上取曳引钢丝绳垂直部分的某一水平截面，作为每根钢丝绳的测量点，把测力计的钩子钩在测量点上，拉动测力计的方向为与曳引轮端面平行的水平方向，将钢丝绳拉出同样的距离所需要的力来测定其张力的误差，计算方法如下：
某根绳的偏差=（该绳测定的力-平均值）-平均值×100%
平均值=各绳测定的力之和/绳的根数</td></tr>
<tr><td rowspan="3">平层感应器与遮磁板</td><td>1. 安装</td><td>安装应垂直，固定牢固，遮磁板应能上下、左右调节</td></tr>
<tr><td rowspan="2">2. 位置</td><td>遮磁板插入感应器时，两侧间隙应尽量一致，感应器插口底部与遮磁板间隙为10mm，偏差不大于2mm</td></tr>
<tr><td>电梯平层时，上下感应器与遮磁板中间位置应一致，偏差不大于3mm</td></tr>
<tr><td rowspan="2">安全钳连杆系统</td><td rowspan="2">1. 安装状态</td><td>楔块拉杆端的锁紧螺母应已锁紧如下图所示</td></tr>
<tr><td>限速器钢丝绳与连杆系统的连接可靠</td></tr>
</table>

（续）

对象	项目	检 查 内 容
安全钳连杆系统	2. 动作情况	用手提拉限速器钢丝绳，连杆系统应能动作迅速，两侧拉杆应同时被提起，安全钳开关被断开。松开时，整个系统应能迅速回复，但安全钳开关不能自动复位
		安全钳楔块与导轨侧面应有合适间隙，反映到拉杆的提起，应有一定的提升高度。国产电梯楔块间隙为 2～3mm，当楔块斜度为 5°时，反映到拉杆提升高度应为 23～34mm
		拉杆的提升拉力应符合有关要求。国产电梯采用瞬时安全钳时，提升力为 147～295N 的力
门刀	安装位置	门刀与层门地坎，门锁滚轮与轿厢地坎间隙应为 5～10mm
轿顶检修箱	功能	检修箱上的检修开关对电梯的操纵，只能以检修速度点动，轿顶检修箱有控制优先权，工作时轿厢内的检修开关不起作用
		检修箱上应有非自动复位的急停开关
		检修箱应具有安全电压检视灯和插座，其电压不超过 36V，还应设置有明显标志的 220V 三相插座
导轨	1. 导轨接头状态	接头处不应在全长上存在连续缝隙，局部缝隙不超过 0. 5mm
		接头处的台阶应不大于 0. 05mm，如超过应修平，长度为 150mm
		对于不设安全钳的对重导轨接头处缝隙应不大于 1mm，接头处台阶应不大于 0. 15mm，如超过应修正
	2. 导轨铅垂度与相互偏差	两条导轨侧工作面应铅垂于地面，当用铅垂线检查时，其偏差每 5m 应不超过 0. 6mm，相互的偏差在整个高度上应不超过 1mm
	3. 工作状况	电梯以额定速度运行时，不应有来自导轨的明显振动、摇晃与不正常声响
导轨架	1. 固定情况	导轨架在井道壁上的固定应牢固可靠。导轨架或地脚螺栓埋入深度，应不小于 120mm；当采用焊接固定时，应双面焊牢
		对地脚螺栓固定方式，当用金属垫板调整导轨架高度时，若垫板厚度超过 10mm，则应与导轨架焊接
	2. 安装水平度	导轨架的安装应水平，其不水平度 a 应不超过 5mm 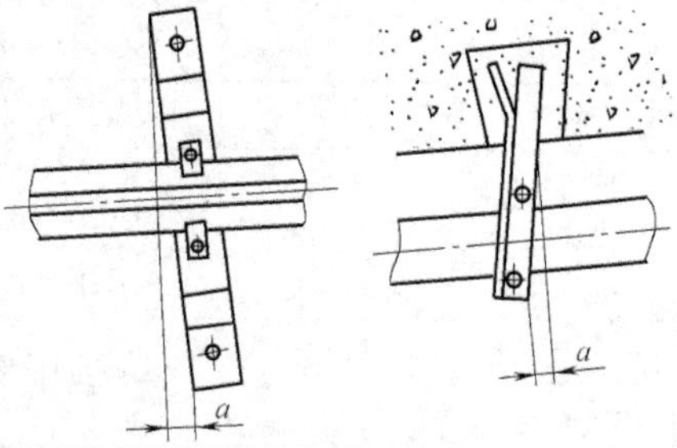
对重	1. 导靴	同轿厢导靴
	2. 绳头锥套	同轿厢绳头锥套
	3. 对重块	对重块在对重架中，其上部应用压板定位
线槽及线管	1. 线槽	线槽内外面均应作防锈处理，内面应光滑
		每根线槽在井道壁上至少应有 2 个固定点，固定点的间距一般为 2～2. 5m（横向 1. 5m）
		线槽的固定应牢固可靠
		导线在槽内每隔 2m 左右应用压线板固定，压线板与导线接触处应有绝缘措施

（续）

对象	项目	检查内容
线槽及线管	2. 软线管	线管的弯曲半径应为管外径的4倍以上
		管子在相互连接处应使用管接头
		软线管在井道壁上的固定情况：$A<1m$，$B<0.3m$，$C<0.3m$，$D<1m$；软管应不埋入混凝土中
	3. 管内敷线	导线不应充满线槽（管）的全部空间。在线槽中的敷设总面积应不超过槽内净面积的60%，对线管应不超过其净面积的40%（包括导线的绝缘层）
		动力线和控制线的线路应隔离敷设，微信号及电子线路应按产品要求隔离敷设
		导线在槽（管）出入口处应加强绝缘；孔口应设光滑护口
		应采用不同颜色的导线来区别线路；使用单色线时，需在电线端部装有不同标志
	4. 接地	线槽和线管均应可靠接地，接地电阻应不大于4Ω
中间接线箱、挂线架与电缆	1. 中间接线箱	箱应装于电梯正常提升高度1/2，加高1.7m的井壁上
		箱的固定应牢固可靠，箱体应进行防锈处理
		箱体应接地，接地电阻应不大于4Ω
	2. 中间挂线架	架应位于中间接线箱下方0.2m处
		架的固定应牢固可靠
		电缆在架上的绑扎应牢固可靠
	3. 电缆	电缆应自然下垂，在移动时不应出现扭曲。多根电缆长短要一致
		电缆下垂末端的移动弯曲半径，8芯电缆不小于250mm；16~24芯电缆不小于400mm
		电缆不运动部分（提升高度1/2，高1.5m以上）应用卡子固定

（续）

对象	项目	检查内容
限位装置	1. 碰铁与开关碰轮的相互位置	碰铁的安装应垂直于地面，其偏差应不大于长度的0.1%，最大偏差值不大于3mm
		碰铁应能与各限位开关的碰轮可靠接触，在接触碰压全过程中，碰轮不应从碰铁侧边滑出，碰轮边距碰铁边在任何情况下均应不小于5mm
		碰铁与各限位开关碰轮接触后，开关接点应可靠动作。碰轮沿碰铁全程移动时，不应有卡阻，且碰轮稍有压缩余量
	2. 端站保护开关的安装位置	上下限位开关应完好有效，且不应与上下极限开关同时动作，极限开关应在轿厢和对重接触缓冲器之前动作，且动作不应有大的声响
		强迫换速开关，应在电梯处于上、下端站相应于正常换速位置处起作用
		限位开关应在电梯超越正常平层位置约50mm处起作用
		极限开关应在电梯超越正常平层位置200mm以内起作用
		直流高、快速电梯强迫换速开关的安装位置，应按电梯的额定速度、减速时间及制动距离选定；但其安装位置不得使电梯制动距离小于电梯允许的最小制动距离
顶部间隙	电梯在顶层正常平层位置，轿厢上梁距井道顶面的距离	顶部间隙计算： $$h>e+e'+m+j$$ $$j=\frac{v_t^2}{4g_n}$$ h—顶部间隙（mm）；e—对重越程（mm）；e'—对重缓冲器缓冲行程（mm）；m—通常取600（mm）；j—轿厢惯性上弹量（mm）；v_t^2 电梯冲顶时的速度，可取125%的额定速度；g_n—重力加速度（9.8m/s^2）
井道卫生	1. 井道壁	井道的四壁及顶板，均不应积有浮尘、泥沙
	2. 井道构件	井道中的所有构件，均不应积满尘沙、油污
井道照明	灯具位置	井道最高与最低处0.5m内各设置一盏灯，中间灯距不超过7m

（5）底坑部分的安装质量（见表6-24）

表6-24　底坑部分的安装质量

对象	项目	检查内容
井道底坑	1. 底坑空间	当轿厢完全压在缓冲器上时，应同时满足下述条件： ①底坑中应有足够的空间，以能放进一个不小于0.5m×0.6m×1.0m的矩形体为准，矩形体可以任何一个面着地 ②底坑底与轿厢最低部分之间的净空距离（除下面2）条所述及的外，应不小于0.5m ③底坑底与导靴或滚轮、安全钳楔块、护脚板或垂直滑动门的部件之间的净空距离不得小于0.1m
	2. 防水和清洁	底坑内不应有水渗入和积水，应保持干燥
		底坑内不应有杂物、泥水、油污，应保持清洁
	3. 底坑检修	底坑应有监视专用的灯和插座，其电压不超过36V，还应设有停止电梯运行的非自动复位的红色停止开关
		电梯停止开关应安装在门的近旁，当人进入底坑能立即触及到

（续）

<table>
<tr><th>对象</th><th>项目</th><th>检 查 内 容</th></tr>
<tr><td rowspan="8">缓冲器</td><td rowspan="3">1. 轿厢和对重的越程</td><td>越程应保证：当电梯越出正常平层位置，在碰到缓冲器前能被限位装置强制停止（使用油压缓冲器的特殊情况除外）。在缓冲器被完全压缩时，轿厢或对重不会碰到井道顶</td></tr>
<tr><td>对重缓冲器附近应当设置永久性的明显标识，标明当轿厢位于顶层端站平层位置时，对重装置撞板与其缓冲器顶面间的最大允许垂直距离；并且该垂直距离不超过最大允许值</td></tr>
<tr><td>国产电梯的越程，应符合表内要求：<table><tr><th>额定速度/(m/s)</th><th>缓冲器型号</th><th>越程 S/mm</th></tr><tr><td>0.5~1.0</td><td>弹簧</td><td>200~350</td></tr><tr><td>1.5~3.0</td><td>油压</td><td>150~400</td></tr></table></td></tr>
<tr><td rowspan="5">2. 安装质量</td><td>缓冲器应牢固地固定在底坑</td></tr>
<tr><td>弹簧缓冲器无锈蚀和机械损伤；油压缓冲器的油量和油的规格要符合要求</td></tr>
<tr><td>缓冲器安装应垂直，油压缓冲器柱塞的垂直度应不超过0.5%；弹簧缓冲器的顶面水平度应不超过4/1000</td></tr>
<tr><td>同一基础上的两个缓冲器顶部与轿底对应距离差不大于2mm</td></tr>
<tr><td>缓冲器的中心应与轿厢或对重架上相应碰板中心对中，其偏移量不应超过20mm</td></tr>
<tr><td rowspan="6">限速器张紧装置</td><td rowspan="2">1. 张紧力</td><td>张紧装置所产生的张紧力，应足以使限速器钢丝绳可靠驱动限速器绳轮</td></tr>
<tr><td>国产电梯的张紧装置对绳索每分支的拉力应不小于147N的力</td></tr>
<tr><td rowspan="2">2. 安装质量</td><td>张紧装置应自然下坠，在托架上应能自由上下浮动</td></tr>
<tr><td>限速器绳至导轨的距离 a、b 在整个高度上应一致，绳索偏差应不超过5mm</td></tr>
<tr><td>3. 离底坑高度</td><td>张紧装置必须离底坑有一定高度，且符合表内要求：<table><tr><th>电梯类别</th><th>高速</th><th>快速</th><th>低速</th></tr><tr><td>高度/mm</td><td>750±50</td><td>550±50</td><td>400±50</td></tr></table></td></tr>
<tr><td>4. 断绳开关</td><td>开关的位置应正确，当张紧装置下滑或下跌时，能可靠动作</td></tr>
</table>

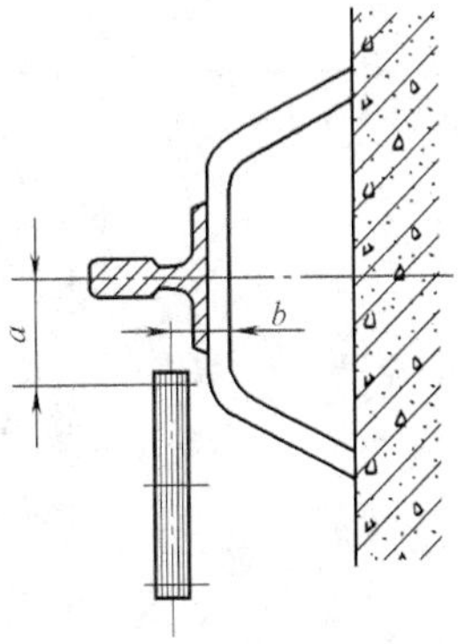

（续）

对象	项目	检查内容
电缆与补偿装置	1. 电缆	当轿厢位于最低层时，电缆不应碰到底坑，但在压缩缓冲器后应略有余量
		电缆与轿厢的间隙不应过小，一般在80mm以上
	2. 补偿装置	电梯额定速度超过2.5m/s应设补偿绳及补偿绳张紧装置，并设有效的安全开关。如果速度超过3.5m/s，还应设置有效的张紧轮防跳安全开关 补偿链应固定牢靠，设有安全钩，运行时不应与井道或其它装置相碰，其链条最低点与底坑平面的距离应不小于100mm 对于补偿绳其张紧轮应能被张紧轮导轨平顺导向，其导轨全高的不铅垂度应不超过1mm；导靴与导轨端面的间隙应为1~2mm
防护栏	1. 对重护栏	底坑对重侧应设置不低于1.7m的防护栏
	2. 隔栏	通井道有多台电梯时，底坑两台电梯部件间应设置不低于2.5m的隔离防护栏

2. 整机性能检查

（1）电气线路绝缘程度安全可靠性的检查（见表6-25）

表6-25 电气线路绝缘程度安全可靠性的检查

序号	项目	检查内容
1	主电路	绝缘电阻应不小于0.5MΩ
2	控制电路	绝缘电阻应不小于0.25MΩ
3	信号电路	绝缘电阻应不小于0.25MΩ
4	照明电路	绝缘电阻应不小于0.25MΩ
5	门机电路	绝缘电阻应不小于0.25MΩ
6	整流电路	绝缘电阻应不小于0.25MΩ

注：采用250V/500V绝缘电阻测量仪测量，应符合表6-12各线路绝缘电阻要求。

（2）超速保护安全可靠性的检查（见表6-26）

表6-26 超速保护安全可靠性的检查

序号	项目	检查内容
1	限速器与安全钳动作可靠性	①对于瞬时式安全钳装置，轿厢应载有均匀分布的额定载重量，以检修速度向下运行，进行试验；对于渐进式安全装置，轿厢应载有均匀分布的1.25倍额定载重量，安全钳装置的动作应在减低的速度(即平层速度或检修速度)进行试验 ②机房内人为动作限速器，使限速器的电气开关动作，此时电动机停转；短接限速器的电气开关，人为动作限速器，使限速器钢丝绳制动并提拉安全钳装置，此时安全钳装置的电气开关应动作，使电动机停转；然后，再将安全钳装置的电气开关短接，再次人为动作限速器，安全钳装置应动作，夹紧导轨，使轿厢制动
2	轿内急停按钮动作可靠性	在电梯正常运行时，按下轿内急停按钮，电梯应立即制动；手离开按钮后，电梯应不能自动恢复运行
3	轿厢上行超速保护装置可靠性	① 轿厢空载，以不低于额定速度上行，人为触发减速元件动作同时切断电动机供电，仅用轿厢上行超速保护装置应能使轿厢减速 ②轿厢上行超速保护装置动作的电气安全装置动作时，电梯应不能起动或继续运行

（3）载重量运行安全可靠性的检查（见表6-27）

表 6-27　载重量运行安全可靠性的检查

序号	项目	检查内容
1	曳引试验	当对重压在缓冲器上而曳引机按电梯上行方向旋转时，应当不能提升空载轿厢
		轿厢空载以正常运行速度上行至行程上部时，切断电动机与制动器供电，轿厢应当完全停止，并且无明显形变和损坏
		轿厢装载1.25倍额定载重量，以正常运行速度下行至行程下部，切断电动机与制动器供电，曳引机应当停止运转，轿厢应当完全停止，并且无明显形变和损坏
		对于轿厢面积超过规定的载货电梯，以轿厢实际面积所对应的1.25倍额定载重量进行静态曳引试验；对于额定载重量按照单位轿厢有效面积不小于200kg/m² 计算的非商用汽车电梯，以1.5倍额定载重量做静态曳引试验；历时10min，曳引绳应当没有打滑现象
2	运行试验	轿厢分别在空载、额定载荷工况下，按照产品设计规定的每小时起动次数和负载持续率各运行1000次（每天不少于8h），电梯应运行平稳、制动可靠、连续运行无故障，符合该梯的设计要求及有关技术文件的规定和要求
		制动器温升应不超过60K，曳引机减速器油温升不超过60K，其温度应不超过85℃，电动机温升不超过国家标准的规定
3	轿厢超载装置动作可靠性	当在轿厢内载有1.1倍的额定载重量时，厢内的超载灯应点亮，蜂鸣器应响，电梯不能关门
		当轿厢内卸去70~100kg重量后，电梯应立即恢复正常
		当轿厢内载荷达到电梯额定载重量80%时，对于信号和集选控制电梯，顺向截停功能应失效（有此功能的装置应动作可靠）

（4）终端超越保护安全可靠性的检查（见表6-28）

表 6-28　终端超越保护安全可靠性的检查

序号	项目	检查内容
1	终端换速开关和限位开关动作可靠性	将正常端站换速和停止电路短接，使电梯停靠在尽量接近上、下端站楼层，在机房操纵电梯向端站运行，电梯应在预定位置被强迫换速和停止
2	终端极限开关动作可靠性	将终端限位开关短接，使电梯尽量接近上、下终端站的楼层以慢速向端站运行，电梯应在缓冲器作用前被制动（除使用弹簧复位式、油压缓冲器的特殊情况，极限开关在缓冲器被压缩后动作）
3	油压式缓冲器试验	复位试验，即轿厢在空载的情况下，以检修速度下降将缓冲器全压缩，从轿厢开始离开缓冲器一瞬间起，直到缓冲器回复到原状，所需时间应不大于120s
		负载试验，在轿厢以额定起重量和额定速度下，对重以轿厢空载和额定速度下，分别进行缓冲器碰撞试验，缓冲应平稳，零件无损伤和明显形变

（5）速度特征技术性能的检查（见表6-29）

表 6-29　速度特征技术性能的检查

序号	项目	检查内容
1	起动振动	电梯起动时的瞬时加速度应不大于规定值，起动振动应小于电梯的加速度最大值
2	制动振动	电梯制动时的瞬时减速度应不大于规定值，对于交流双速电梯，允许略大于电梯的减速度最大值；对于交流调速及直流电梯，均应小于减速度最大值

（续）

序号	项目	检查内容
3	起动加速度最大值	电梯加速运行过程中的最大加速度不应超过规定值(我国规定不大于 $1.5m/s^2$)
4	制动减速度最大值	电梯减速运行过程中的最大减速度不应超过规定值(我国规定不大于 $1.5m/s^2$)
5	加、减速度的平均值	①乘客电梯额定速度为 $1.0m/s<v\leqslant 2.0m/s$ 时,加、减速度应不小于 $0.50m/s^2$ ②乘客电梯额定速度为 $2.0m/s<v\leqslant 2.5m/s$ 时,加、减速度应不小于 $0.70m/s^2$
6	加、减速时的垂直振动	电梯加、减速运行过程中,发生在垂直方向上的最大振动加速度应不超过规定值
7	运行中的垂直振动	电梯稳定运行过程中发生在垂直方向上的最大峰峰值应不超过规定值。我国要求不大于 $0.30m/s^2$,A95 峰峰值应不大于 $0.20m/s^2$
8	运行中的水平振动	电梯稳定运行过程中发生在水平方向上的最大峰峰值应不超过规定值。我国要求不大于 $0.20m/s^2$,A95 峰峰值应不大于 $0.15m/s^2$
9	运行速度	当电源为额定频率,对电动机施以额定电压时,轿厢承载 0.5 倍额定载重量,向下运行至行程中段(除去加速和减速段)时的速度,不得大于额定速度的 105%,不宜小于额定速度的 92%

（6）运行噪声技术性能的检查（见表 6-30）

表 6-30　运行噪声技术性能的检查

序号	项目	检查内容
1	机房噪声	当电梯以正常速度运行时,用传声器在距地面高 1.5m,距声源 1m 处进行测试,测试点不少于 3 点。速度不大于 2.5m/s 时,其机房噪声平均值应不大于 80dB(A);速度大于 2.5m/s 且不超过 6.0m/s 时,其机房噪声平均值应不大于 85dB(A)
2	轿厢内部噪声	检测电梯运行中轿厢内噪声(不含风机噪声),将传声器置于轿厢内中央距轿厢地面高 1.5m 处。速度不大于 2.5m/s 时,其测量值应不大于 55dB(A);速度大于 2.5m/s 且不超过 6.0m/s 时,其测量值应不大于 60dB(A)
3	门开闭噪声	检测电梯开关门过程中的噪声,将传声器分别置于层门和轿厢门宽度的中央,距门 0.24m,距地面高 1.5m。其测量值应不大于 65dB(A)

注：1. 载货电梯仅考核机房噪声值。
　　2. 无机房电梯的“机房平均噪声值”是指在距离曳引机 1m 处所测得的平均噪声值。

（7）平层准确度技术性能的检查（见表 6-31）

表 6-31　平层准确度技术性能的检查

项目	检查内容
电梯在额定载重范围内,以正常速度升降时的停靠位置准确度	平层准确度宜在±10mm 范围内
	平层保持精度宜在±20mm 范围内

注：我国规定在平层准确度测试时，电梯应分别以空载、满载，作上、下运行，到达同一层站，测量平层误差取其最大值。

（8）控制电路基本功能的检查

1）信号控制电路的基本功能（见表6-32）

表6-32 信号控制电路的基本功能

序号	项目	检查内容
1	轿内指令记忆	按下轿厢内操纵箱上多个选层按钮时，电梯应能按顺序逐一自动平层开门
2	呼梯登记与顺向截停	电梯在轿厢内应能显示和登记厅外的呼梯信号，并对符合运行方向的信号，自动停靠应答

2）集选控制电路的基本功能（见表6-33）

表6-33 集选控制电路的基本功能

序号	项目	检查内容
1	待客站自动开门	当电梯在某层停梯待客时，按下层门招唤按钮，应能自动开门迎客
2	自动关门	当门开至调定时间（一般为3~4s），应能自动关闭
3	轿内指令记忆	当轿内操纵箱上有多个选层指令时，电梯应能按顺序逐一自动停靠开门，并能至调定时间，自动关门运行
4	自动选向	当轿内操纵箱上的选层指令，相对于电梯位置具有不同方向时，电梯应能按先入为主的原则，自动确定运行方向
5	呼梯记忆与顺向截停	电梯在运行中，应能记忆厅外的呼梯信号，对符合运行方向的招唤，应能自动逐一停靠应答
6	自动换向	当电梯在完成全部顺向指令后，应能自动换向，应答相反方向上的呼梯信号
7	自动关门待客	当完成全部轿内指令，又无厅外呼梯信号时，电梯应自动关门，在关门至调定时间（常为3min），自动关闭机组和照明
8	自动返基站	当电梯设置基站时，电梯在完成全部指令后，自动驶回基站，停机待客

3）并联集选控制电路的基本功能（见表6-34）

表6-34 并联集选控制电路的基本功能

序号	项目	检查内容
1	分层待客	当无工作指令时，一台电梯应在基站待客，另一台应在中间层站待客
2	自动补位	当基梯驶离基站，而自由梯尚无工作指令时，应能自动驶到基站充任基梯
3	分工应答呼梯信号	当两台梯均处于待客状态时，对高于基站的呼梯信号，应由自由梯前往应答；而在自由梯运行时，出现与其运行方向相反的呼梯信号时，基梯应能自动前往应答
4	自动返基站	两台电梯中，先完成工作的电梯，应能自动返基站待客
5	援助运行	对于呼梯信号，应前往应接的电梯未能前往时，在超过调定时间（一般为60s），另一台电梯应能自动前往应答
6	其他集选基本功能	应与集选控制电路基本功能相同，见表6-33

4）消防返回控制电路的基本功能（表6-35）

表6-35 消防返回控制电路的基本功能

序号	项目	检查内容
1	消防开关设置	消防开关应当设在基站或者撤离层，防护玻璃应当完好，并且标有“消防”字样

（续）

序号	项目	检查内容
2	返呼回层	消防功能启动后,电梯不响应外呼和内选信号,轿厢直接返回指定撤离层,开门待命

注：该功能为选配项。

5）检修运行控制电路的基本功能（见表6-36）

表6-36　检修运行控制电路的基本功能

序号	项目	检查内容
1	检修运行转入	当按下轿厢内有关按钮(如按下“应急”按钮和“慢车”按钮),电梯应转入检修运行,原电路功能消失
2	运行操纵	检修运行应只能由专门按钮点动,手离开按钮,电梯应立即停止
3	轿顶操纵	当由轿顶检修箱专门按钮操纵时,轿厢内不能同时操纵
4	速度	我国规定检修运行速度应不大于0.63m/s

注：各种控制电路的功能，因各电梯生产企业的不同，略有差别。

第 7 章

电梯改造与修理

电梯同其他机器设备一样，即使在正常使用条件下，机械系统中的零部件、构件和机构，以及电气系统中的电器元件和装置也会产生一定的磨损、损坏或失效。当磨损、损坏或失效达到或超过其设计限值时，电梯的使用安全就会受到威胁，而一旦电梯的安全性不满足要求还依然运行时，安全事故就会随之发生。为避免事故的发生，确保电梯的安全使用和运行，定期对电梯进行必要的改造或修理是大有必要的。

国家质量监督检验检疫总局为规范电梯的改造和修理行为，于 2014 年 5 月 12 日发布了“关于印发《电梯施工类别划分表》（修订版）的通知”，该通知在给出电梯施工类型（安装、改造、修理和维护保养）的同时，也对各施工类型的划分进行了明确的界定。电梯的改造和修理可以按照表 7-1 进行划分和界定。

表 7-1 电梯施工类别划分

施工类别	施 工 内 容
安装	采用组装、固定、调试等作业方法，将电梯部件组合为具有使用价值的电梯整机的活动（包括移装）
改造	采用更换、调整、加装等作业方法，改变原电梯主要受力结构、机构（传动系统）或控制系统，致使电梯性能参数与技术指标发生改变的活动；包括： 1）改变电梯的额定（名义）速度、额定载重量、提升高度、轿厢自重（制造单位明确的预留装饰重量除外）、防爆等级、驱动方式、悬挂方式、调速方式和控制方式① 2）加装或更换不同规格、不同型号的驱动主机、控制柜、限速器、安全钳、缓冲器、门锁装置、轿厢上行超速保护装置、轿厢意外移动保护装置、含有电子元件的安全电路及可编程电子安全相关系统、夹紧装置、棘爪装置、限速切断阀（或节流阀）、液压缸、梯级、踏板、扶手带、附加制动器② 3）改变层（轿）门的类型、增加层门或轿门 4）加装自动救援操作（停电自动平层）装置、能量回馈节能装置、读卡器（IC 卡）等，改变电梯原控制电路
修理	用新的零部件替换原有的零部件，或者对原有零部件进行拆卸、加工、修配，但不改变电梯的原性能参数与技术指标的活动。分为重大修理和一般修理两类 1. 重大修理 1）更换同规格的驱动主机及其主要部件（如电动机、制动器、减速器和曳引轮） 2）更换同规格的控制柜 3）更换不同规格的悬挂及端接装置、高压软管、防爆电气部件 4）更换防爆电梯电缆引入口的密封圈 2. 一般修理 修理和更换下列部件（保持原规格）实施的作业：门锁装置、控制柜的控制主板和调速装置、限速器、安全钳、缓冲器、悬挂及端接装置、轿厢上行超速保护装置、轿厢意外移动保护装置、含有电子元器件的安全电路及可编程电子安全相关系统、夹紧装置、棘爪装置、限速切断阀（或节流阀）、液压缸、高压软管、防爆电气部件、梯级、踏板、扶手带和附加制动器等

（续）

施工类别	施工内容
维护保养	为保证电梯符合相应安全技术规范以及标准的要求，对电梯进行的清洁、润滑、检查、调整以及更换易损件的活动；包括裁剪、调整悬挂钢丝绳，不包括上述安装、改造、修理规定的内容 更换同规格、同型号的门锁装置、控制柜的控制主板和调速装置、缓冲器、梯级、踏板、扶手带、围裙板等实施的作业视为维护保养

① 改变电梯的调速方式是指：如将乘客或载货电梯的交流变极调速系统改变为交流变频变压调速系统；或者改变自动扶梯与自动人行道的调速系统，使其由连续运行型改变为间歇运行型等。控制方式是指：为响应来自操作装置的信号而对电梯的起动、停止和运行方向进行控制的方式，例如：按钮控制、信号控制以及集选控制（含单台集选控制、两台并联控制和多台群组控制）等。

② 规格是指：制造单位对产品不同技术参数、性能的标注，如：工作原理、机械性能、结构、部件尺寸和安装位置等。型号是指：制造单位对产品按照类别、品种并遵循一定规则编制的产品代码。

7.1　电梯改造

电梯改造最明显的特征是电梯主要受力结构、机构（传动系统）或控制系统发生改变，致使电梯性能参数与技术指标也发生改变。

电梯改造的基本程序为：制定改造方案→办理开工告知→施工准备→现场施工→施工自检→不符合项整改→整机自检合格→报检验机构监督检验。电梯在改造的全过程中均需接受政府部门委托的检验机构的监督检验。

电梯改造的项目内容会因电梯使用单位的改造目的的不同而有所不同。因此，这里主要通过以下几个方面进行介绍。

7.1.1　曳引机

当对电梯曳引机进行改造时，原电梯的性能参数与技术指标可能会发生改变，为此，对拟改造曳引机的基本要求见表7-2。

表7-2　对拟改造曳引机的基本要求

序号	基本要求
1	曳引机外形尺寸要满足现有安装空间对安全尺寸的基本要求。如：曳引机旋转部件的上方应有不小于0.3m的铅垂净空距离；对运动部件进行维修和检查，在必要的地点以及需要手动紧急操作的地方，应有一块不小于0.5m×0.6m的水平净空面积
2	曳引轮旋转中心与轿厢（或对重）悬挂装置中心间的水平距离以及曳引钢丝绳在曳引轮上的包角发生改变时，可通过增加导向轮（或压绳轮）的方式进行补偿和调整
3	曳引轮旋转中心的高度高于或低于原中心高时，应对对重侧缓冲距进行调整，确保井道顶部的安全空间满足要求以及上极限的位置合格
4	曳引轮上的绳槽数量及绳槽的形状应能满足改造后电梯在轿厢装载、紧急制动和轿厢滞留这三种工况下的曳引力的需求
5	制动器的制动力矩应满足改造后电梯对制动性能的要求

（续）

序号	基本要求
6	电动机的型式应满足控制方式的要求，电动机的功率应能满足改造后电梯的性能要求
7	曳引机是电梯的主要部件，按照 TSG T7001 安全技术规范的要求曳引机制造厂家需提供相应型号的型式试验合格证

7.1.2　安全保护装置

改造后电梯的安全保护装置应满足《电梯制造与安装安全规范》（GB 7588—2003）的要求。基于不同的改造项目会对原电梯的安全保护装置产生不同的影响，所以，当电梯实施改造时，对安全保护装置的基本要求见表 7-3。

表 7-3　对安全保护装置的基本要求

序号	基本要求
1	对电梯的额定速度进行改造时，应重新整定限速器的机械和电气动作速度，必要时还需更换限速器的结构型式
2	改造后的电梯额定速度大于 0.63m/s 时，应将原瞬时式安全钳更换成渐近式安全钳
3	当额定载重量（Q）与轿厢自重（P）变化之和超出原安全钳的总允许质量的±7.5%范围时，应替换为符合改造要求的安全钳
4	改造后的电梯需在对重导轨上增设安全钳时，除应将原空心导轨更换成实心导轨外，对重安全钳型式还需满足“若额定速度大于 1m/s，对重（或平衡重）安全钳应是渐近式的，其他情况下，可以是瞬时式的”这一条件
5	对按照 GB 7588—1995 及更早期标准生产制造的电梯进行改造时，需增设防止门夹人保护装置
6	对按照 GB 7588—1995 及更早期标准生产制造的电梯进行改造时，需增设超载保护装置
7	对按照 GB 7588—1995 及更早期标准生产制造的电梯进行改造时，需增设上行超速保护装置
8	对按照 GB 7588—1995 及更早期标准生产制造的电梯进行改造时，需增设电动机运转时间限制器
9	改造后的电梯额定速度大于 1.0m/s 时，应将原蓄能型缓冲器（含非线性缓冲器）更换成液压缓冲器；缓冲器可能的总行程应至少等于相应于 115%额定速度的重力制动距离的两倍，此行程不得小于 65mm
10	改造后的电梯提升高度超过 30m 时，除需增设补偿链外，还需在机房中增设由紧急照明电源或者等效电源供电的能与轿厢有效应答的对讲装置
11	改造后的电梯额定速度大于 3.5m/s 时，应按规定的条件增设补偿绳和防跳装置
12	改造后的电梯额定速度大于改造前的电梯额定速度时，应重新验证井道顶部空间是否满足要求
13	应增设在层门未被锁住且轿门未关闭的情况下，由于轿厢安全运行所依赖的驱动主机或驱动控制系统的任何单一元件失效引起轿厢离开层站的意外移动保护装置，即 UCMP 保护装置
14	安全保护装置中凡涉及安全部件的安全保护装置，按照《电梯监督检验和定期检验规则》（TSGT 7001—2009）的要求安全保护装置制造厂家均需提供相应型号的型式试验合格证，若该安全部件有调试要求的还应需提供相应的调试证书

7.1.3　层门、轿门

增加电梯的层门（轿门）或改变电梯的层门（轿门）型式都属于改造的范畴。对电梯层门（轿门）改造的基本要求见表 7-4。

表 7-4　对电梯层门（轿门）改造的基本要求

序号	基本要求
1	增加的电梯层门(及安装其上的门锁),其机械强度应能保证: 1)用300N的静力垂直作用于门扇或门框的任何一个面上的任何位置,且均匀地分布在$5cm^2$的圆形或方形面积上时,应:永久形变不大于1mm;弹性形变不大于15mm 试验后,门的安全功能不受影响 2)用1000N的静力从层站方向垂直作用于门扇或门框上的任何位置,且均匀地分布在$100cm^2$的圆形或方形面积上时,应没有影响功能和安全的明显的永久形变
2	固定在门扇上的导向装置失效时,水平滑动层门应有将门扇保持在工作位置上的装置。这种保持装置可理解为阻止门扇脱离其导向的机械装置,可以是一个附加的部件也可以是门扇或悬挂装置的一部分
3	当改造的层门(轿门)采用玻璃时,该玻璃应使用最小厚度不小于6mm的夹层玻璃且玻璃的面积不得小于$0.015m^2$,每个视窗的面积不得小于$0.01m^2$
4	增加的电梯层门入口处的净高度不应低于2.0m,层门净入口宽度比轿厢净入口宽度在任一侧的超出部分均不应大于50mm
5	层门关闭后,门扇之间及门扇与立柱、门楣和地坎之间的间隙应尽可能小。对于乘客电梯,此运动间隙不得大于6mm。对于载货电梯,此运动间隙不得大于8mm
6	安装于电梯层门(轿门)上的门锁属于安全部件,门锁制造厂家应需提供相应型号的型式试验合格证

7.1.4　轿厢系统

电梯轿厢系统的改造主要涉及轿厢的有效面积、强度和自重等方面。对轿厢系统改造的基本要求见表7-5。

表 7-5　对轿厢系统改造的基本要求

序号	基本要求
1	轿厢额定载重量和最大有效面积之间的关系应符合GB7588规定的要求
2	轿厢内部净高度不应小于2.0m
3	使用人员正常出入轿厢入口的净高度不应小于2.0m
4	轿壁、轿厢地板和轿顶应具有足够的机械强度,包括轿厢架、导靴、轿壁、轿厢地板和轿顶的总成也须有足够的机械强度
5	轿厢地坎上应装设有高度不小于0.75m,宽度应等于相应层站入口整个净宽度的护脚板
6	当电梯的额定速度由原先的低、中速拟改造成中、高速时,安装于轿厢(对重)上梁和下梁上的导靴也需相应更换为滑动导靴或滚轮导靴
7	轿厢自重的改变会直接影响到电梯的平衡系数。改造后的电梯其平衡系数应需满足电梯改造厂家对平衡系数的设计要求

7.1.5　控制系统

电气控制系统的改造是电梯改造项目中比较多见的，通过对电气控制系统的改造一方面可以提高电梯运行的平稳性、安全性和可靠性，另一方面也可以降低能耗，节约资源。对电气控制系统的基本要求见表7-6。

表 7-6 对电气控制系统的基本要求

序号	基 本 要 求
1	控制柜(屏)外形尺寸要满足现有的安装空间对安全尺寸的基本要求: 对控制柜(屏)的前面和需要检查、修理和试验等人员操作的部件前面应提供一块净空面积,该面积的深度:从柜(屏)的外表面测量时不小于 0.7m;宽度:为 0.5m 或柜(屏)的全宽,取两者中的大者;净高度不应小于 2.0m 控制柜(屏)应尽量远离门、窗,其与门、窗正面的距离不应小于 0.6m;与封闭侧的距离不宜小于 0.05m 控制柜(屏)与机械设备的距离应不小于 0.5m
2	控制柜(屏)的选型应正确,其性能和技术指标应能满足拟改造电梯的改造需求
3	控制柜(屏)的接线应正确、规范,接地应可靠
4	控制柜(屏)是电梯的主要部件,按照《电梯监督检验和定期检验规则》(TSG T7001—2009)的要求控制柜(屏)制造厂家需提供相应型号的型式试验合格证

7.2 电梯修理

电梯在交付使用后，某些部分性能会随着电梯的运行而产生变化，这些变化会使电梯处于非正常工作状态，为此需要对电梯进行定期维护保养，并根据零部件的磨损情况或使用寿命情况进行修理，使其始终保持安全的工作状态。

电梯修理最基本的要求是不改变电梯的原性能参数与技术指标。

电梯修理的基本程序为：制定修理方案→办理开工告知→施工准备→现场施工→施工自检→不符合项整改→整机自检合格→报检验机构监督检验。电梯在修理的全过程中均需接受政府部门委托的检验机构的监督检验。

7.2.1 曳引电动机

曳引电动机的检查要求见表 7-7。

表 7-7 曳引电动机的检查要求

序号	检 查 要 求
1	应保证电动机各个部分清洁,要防止水或油等液体侵入内部。不得使用汽油、煤油、机油等液体擦拭电机绕组
2	应保证电动机的绝缘良好,可用 500V 绝缘电阻表测量绕组对机壳的绝缘电阻,阻值应大于 0.5MΩ,若阻值小于此规定值时,则应将线圈作绝缘干燥处理
3	检查电动机内部有否杂物或小动物钻入,以防电动机发生故障
4	检查电动机轴承润滑状况: ①滚动轴承内填满润滑脂,一般在使用半年后应予以补充 ②滑动轴承内润滑油应定期更换,最长时间不应超过一年
5	电动机轴承内润滑油应保持在规定的“油标线”范围内,对于放油塞、油位计等处不应有漏油现象,甩油环应能自由灵活转动,无卡阻现象
6	电动机运转时轴承温度不应超过 80℃,在此范围内伴有轻微而均匀的转动响声,如发现温度高于 80℃或有异常杂音时,应立即停止使用,进行检查清洗,并重新注入 L-AN46 全损耗系统用油。滑动轴承油注入量可用经验公式计算: 当 $D=25\sim40$mm 时 $t=D/4$ $D=46\sim60$mm 时 $t=D/5$ $D=70\sim310$mm 时 $t=D/6$ 式中,D 为甩油环直径;t 为油位高度(油环内径最低点至油面的距离)

（续）

序号	检查要求
7	检查电动机基座与地脚螺栓连接是否紧固；电动机的输出轴与减速器的输入轴连接是否可靠（联轴器的连接螺栓是否有松动、磨损），两轴旋转中心的偏差应在规定的允许范围内
8	电动机运转时稍有电磁噪声，即电磁“嗡鸣”声，属正常现象。若有异常的声音，应检查定子与转子间气隙是否保持均匀，如果气隙相差超过0.2mm时，应更换轴承。因为轴承磨损过甚时会导致电动机定子与转子间相互摩擦，而使得电动机旋转时会发出摩擦噪声
9	电动机不得在电压低于额定电压值7%的电源下运转，此时输出转矩降低很多，在电动机轴上负载不变情况下，电动机超负载运转，有烧毁电动机的可能或使电动机被迫停转（闷车）

曳引电动机的修理要求见表7-8。

表7-8　曳引电动机的修理要求

<table>
<tr><th>序号</th><th>修理要求</th></tr>
<tr><td>1</td><td>运行正常：
①电流在允许范围内，输出功率能达到铭牌规定
②定子和转子的温升不超过25℃（用温度计测量），轴承温度不超过80℃
③集电环、换向器无火花产生
④各部振幅及轴向窜动应小于下列允许值：
<table>
<tr><td colspan="2">振幅允许值/mm</td><td colspan="3">滑动轴承电动机轴向允许窜动量（单位）/mm</td></tr>
<tr><td colspan="2">电动机转速/（r/min）</td><td colspan="3">电动机功率/kW</td></tr>
<tr><td>1000</td><td><750</td><td>≤10</td><td>10~20</td><td>>30</td></tr>
<tr><td>0.13</td><td>0.16</td><td>0.50</td><td>0.74</td><td>1.00</td></tr>
</table></td></tr>
<tr><td>2</td><td>零件无损（质量符合要求）：
①电动机内部无明显积灰和油污，线圈、铁心、槽楔未有老化、移动、变色等现象
②电动机绕组的绝缘电阻值在热状态下，不小于1.0MΩ/kV</td></tr>
<tr><td>3</td><td>主体完整清洁：
①电动机外壳有铭牌，字迹清晰
②电动机选型得当，灵敏适用，起动、保护和测量装置齐全
③电缆接线符合规定要求，接线盒完好
④电动机外观整洁，轴承无漏油现象，零、附件接地装置齐全</td></tr>
</table>

曳引电动机的使用条件见表7-9。

表7-9　曳引电动机的使用条件

序号	使用条件
1	曳引电动机（含永磁同步电动机）在下列条件下，电动机应能额定运行，对于现场运行条件偏差的修正，按《电梯制造与安装安全规范》（GB 7588—2003）的规定： ①海拔不超过1000m ②最高环境空气温度随季节而变化，但不超过40℃ ③最低环境空气温度为+5℃ ④环境空气不应含有腐蚀性和易燃性气体 ⑤安装地点的周围环境应不影响电动机的正常通风
2	曳引电动机（含永磁同步电动机）的额定电压为380V，额定频率为50Hz。当电源电压的波动在±7%范围时，电动机的输出转矩应能维持在额定值
3	曳引电动机安装地点必须保持清洁，慎防杂物及尘埃沾污，对于有湿气、逸出蒸汽、管道滴漏水、油和酸碱等液体物质的环境，应采取相应的防护措施

（续）

序号	使用条件
4	地面不应有积水，若地面难免会发生积水的情况，则基础或底座应高于水面之上 250mm
5	环境通风应良好，无其他物品妨碍机器周围的空气流动。且有足够的便于维修拆除、清扫和检查电动机的作业空间场地
6	电动机底座脚板下的垫片必须平整，要保证其表面与脚板和机座接触良好，垫片的数量不宜超过二层，若垫片厚度不合适，应重新选择更换
7	电动机安装在由铸铁制成的整体机座上，制造厂已经过校正调试，对于未曾拆卸移动电动机或减速器的，就不必再对电动机安装校正

7.2.2　制动器检查修理

制动器的检查要求见表 7-10。

表 7-10　制动器的检查要求

序号	检查要求
1	制动器必须确保制动力，要加强对主弹簧的维护与检查，检查时先使闸瓦处于全抱合状态，再用松闸装置使闸瓦打开，凭手感可先探测弹簧是否变成松软，也可用锤子敲击弹簧，凭声响判断弹簧有无裂纹和失效性
2	制动器开关在有效行程内应动作可靠，全部构件应运转正常，无卡塞现象，所有铰接部位每周应润滑保养一次，在活动部位滴入 1~2 滴精制矿物油（52 号），且注意机油不可污染到制动轮和制动带的表面
3	检查制动器闸瓦是否贴合在制动轮表面，闸瓦两端衬垫是否与制动瓦本体有脱离；制动轮表面质量是否良好，固定制动衬垫的铆钉不允许与制动轮接触，制动衬垫磨损量超过制动衬垫原厚度的 1/3 时应更换；须检查制动器的调整螺母、锁紧螺母有无松动情况
4	制动器动作应灵活可靠，制动器闸瓦与制动轮工作表面应清洁，且两者应紧密贴合。对于新装的制动衬垫与制动轮的接触面不得少于制动衬垫面积的 80%，可用圈点法测量 松闸时制动闸瓦应同时离开制动轮，制动衬垫与制动轮间隙不大于 0.7mm 且无局部摩擦。在紧急制动时，电梯的滑行距离按运行速度 0.5m/s 计算，不应超过 100mm
5	制动线圈接点应无松动情况，线圈外部必须有良好绝缘保护，防止短路。直流电磁制动器在松闸时，通过接触器常闭接点断开将经济电阻串入线圈回路，使温升降低。正常起动时线圈两端电压为 110V，串入电阻后为 55 V±5V，制动线圈温升应不超过 60℃，绝对温度应不超过 80℃
6	制动器的销轴转动应灵活，无积灰或油垢，可用薄质油润滑，销轴磨损量超过原直径的 5%或椭圆度超过 0.5mm 时，应更换销轴。杠杆系统和弹簧出现裂纹要及时更换
7	电磁铁可动铁心在铜套内应滑动灵活，必要时可用石墨粉或二硫化钼粉润滑
8	制动衬垫上应无油腻或杂物，以防摩擦系数减小、制动力矩减小而使制动行程过大。可用小型刀具轻刮或用煤油擦净油腻或杂物
9	固定制动衬垫的铆钉应埋入沉头座孔中，新制动衬垫的铆钉头部沉入深度不小于 3mm，任何时候制动衬垫的铆钉头部不可与制动轮接触
10	为保证制动瓦上下两端与制动轮间隙均匀和在整个接触面上施加的力均匀，必须用垫片调整制动器底座，使制动瓦与制动轮中心水平线保持一致，并达到中心高度及直线度的要求，因此，要注意垫片是否发生位移情况
11	制动轮表面应无划痕和高温焦化颗粒，否则应打磨光滑

制动器的调整与修理要求见表 7-11。

表 7-11　制动器的调整与修理要求

序号	调整与修理要求
1	电磁力的调整。使制动器具有足够的松闸力，必须调整两个铁心的间隙，其方法： ①用扳手松开调节螺母部位的压紧螺母，然后调整调节螺母的间隙至适当程度后，再拧紧压紧螺母 ②粗调时两边的调节螺母先要向内拧动，使两个铁心完全闭合，测量栓杆的外露长度并使其相等 ③粗调完毕，以一边的调节螺母先退出 0.3mm 作为已调好的位置，拧紧螺母不再变动，另一边适当地退出调节螺母，使两边栓杆后退时总和为 0.5~1mm，即两个铁心的间隙为 0.5~1mm。栓杆后退量可用表具测量
2	制动力矩的调整。制动力矩是由主弹簧作用产生，因此，必须调整主弹簧的压缩量，其方法： ①松开主弹簧压紧螺母，将调节螺母拧紧，使主弹簧长度缩短，增大弹力，制动力矩增大 ②松开主弹簧压紧螺母，将调节螺母拧松，使主弹簧长度增长，减小弹力，制动力矩减小 制动力矩调整完毕，应拧紧压紧螺母。其调整注意事项： ①应使两边主弹簧长度相等，压缩量的调整应适当 ②满足轿厢下行提供足够的制动力，迫使轿厢迅速停止运行，可靠处于静止状态 ③制动力过大会造成制动过度，影响电梯的平层平稳性，应满足平滑迅速制动 ④制动力过小会使制动力矩不足，造成不能迅速停止，影响电梯的平层准确度，甚至会出现溜车或反平层现象 ⑤制动器的制动衬垫初期磨损速度很快，待其与制动轮磨合后，磨损速度趋向缓慢。当制动衬垫磨损量增大，主弹簧亦随之伸长，从而制动力矩逐渐减小。为保证制动力矩不变且调整方便，宜在制动器安装调整完毕后，将弹簧长度在双头螺杆上刻线并作记号。当制动衬垫磨损使主弹簧伸长后，可根据刻线将主弹簧调整至原刻线位置处
3	制动瓦与制动轮的间隙通常为 0.5~0.7mm，且在制动瓦与制动轮表面各部位间隙均匀，其调整方法： 调整时用手动松闸装置松开制动瓦，此时两个铁心闭合在一起，将上面两个螺钉旋进或旋出，用塞尺检查制动衬垫和制动轮上、中、下三个位置的间隙应当均等。用塞尺塞入间隙 2/3 为限，两侧制动瓦都应检查，其测量值应尽可能一致。制动瓦与制动轮的间隙，若调整得当，可调至 0.4~0.5mm
4	手动松闸装置的调整。检修电梯、检查电动机、调整制动瓦间隙以及升降轿厢等，需要使用手动松闸装置松开制动瓦，其方法： 调整时用扳手拧住双头螺杆旋转 90°，固定在双头螺杆上凸轮的斜面将制动臂向外推，制动臂绕铰点转动，制动瓦离开制动轮，松闸动作完成 若要回复原位，即用扳手拧住双头螺杆向相反方向旋转 90°，在主弹簧作用下，使凸轮的斜面重新贴合，制动器恢复至初始状态

7.2.3　减速器检查修理

减速器的检查要求见表 7-12。

表 7-12　减速器的检查要求

序号	检 查 要 求
1	减速器地脚螺栓不允许松动；减速器运转时应无异常声音和振动；减速器箱体内油温不得高于 85℃
2	减速箱体结合面、窥视盖等应紧密连接，不允许有渗漏油。当箱盖或油窗盖漏油时，可更换衬垫或在结合面处涂敷薄层透明漆，且必须均匀用力拧紧各个螺栓
3	减速器蜗杆轴承部位漏油是常见缺陷，应及时更换油封。安装油封时应注意密封圈的唇口向内，压紧螺栓时要交替拧紧，使压盖均匀地压紧油封。安装油毛毡圈前必须用机油浸透毡圈，既可减小毡圈与轴颈的摩擦，又可提高密封性能。蜗杆轴伸出端渗油速度应不超过 $150cm^2/h$
4	减速器在正常运转时，其构件和轴承的温度一般不超过 70℃，如果超过 80℃或产生不均匀噪声，出现摩擦和撞击声时，应检查维修并更换轴承。在蜗杆的一端通常装有双向推力球轴承，检查推力座圈可以知道是否发生过度磨损，当不正常的磨损而致空隙加大，轴向力可能传给电动机轴承，将引起过热和碎裂，亦可致使联轴器弹性圈在孔内窜动而造成损坏加剧

（续）

序号	检查要求
5	重点检查减速器蜗轮齿圈与轮筒的连接，螺母、螺栓应无松动位移现象，轮筒与主轴的配合连接无松动，并用手锤敲击检查轮筒有无裂纹
6	减速器安装时，尽量不要在箱体底部塞垫片，如果底座不平，应用锉刀、刮刀等机修加工，以符合安装要求
7	减速器的蜗轮、蜗杆传动应灵活，啮合应有一定的齿侧间隙，最小齿侧间隙称为保证侧隙，因此，装配后蜗杆和蜗轮轴的轴向游隙应符合规定
8	减速器漏油经堵漏修复后应补入润滑油，其牌号应与原箱内的油牌号相同，否则全部更换新油。润滑油品种一般选择 30 号齿轮油或 24 号、28 号气缸油
9	减速器箱体内的润滑油加入要适量，因为关系到蜗轮、蜗杆浸入油的深度，浸入太少会使润滑不良，浸入太多会产生大的搅油能量损失且不利于热量的散发。对蜗杆下置式，润滑油应保持在蜗杆中线以上，啮合面以下；对蜗轮下置式，蜗轮的浸入深度在两个齿高为宜。当减速器箱体设置油标尺或油镜时，对于油标尺应使油面位于两条刻线之间；对于油镜应位于中线为佳
10	减速器新装或修理后，在运转 8~10 天后必须要更换润滑油，以后在半年内每季度换一次油，然后根据油质的情况，半年或一年换一次油 换油时先将减速器箱体内清洗干净，在加油口放置过滤网，经过滤网过滤后再将新油注入箱体内，以保证油的洁净度
11	减速器的滚动轴承用轴承润滑脂（钙基润滑脂），以填满轴承座空腔的 2/3 为宜。保证每月挤加一次（油杯内必须装满润滑脂，挤加方法是将油杯盖旋转 2/3~1 圈），并且每年清洗更换新油一次

减速器蜗杆传动的齿侧间隙及调整见表 7-13。

表 7-13 减速器蜗杆传动的齿侧间隙及调整

<table>
<tr><th>序号</th><th>蜗杆传动的齿侧间隙及调整要求</th></tr>
<tr><td>1</td><td>互相啮合的轮齿在不工作齿侧存在的间隙称为齿侧间隙。其作用具有防止轮齿在工作时被卡住，因此在使用中轮齿啮合应保证最小侧隙。当减速器箱体发热至 50℃，蜗轮蜗杆发热至 80℃时，能保证不会因热膨胀而卡齿，标准规定的侧隙如下：
<table>
<tr><td>中心距
A/mm</td><td>> 80~160</td><td>> 160~320</td><td>> 320~630</td><td>> 630~1250</td></tr>
<tr><td>保证侧隙
D_C/μm</td><td>130</td><td>190</td><td>260</td><td>380</td></tr>
</table>
</td></tr>
<tr><td>2</td><td>齿侧间隙过大时，会使轮齿传动不平稳，换向时产生冲击。对于中心距可调型式减速器，当齿面磨损而使侧隙过大时，可降低中心距以减小侧隙。
中心距调整方法有：
①垫片法。主轴两端轴承座底部垫有垫片，故减少垫片就能达到减小中心距的目的
②偏心套法。在主轴两端的轴承座内，装设偏心套，同时转动两端的偏心套，就可达到改变中心距的目的
③偏心轴法。主轴的两个支承端与身部有偏心距“e”的偏差值，只要将轴转动，就可以调整中心距
④升降箱体端盖法。支承主轴的两侧箱体端盖可以调整高度，只要同时升降端盖就可调整中心距</td></tr>
<tr><td>3</td><td>当轮齿磨损使齿侧间隙超过 1mm，并在运转中产生猛烈撞击时，或者轮齿磨损量达原齿厚 15%时，应更换蜗轮和蜗杆，且成对更换</td></tr>
</table>

7.2.4 悬挂装置检查修理

钢丝绳是曳引驱动电梯常用的悬挂装置。对曳引钢丝绳的检查要求见表 7-14。当电梯采用除钢丝绳以外的其他类型的悬挂装置（如：钢带、纤维绳等）时，对该悬挂装置的检查应当符合制造单位规定的要求。

表 7-14　对曳引钢丝绳的检查要求

序号	检查要求
1	曳引钢丝绳所受的张力应保持均衡，否则，可以用钢丝绳锥套螺栓上的螺母调节弹簧的松紧度使其均衡。钢丝绳的张力与平均值偏差均应不大于5%
2	钢丝绳要有适当的润滑，以降低绳丝之间的摩擦损耗并保护表面不锈蚀。钢丝绳中心有一浸入特殊润滑防锈油的绳芯，长期使用油会外渗产生损耗，宜用钢丝绳油（戈培油），也可用黏度中等的 L-AN46 或 L-AN68 全损耗系统用油定期润滑。润滑时应在轿厢由底层慢速上行进行操作，油不宜过多，以手能触摸感知即可。切忌不可把油滴在制动轮表面，对不绕过曳引轮部分的钢丝绳，必须涂敷防腐剂保护外表面
3	钢丝绳作为备用绳，应存放在干燥、通风良好的室内，底部用木方垫高不少于 300mm，且表面涂防腐剂，每年检查一次，存放期在五年以上的，使用时必须进行拉力试验
4	钢丝绳应卷绕在卷绳木轮上，使用时由卷绳木轮转动放出钢丝绳，避免绳打圈、打结、松散或被破断
5	在电梯运行中，因导轨不直或接头不平，导轨与导靴间隙过大，均会引起钢丝绳振动受损。司机采取点动平层，既使电气元件受损坏，又会使钢丝绳产生附加载荷而受损坏
6	钢丝绳锈蚀破坏性极大，外层一旦锈蚀便会向内层蔓延，谨防隐蔽性损坏。钢丝绳的表面有否麻斑、断丝、断股、锈蚀或钢丝绳的受力均匀与否都属检查范围
7	钢丝绳绳头组合应安全可靠，且每个绳头均应装有防松装置（如双螺母或开口销）
8	新钢丝绳悬挂前试验时，发现其中有拉断、弯曲、直径减小量达到钢丝绳公称直径的 10%的不合格钢丝绳时不允许使用
9	对在用钢丝绳应定期检查，且按规定更换新钢丝绳。换新钢丝绳时应符合原设计要求，若用其他型号代用，则要重新计算有关参数，除钢丝绳的直径应符合原有钢丝绳的要求外，破断拉力也不可低于原设计规定
10	对在用钢丝绳必须每周检查一次钢丝绳的锈蚀、断丝和磨损等情况。电梯应慢速运行，在机房仔细检查钢丝绳在曳引轮上绕行全过程，可用棉纱围在绳上，若钢丝绳有断丝其断头会将棉纱挂住。少量断丝不需更换仍可使用，但必须仔细检查，在一个捻距（7~7.2 倍绳径）内，断丝数目如若超过钢丝总数的 2%时，则每周应当增加检查次数。对于钢丝的磨损达到原直径的 40%时，即使没有断丝，也应更换钢丝绳
11	在用钢丝绳在稳定期后出现不正常的伸长或断丝数增多的情况，例如连续三天出现显著伸长，或者某一捻距内每天都有断丝出现，则说明钢丝绳已接近失效，应及时更换
12	人站在轿顶上，电梯行驶到轿顶与对重平齐位置，检查轿厢、对重与钢丝绳的连接部位。再启动电梯以检修速度使轿厢从井道顶部运行到底部，并在相隔 1.5m 距离处停止一次，检查对重上部的钢丝绳
13	对钢丝绳的连接装置和与其相关的零件亦需仔细检查，不允许有锈蚀，紧固螺母不允许有松动，压紧弹簧不可有永久形变和裂纹。可以用小铁锤轻轻敲击被查部位，观察松动和损坏情况。若敲击时有“嘶哑声”，表明有裂纹存在应及时修理或更换

正常情况下钢丝绳应无机械损伤或其他缺陷。当需要更换时，应采用同型号规格的钢丝绳予以替换，且整台电梯的悬挂钢丝绳应同时更换。

当电梯采用除钢丝绳以外的其他类型的悬挂装置时，悬挂装置的磨损、形变等应当不超过制造单位设定的报废条件。

曳引钢丝绳的报废条件见表 7-15。

表 7-15　曳引钢丝绳的报废条件

序号	报废条件
1	钢丝绳出现笼状畸变、绳芯挤出、扭结、部分压扁、弯折和变形
2	钢丝绳由于受热或电弧的作用而受到的损坏
3	断丝分散出现在整条钢丝绳，任何一个捻距内单股的断丝数大于 4 根；或者断丝集中在钢丝绳某一部位或一股，一个捻距内断丝总数大于 12 根（对于股数为 6 的钢丝绳）或者大于 16 根（对于股数为 8 的钢丝绳）
4	钢丝绳出现绳股断裂
5	钢丝的磨损量达到原钢丝直径的 40%
6	磨损后的钢丝绳直径达到原钢丝绳公称直径的 90%

电梯运行一段时间后，钢丝绳会出现不同程度的伸长，当伸长超过设计允许的范围时，就需要对钢丝绳进行调整与修理。对钢丝绳的调整与修理要求见表7-16。其他类型的悬挂装置的调整与修理，应当按照制造单位的规定进行调整与修理。

表7-16　对钢丝绳的调整与修理要求

序号	调整与修理要求
1	钢丝绳的连接　对于新安装或使用时间较长，其伸长量已达到或超过设计允许范围的钢丝绳，为使其破断拉力不降低，一般采用锥形套筒法，即钢丝绳穿过锥形套筒，将绳端钢丝解散弯曲折成圆锥状或麻花状，经清洗后拉入锥套，然后用巴氏合金熔化浇入锥套内，凝固后钢丝绳被牢固地固定在锥套内。其具体操作方法： ①裁截钢丝绳。为防止整条钢丝绳松散，必须将钢丝绳头先包扎后切断 ②钢丝绳清洗、扎紧。绳头拆散后，使用无毒、不易燃的溶剂（如柴油、煤油）清洗松散部分，去除油污砂尘等杂物，然后扎紧绳头。绳头扎紧长度 $L_1=20$mm，与钢丝绳直径有关。当钢丝绳直径 $D=16$mm 时，其绳头扎紧长度 $L_2=125$mm ③绳头拉入锥套。将锥套大端朝上垂直固定并在小端出口处缠上布条或棉纱，防止浇注巴氏合金时熔液渗透外流。合金浇注面应高出绳头，$L_3=15\sim20$mm ④绳头与锥套预热。绳头拉入锥套后，应将绳头和锥套同时预热至40℃左右 ⑤绳头浇注。将足够量的熔融巴氏合金从大端一次性浇灌至锥套中 ⑥绳头浇注后检查。绳头浇注完毕，待巴氏合金冷却后取下锥套小端出口处的防漏物，此时可在孔口处见到有少量合金渗出，以证明合金已渗至孔底。同时应检查钢丝绳是否与锥套成一直线，捻向是否呈不均匀状态。绳的歪斜和散松均会降低破断拉力，当发现合金未能渗至孔底及钢丝绳出现歪斜和松散时，应重新浇注巴氏合金
2	钢丝绳的伸长量估算　电梯由多根钢丝绳提升，在使用中钢丝绳受载荷后会产生结构性伸长，这种伸长过程在其安装后早期阶段发展速度相当快，待使用数月或一年时间以后（视电梯运行频次、负荷大小状况决定），绳的伸长量随时间增加而减小，且会处于相对稳定期。伸长量估算参考如下： 钢丝绳规格 | 钢丝绳直径/mm | 钢丝绳伸长量/(mm/30m) 6×19 | 13～19 | 150～230 8×19 | 19～25 | 230～300
3	钢丝绳的张力调整。电梯是多钢丝绳提升，要求每根钢丝绳受力均等，可用钢丝绳锥套上的钢丝绳张力调整装置，拧紧或放松螺母改变弹簧力的方法。弹簧还可起微调作用，瞬时不平衡力由弹簧补偿。但是，由于数根弹簧性能有些差异，因而不能通过测量压缩弹簧的长度来衡量钢丝绳受力是否相等，更不可以此作为调整张力的依据
4	对于采用楔形锥套连接的钢丝绳绳头连接（端接）装置，当锥套、楔块或连接螺栓等连接件有任何缺陷时都应及时修理或更换

7.2.5　限速器检查修理

对限速器的检查要求见表7-17。

表7-17　对限速器的检查要求

序号	检 查 要 求
1	限速器绳轮不垂直度应不大于0.5mm，限速器可调部位所加的封记必须完好，限速器所每两年整定校验一次
2	限速器钢丝绳在正常运行时不应触及夹绳钳口，电气开关应动作可靠，活动部分应转动灵活
3	限速器动作时，限速器钢丝绳应能提供不小于300N或安全钳起作用所需操作力的两倍
4	限速器的绳索张紧装置底面距底坑平面的距离： 移动式装置：额定速度≤1.0m/s为400mm±50mm；额定速度>1.0m/s为550mm±50mm 固定式装置：按照制造厂规定的设计范围设定

（续）

<table>
<tr><th>序号</th><th>检 查 要 求</th></tr>
<tr><td>5</td><td>限速器钢丝绳的维护检查与曳引钢丝绳相同且具有同等重要性。维修人员可站在轿顶上，抓住轿架，电梯以检修速度在井道内全程运行，仔细检查限速器钢丝绳的缺陷和连接</td></tr>
<tr><td>6</td><td>限速器的夹绳钳块动作时，其工作面应均匀地紧贴在钢丝绳上，在动作解除后，应仔细检查钢丝绳被夹紧区段有无断丝、压痕、压扁、折曲等损伤缺陷并用油漆做好标记作为再次检查时需重点检查的区段</td></tr>
<tr><td>7</td><td>电梯运行时，在正常情况下，速度控制器运转声音十分轻微而又均匀，没有时松时紧的感觉。若发现速度控制器有异常碰撞声或敲击声，应检查离心锤与绳轮和固定板与离心锤的连接螺钉有无松动；检查离心锤轴孔的磨损和变形，轴孔间隙过大会造成不平衡，两个离心锤重量不一致，使噪声、振动加剧</td></tr>
<tr><td>8</td><td>检查张紧装置中张紧开关打板的固定螺栓是否松动或产生位移，应保证打板能够触碰开关滚轮</td></tr>
<tr><td>9</td><td>检查绳轮、张紧轮是否有裂纹和绳槽磨损情况。在运行中若钢丝绳有断续抖动，表明绳轮或张紧轮轴孔已磨损变形，应更换轴套</td></tr>
<tr><td>10</td><td>速度控制器检修完毕应进行动作检查，考验其灵活性。具体操作方法是在未安装护罩前，用手扳动离心锤使其卡住锤罩牙齿，并迫使锤罩转动，压绳舌能够压紧钢丝绳，再扳动偏心叉，机构可以复位即合格</td></tr>
<tr><td>11</td><td>张紧装置应工作正常，绳轮和导轮装置与运动部位均应润滑良好，每周需加油一次，每年需拆检和清洗加油</td></tr>
<tr><td>12</td><td>限速器动作速度应校验正确，在轿厢下行速度达到或超过限速器规定的动作速度时，应立即起作用并带动安全钳，使安全钳能钳住导轨并使轿厢制动。限速器的最大动作速度如下：
<table>
<tr><th>额定速度/(m/s)</th><th>限速器最大动作速度/(m/s)</th><th>额定速度/(m/s)</th><th>限速器最大动作速度/(m/s)</th></tr>
<tr><td>≤0.50</td><td>0.80</td><td>1.75</td><td>2.33</td></tr>
<tr><td>0.75</td><td>1.27</td><td>2.00</td><td>2.63</td></tr>
<tr><td>1.00</td><td>1.50</td><td>2.50</td><td>3.23</td></tr>
<tr><td>1.50</td><td>2.04</td><td>3.00</td><td>3.83</td></tr>
</table>
注：当电梯的额定速度超出上表所列速度时，限速器的动作速度可按下述公式计算：$v_d = 1.25v+0.25/v$
式中，v_d 为限速器的动作速度（m/s）；v 为电梯的额定速度（m/s）</td></tr>
</table>

限速器的调整与修理要求见表7-18。

表7-18　限速器的调整与修理要求

序号	调整与修理要求
1	限速器钢丝绳在电梯正常运行时不应触及夹绳钳块。偏心叉上的夹绳钳块与钢丝绳的间隙，在脱离接触的正常位置，其值为5mm。夹绳钳块压在绳上的作用力可以调节压缩弹簧的压力，其方法在速度控制器手柄上端的螺母下面安装平垫圈或垫片，垫片越厚，夹绳钳块向上移动而使弹簧的压缩量越大，当限速器动作时，由于偏心缘故，弹簧压向夹绳钳块的作用力大，故压在钢丝绳上的力大。若减少垫片厚度，则弹簧压缩量减少，弹簧施加夹绳钳块力亦变小
2	调整限速器动作的速度：离心锤在离心力作用下可以张开，而弹簧压向离心锤阻止其张开，拧紧弹簧的压紧螺栓，压缩弹簧增大弹力，离心锤欲要张开必须克服较大的弹簧阻力，因此要求的离心力大，故动作速度高。当调整使压缩弹簧伸长，离心锤张开阻力减小，故动作速度低。限速器的动作速度经制造厂测试调定后加铅封，用户不能随意变动。在用电梯的限速器每两年由制造厂家或检验机构检测一次，对其动作速度和提拉力进行校验
3	当速度控制器发生动作，安全钳制动轿厢故障排除之后，电梯恢复运行前，必须解除夹绳钳块的卡绳状况。扳动速度控制器的偏心叉（即手柄），恢复到初始位置，可使夹绳钳块脱离钢丝绳。限速器钢丝绳至导轨的距离在井道全长范围内，其偏差不应超过10mm

7.2.6　安全钳检查修理

对安全钳的检查要求见表7-19。

表7-19　对安全钳的检查要求

序号	检查要求
1	安全钳拉条组件系统动作时应转动灵活可靠，无卡阻现象，系统动作的提拉力应不超过150N
2	安全钳楔块工作面与导轨工作面间的间隙一般为2~3mm，且两侧间隙应均匀，安全钳楔块动作应灵活可靠
3	安全钳电气联锁开关触点接触应良好，当安全钳动作时，安全钳电气联锁开关应先于机械动作，最晚与机械同时动作，并应能可靠地切断安全电气回路
4	检查安全钳楔块的位置，使每个楔块工作面与导轨工作面间的间隙保持在2~3mm
5	检查制动力是否符合要求，渐进式安全钳制动时的平均减速度应在(0.2~1.0)g_n　(g_n=0.981m/s^2)
6	轿厢被安全钳制动时不应产生过大冲击力，同时也不能产生太长的制动行程，因此，规定渐进式安全钳的制动距离如下：

额定速度/(m/s)	限速器最大动作速度/(m/s)	制动距离/mm	
		最小	最大
1.50	2.04	330	840
1.75	2.33	380	1020
2.00	2.63	460	1220
2.50	3.23	640	1730
3.00	3.83	840	2320

对安全钳的调整与修理要求见表7-20。

表7-20　对安全钳的调整与修理要求

序号	调整与修理要求
1	清除安全钳上所有的零件、转动部位的灰尘、污垢及干涸的润滑脂，对零件表面和转动部位应用煤油清洗并涂上清洁机油，然后检查所有机构的动作行程，应保证不超过各项的限值 从安全钳钳座内取出楔块并清理楔块的工作表面，涂上刹车油后再安装复位。若安全钳楔块工作面有缺陷应修理或更换同型号规格的安全钳楔块
2	利用水平拉杆和垂直拉杆上的张紧接头调整安全钳楔块工作面与导轨工作面间的间隙使之在2~3mm且两侧间隙应均匀，然后使拉杆的张紧接头定位、固定，保证安全钳动作时轿底的倾斜度不大于5%
3	调整或更换安全钳拉条组件系统，使其动作灵活可靠，无卡阻，系统动作的提拉力不应超过150N
4	更换或调整安全钳电气联锁开关的触点及位置，保证安全钳动作时，安全钳电气联锁开关应先于机械动作，最迟与机械同时动作并能可靠地切断安全电气回路
5	调整限速器钢丝绳的张紧力或安全钳动作的提拉机构，使渐进式安全钳制动时的平均减速度应在(0.2~1.0)g_n
6	调整限速器钢丝绳的张紧力或安全钳动作的提拉机构，使轿厢被安全钳制动时不产生过大的冲击力和太长的制动行程(轿厢最晚应在接触缓冲器前制停)

7.2.7　层门和轿门的检查修理

对层门和轿门的检查要求见表7-21。

表 7-21　对层门和轿门的检查要求

序号	检查要求
1	层门和轿门应平整直立，开启关闭轻便灵活，无跳动、摆动和噪声，门滑轮的滚动轴承和其他构件接触表面的运动摩擦部位应保持清洁、润滑
2	封闭的门应用薄钢板制成，其内外表面都应涂漆保护（不锈钢门除外）
3	层门门锁装置构件完整、动作应灵活可靠，在层门关闭时，必须保证无法钥匙无法从外面打开层门
4	层门和轿门的门锁回路应有效，该回路只有在电梯的所有门锁都锁紧、门锁触点都闭合的情况下，才允许门锁回路接通电梯运行。并且要保证在任何时候当层门和/或轿门开启、电路触点故障时，电梯应能立即停止且无法再次起动
5	各门锁的锁钩、锁臂及动接点动作应灵活。门锁电气开关应采用符合电气安全触点要求的直接式的型式，在电气安全触点动作之前，锁紧元件的最小啮合深度不应小于 7mm，关门无撞击声，接触良好
6	层门地坎的水平度不应超过 0.2%，地坎应略高于装修完毕后的地面 2~5mm，并抹成 0.1%~0.2% 的过度斜坡
7	各层层门地坎与轿门地坎间的水平距离不得大于 35mm，其偏差均不应超过 0~3mm
8	层门门套立柱的铅垂度和横梁的水平度均不应超过 0.1%；层门框架立柱的铅垂度和横梁的水平度均不应超过 0.1%
9	层门导轨与地坎槽在导轨两端和中间三处间距的偏差不应超过±1mm，即导轨与地坎槽尽可能保持平行
10	层门导轨滑轮接触面（即顶面）与地坎槽底部的不平行度不应超过 1mm，即导轨与地坎槽应平行不可倾斜
11	层门导轨不可扭斜，其不铅垂度不应超过 0.5mm；对于直分式层门导轨，其接头处允许有不大于 10mm 的间距
12	门滑块不应磨损，门滑块与层门地坎在高度方向上的间隙应不大于 6mm
13	调整滚轮架上的偏心挡轮与导轨下端面间的间隙应不大于 0.5mm，为使门扇在运行时平稳，应无跳动现象
14	门扇未装联动机构前，在门扇的中心处，沿导轨水平方向任何部位牵引时，其阻力应小于 300g，即用手移动门时应当轻便灵活
15	层门的门扇与门套，门扇与门扇间的间隙，乘客电梯应为 1~6mm，载货电梯应为 1~8mm
16	中分式门的门扇在对接处的不平度应不大于 1mm，门缝的尺寸在整个可见高度上均应不大于 2mm
17	各层层门门扇，在开启、关闭 100mm 和行程 1/2 时，调整其开门力的差值不超过 5%
18	电梯层门门扇上安装有层门自动关闭装置，当轿厢在开锁区域以外时，应确保层门能自动关闭，当轻微用手扒开门缝时，该装置应能使门自行闭合严密
19	折叠式门扇的主动门与被动门之间的重叠部分宽应为 20mm
20	层门锁滚轮与轿厢地坎间的间隙均应为 5~10mm，电梯运行时层门锁滚轮不得与轿厢地坎或门刀互相碰擦
21	开门刀与各层层门地坎和各层机械门锁装置中的滚轮间的间隙均应为 5~10mm
22	层门和轿门都是电梯安全保护部件，是防止人员坠入井道的有效措施，其检查内容和要求相同

电梯的层门、轿门在运行过程中，可能会受到外力的撞击或人员的使用不当，在这种情况下就会造成层门、轿门的形变、损坏进而影响电梯的正常运行和安全。对层门和轿门的调整与修理要求见表 7-22。

表 7-22　对层门和轿门的调整与修理要求

序号	调整与修理要求
1	调整或校正层门/轿门，使其平整直立，开启关闭轻便灵活，无跳动、摆动和噪声。清洁或润滑门滑轮的滚动轴承和与其他构件接触的运动摩擦部位
2	调整、修理或更换层门门锁中的部分零件（如锁钩、锁臂、压缩弹簧、推杆等），使其动作灵活可靠，在层门关闭时，能保证不用钥匙不能从外面打开层门。对于不符合标准规范要求的门锁型式应予以更换

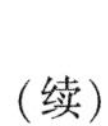

（续）

序号	调整与修理要求
3	层门和轿门的门锁回路应有效，该回路只有在电梯的所有门锁都闭紧、门锁触点都闭合的情况下，才允许门锁回路接通电梯运行。并且要保证在任何时候当层门和/或轿门开启、电路触点故障时，电梯应能立即停止且不能被再次起动
4	调整各门锁的锁钩和锁挡，使门锁在电气安全触点动作之前，锁紧元件的最小啮合深度不应小于7mm，关门无撞击声，接触良好
5	调整层门地坎的不水平度，使之不超过0.2%并使地坎略高于装修完毕后的地面2~5mm，同时抹成1%~0.2%的过度斜坡
6	调整各层层门地坎与轿门地坎间的水平距离使之不大于35mm，其偏差均不超过0~3mm
7	调整层门门套立柱的铅垂度和横梁的水平度，使之均不超过0.1%；层门框架立柱的铅垂度和横梁的水平度，使之均不超过0.1%
8	调整层门滑轮导轨接触面（即顶面）的水平度，使之与层门地坎在导轨两端和中间三处间距的偏差不大于±1mm
9	对层门导轨扭斜进行校正，使其不铅垂度小于0.5mm
10	更换或调整门滑块，使门滑块插入层门地坎槽后，门滑块与层门地坎在高度方向上的间隙应小于6mm
11	调整滚轮架上的偏心挡轮与导轨下端面间的间隙使之不大于0.5mm，并能保证门扇在运行时平稳，无跳动现象
12	调整层门的门扇与门套，门扇与门扇间的间隙，使乘客电梯在1~6mm，载货电梯在1~8mm
13	调整中分式门的门扇在对接处的不平度使之不超过1mm，门缝的尺寸在整个可见高度范围内不超过2mm
14	调整开门力或门电机转矩使各层层门门扇，在开启、关闭100mm和行程1/2时，其差值不超过5%
15	调整层门自动关闭装置的钢丝绳、弹簧或重锤，保证电梯层门门扇在开锁区域以外时，当轻微用手扒开门缝时，该装置也应能使门自行闭合严密并处于锁紧状态
16	调整折叠式门扇的主动门或被动门，使主动门与被动门之间的重叠部分宽度不小于20mm
17	调整层门锁滚轮与轿厢地坎间的间隙，使之在5~10mm范围内并保证电梯运行时层门锁滚轮不与轿厢地坎或门刀互相碰擦
18	调整或更换开门刀，使开门刀与各层层门地坎、门锁滚轮间的间隙不小于5~10mm
19	层门和轿门都是电梯安全保护部件，是防止人员坠入井道的有效措施，其调整修理内容和要求相同

自动门驱动机构是电梯能够实现开门关门动作的操纵机构。对自动门驱动机构的检查要求见表7-23。

表7-23　对自动门驱动机构的检查要求

序号	检查要求
1	自动门驱动机构的动作应灵活可靠，各拉杆铰接部位需每周清洁、润滑，孔内不允许有积尘和脏物
2	检查皮带摩损状况。自动门驱动机构中广泛采用带传动，当使用一段时间以后，传动带会发生结构性伸长，而使得摩擦力降低致使带发生打滑现象
3	检查自动门的关门缝隙是否过大或过小
4	自动门移动应平稳，各个门扇移动时应均匀无颠簸、抖动或卡死现象
5	门电动机应无灰尘污垢，每季度需用薄质油润滑轴承，当门电动机调速不正常或门移动冲击现象严重时，应检查行程开关有无移位，触头是否灵活，接线是否脱落或松动。门电动机绕组与接线端子接触应可靠，其绝缘电阻应大于0.5MΩ
6	检查拨动层门的门刀有无松动，门刀尖部是否损坏

（续）

<table>
<tr><th>序号</th><th>检 查 要 求</th></tr>
<tr><td>7</td><td>门传动机构链或带不应松弛，保证有足够的张力，各级减速开关与开关门限位开关位置正确，工作可靠。检查开关门速度是否符合下列要求：
电梯的开关门时间　　（单位：s）
<table>
<tr><th rowspan="2">开门方式</th><th colspan="4">开门宽度(B)/mm</th></tr>
<tr><th>$B\leqslant800$</th><th>$800<B\leqslant1000$</th><th>$1000<B\leqslant1100$</th><th>$1100<B\leqslant1300$</th></tr>
<tr><td>中分自动门</td><td>3.2</td><td>5.0</td><td>5.3</td><td>5.9</td></tr>
<tr><td>旁开自动门</td><td>3.7</td><td>5.3</td><td>5.9</td><td>5.9</td></tr>
</table>
</td></tr>
</table>

对自动门驱动机构的调整与修理要求见表7-24。

表7-24　对自动门驱动机构的调整与修理要求

<table>
<tr><th>序号</th><th>调整与修理要求</th></tr>
<tr><td>1</td><td>应定期清洁、润滑自动门驱动机构各拉杆铰接部位的积尘和脏物</td></tr>
<tr><td>2</td><td>当自动门驱动机构中的传动带发生打滑现象时，可调整门驱动电动机位置，使传动带轮的中心距变大或更换新的传动带</td></tr>
<tr><td>3</td><td>通过在门的关闭位置松开曲柄与轮的紧固螺栓，移动曲柄在腰形槽中的位置，使门关闭到位再拧紧螺栓的方法调整自动门关门缝隙的大小
当移动曲柄、腰形槽等产生形变、损坏时，应进行调整、修理或更换</td></tr>
<tr><td>4</td><td>当层门、轿门移动时发生抖动或卡死现象时，可调整自动门机构横梁两端的调整螺杆（旋进或旋出）</td></tr>
<tr><td>5</td><td>当门驱动电动机调速不正常或门移动冲击现象严重时，可调整门行程限位开关位置、更换门行程开关、重新接线或修理更换门驱动电动机</td></tr>
<tr><td>6</td><td>当层门的门刀有松动、门刀尖部有磨损或损坏时，应进行修理或更换</td></tr>
<tr><td>7</td><td>当电梯的开关门速度不满足下列规定的时间要求时，应进行调整。
电梯的开关门时间　　（单位：s）
<table>
<tr><th rowspan="2">开门方式</th><th colspan="4">开门宽度(B)/mm</th></tr>
<tr><th>$B\leqslant800$</th><th>$800<B\leqslant1000$</th><th>$1000<B\leqslant1100$</th><th>$1100<B\leqslant1300$</th></tr>
<tr><td>中分自动门</td><td>3.2</td><td>5.0</td><td>5.3</td><td>5.9</td></tr>
<tr><td>旁开自动门</td><td>3.7</td><td>5.3</td><td>5.9</td><td>5.9</td></tr>
</table>
注：当开门宽度超过1300mm时，其开门时间由制造商与客户协商确定</td></tr>
</table>

电梯防止门夹人保护装置目前主要有两种型式，一种是机械式的安全触板，一种是非机械式的光电（超声波）触板。机械式的安全触板是一种接触式安全保护；非机械式的光电（或超声波）触板是一种非接触式安全保护。对电梯防止门夹人保护装置的检查要求见表7-25。

表7-25　对电梯防止门夹人保护装置的检查要求

序号	检 查 要 求
1	轿门前沿附装的安全触板（或光电触板、超声波触板等）——防止门夹人保护装置，其作用是能使正在关闭的轿门碰到障碍物时，不仅能停止关闭，而且还能反向开门。因此，应检查防止门夹人保护装置的功能是否有效、动作是否灵活可靠

（续）

序号	检 查 要 求
2	防止门夹人保护装置应无扭曲，其边缘在垂直方向上应垂直。层门关闭时，配对的两安全触板间应无明显的撞击声
3	光电触板的表面应清洁无损坏
4	防止门夹人保护装置的接线应可靠、无松动，动作行程应在规定的范围内

对电梯防止门夹人保护装置的调整与修理要求见表7-26。

表7-26　对电梯防止门夹人保护装置的调整与修理要求

序号	调整与修理要求
1	调整、修理微动开关、控制电路或安装位置，使安全触板（光电触板、超声波触板等）的保护功能有效、动作灵活可靠 机械式安全触板需每周在各铰接部位用薄质油润滑一次。当销轴或曲槽有磨损时必须更换
2	调整安全触板与中心线的平行度，短摆杆上有腰形槽，移动槽内螺栓位置，使扇形板移动，在弹簧的作用下，连接板与门扇板紧贴在一起，扇形板移动至连接板使触板绕销轴转动，平行度得到调整，从而改变门缝夹持乘客的宽度
3	调整微动开关触头，在正常情况下，应使开关触头与触板端部的螺栓头刚好适度接触，在弹簧的作用下处于准备动作状态，只要触板摆动，触头便立即动作。为此，可旋进或旋出螺栓，使螺栓头部与开关触头保持接触
4	调整或校正防止门夹人保护装置，使其无扭曲、边缘在垂直方向上垂直。层门关闭时，两安全触板间无明显的撞击声
5	清洁光电触板的表面，更换损坏的光电触板
6	防止门夹人保护装置的接线应可靠、无松动，调整防止门夹人保护装置的动作行程使其在规定的范围内

7.2.8　限位开关的检查修理

对限位开关的检查要求见表7-27。

表7-27　对限位开关的检查要求

序号	检 查 要 求
1	限位开关的安装位置应正确且应固定可靠，开关触点的接触应良好，开关碰轮转动应灵活
2	上限位开关安装在距顶层端站平层位置以上50mm，下限位开关安装在距底层端站平层位置以下50mm。即轿厢到达上端站或下端站时，由安装在轿厢架上的撞尺来撞动开关碰轮带动触点切断电源。电梯自动停止时，电梯应不能再向原方向运行和起动，只允许电梯朝着相反方向运行
3	为保证限位开关始终处于良好工作状态，使轿厢架上撞尺超过开关碰轮1~5mm，安装位置靠近在端站的井道壁上
4	轿厢架上的撞尺应垂直且有足够长度，按规定要求在撞尺与开关碰轮接触作用后，开关沿撞尺不致反向脱离
5	限位开关与撞尺作用时应全面接触，沿撞尺运行全程中，开关触点必须可靠动作并且不使其受压过紧，以防损坏，同时注意限位开关碰轮的安装方向，否则会损坏开关

对限位开关的调整与修理要求见表7-28。

表7-28　对限位开关的调整与修理要求

序号	调整与修理要求
1	调整限位开关的安装位置（顶站限位开关安装在距顶端站平层位置以上50mm，底站限位开关安装在距底端站平层位置以下50mm）并应可靠固定。修理或更换开关触点，使开关碰轮转动灵活、触点接触良好

（续）

序号	调整与修理要求
2	调整或修理安装在轿厢架上的撞尺，使轿厢到达限位位置时，撞尺能够撞动开关碰轮带动触点切断电源，电梯自动停止运行，且不能再向原方向运行和起动，只允许电梯朝着相反方向运行
3	为保证限位开关始终处于良好工作状态，需调整或修理安装在轿厢架上撞尺位置，保证限位开关动作时，撞尺能超过开关碰轮 1~5mm，使开关碰轮沿撞尺全面接触并不致反向脱离
4	限位开关应正确接线且功能有效，确保限位开关动作时，其所控制的方向和电路正确无误

7.2.9　极限开关的检查修理

对极限开关的检查要求见表7-29。

表7-29　对极限开关的检查要求

序号	检查要求
1	极限开关的安装位置应正确，外壳应完好无破损且固定可靠
2	极限开关应位于在超越楼层所规定的距离内 50~200mm 处，极限开关动作时，应切断驱动电动机的电源，使电梯停止
3	当电梯采用机械式极限开关时，应定期检查极限开关触点的接触是否良好，开关碰轮转动是否灵活、钢丝绳张力是否适宜及撞块位置是否正确；绳夹应无松动，钢丝绳无锈蚀，若绳夹区段的钢丝绳锈蚀或积灰太多，应截去该段钢丝绳再重新固定 当电梯采用非机械式的电气极限开关时，应定期检查极限开关和控制电路
4	极限开关的操作手柄应距离完工后的机房地面高度为 1.3~1.5m 对机械式极限开关，当井道内的极限开关钢丝绳与机房内的极限开关绳轮不能直接对应安装时，应当增设转向导轮；钢丝绳上两个撞块安装方向不可装设成相反位置

对极限开关的调整与修理要求见表7-30。

表7-30　对极限开关的调整与修理要求

序号	调整与修理要求
1	当电梯因越层而使极限开关动作后，应对强迫换速开关、限位开关、平层装置等进行调整或修理，直至排除越程故障为止
2	对于机械式极限开关，当其动作后需要投入重新运行时，修理人员应在机房扳动电动机尾部盘车手轮（手动松闸），使轿厢回到端站正确的平层位置，再扳动极限开关手柄，使链轮和链条恢复到初始位置并合上刀开关接通总电源 在轿厢未回到平层位置时，不允许扳动手柄合闸，因轿厢打板与钢丝绳撞块尚未脱离接触，若此时合闸，不仅会损坏开关，而且会发生人为的事故
3	当机械式极限开关不动作时，应调整安装在链轮上的链条。逆时针方向旋转链条并使安装在链轮左边的长度短、右边的长度长 有的极限开关装置没有链轮链条，而是一根整根的钢丝绳，绳轮安装在极限开关的轴上，传动钢丝绳的一端固定在绳轮螺旋槽起端处。为了获得准确的动作和足够的张紧力，应转动张紧装置调节头并将钢丝绳沿绳轮槽缠绕数圈，然后向下通到井道底部绕过张紧绳轮，再回到极限开关绳轮上，使钢丝绳产生足够的摩擦力后拧紧调节头。钢丝绳张紧力的调整宜适当，张力过小会使极限开关动作迟缓，甚至会失去作用
4	轿厢的越层量可以用改变钢丝绳上撞块位置的方法进行调整，在钢丝绳两侧分别用油漆做记号，或粘贴两条胶带。标记与钢丝绳撞块位置应相等，观察轿厢行驶，极限开关动作时两个标记对齐，则表示钢丝绳上的撞块在井道中的位置是正确的
5	机械式极限开关动作时如不能有效地切断电源，可调整弹簧的弹力或更换同型号规格的弹簧
6	当电气式极限开关不动作时，应调整、修理电气式极限开关的脱扣装置或更换电气式极限开关

第 8 章

电梯使用、管理、维护与常见故障排除

电梯属于特种设备，相关法律法规和特种设备安全技术规范对电梯的使用提出了明确的要求。下面重点围绕《特种设备安全法》和《电梯使用管理与维护保养规则》（TSG T5001—2009）对电梯使用与管理进行解读。

8.1 电梯使用

8.1.1 使用单位的主体责任

电梯使用单位应当使用取得生产许可并经检验合格的电梯。禁止使用国家明令淘汰和已经报废的电梯。使用单位是指具有电梯管理权利和管理义务的单位或个人。其既可以是电梯产权所有者，也可以是受电梯产权所有者授权或委托，具有电梯管理权利和管理义务者。

电梯属于共有财产，共有人可以委托物业服务单位或者其他管理人管理电梯，受托人履行法律规定的电梯使用单位的义务，承担相应的责任。共有人未委托的，由共有人或者实际管理人履行管理义务，承担相应的责任。

使用单位应当履行的职责如下：

1）保持电梯紧急报警装置能够随时与使用单位安全管理机构或者值班人员实现有效联系。

2）在电梯轿厢内或者出入口的明显位置张贴有效的“特种设备使用标志”。

3）将电梯使用的安全注意事项和警示标志置于乘客易于注意的位置。

4）在电梯显著位置标明使用管理单位名称、应急救援电话和维保单位名称及其维修、投诉电话。

5）供医院患者使用的电梯、直接用于旅游观光且速度大于 2.5m/s 的乘客电梯，以及采用司机操作的电梯，由持证的电梯司机操作。

6）制定出现突发事件或者事故的应急措施与救援预案。学校、幼儿园、机场、车站、医院、商场、体育场馆、文艺演出场馆、展览馆、旅游景点等人员密集场所的电梯使用单位，每年至少进行一次救援演练，其他使用单位可根据本单位条件和所使用电梯的特点，适时进行救援演练。

7）电梯发生人员被困事故时，及时采取措施，安抚乘客，组织电梯维修作业人员实施救援。

8）在电梯出现故障或者发生异常情况时，组织对其进行全面检查，消除电梯事故隐患后，方可重新投入使用。

9）电梯发生事故时，按照应急救援预案组织应急救援，排险和抢救，保护事故现场，并且立即报告事故所在地的特种设备安全监督管理部门和其他有关部门。

10）监督并且配合电梯安装、改造、维修和维保工作。

11）对电梯安全管理人员和操作人员进行电梯安全教育和培训。

12）按照安全技术规范的要求，及时采用新的安全与节能技术，对在用电梯进行必要的改造或者更新，提高在用电梯的安全与节能水平。

8.1.2　注册登记、变更及注销

电梯使用单位应当在特种设备投入使用前或者投入使用后30日内，向负责特种设备安全监督管理的部门办理使用登记，取得使用登记证书。登记标志应当置于该特种设备的显著位置。

使用单位办理使用登记时，应当提供以下资料：

1）组织机构代码证书或者电梯产权所有者（指个人拥有）身份证（复印件1份）。

2）特种设备使用注册登记表（一式两份）。

3）安装监督检验报告。

4）使用单位与维保单位签订的维保合同（原件）。

5）电梯安全管理人员、电梯司机［适用于按照第九条第（五）款要求配备的电梯司机］等与电梯相关的特种设备作业人员证书。

6）安全管理制度目录。

维保单位变更时，使用单位应当持维保合同，在新合同生效后30日内到原登记机关办理变更手续，并且更换电梯内维保单位相关标识。

电梯报废时，使用单位应当在30日内到原使用登记机关办理注销手续。

电梯停用1年以上或者停用期跨过1次定期检验日期时，使用单位应当在30日内到原使用登记机关办理停用手续，重新启用前，应当办理启用手续。

电梯进行改造、修理，按照规定需要变更使用登记的，应当办理变更登记，方可继续使用。

8.2　电梯管理

8.2.1　安全管理制度

电梯使用单位应当建立岗位责任、隐患治理、应急救援等安全管理制度，制定操作规程，保证特种设备安全运行。

安全管理制度至少包括以下内容：

1）相关人员的职责。

2）安全操作规程。

3）日常检查制度。

4）维保制度。

5）定期报检制度。

6）电梯钥匙使用管理制度。

7）作业人员与相关运营服务人员的培训考核制度。

8）意外事件或者事故的应急救援预案与应急救援演习制度。

9）安全技术档案管理制度。

8.2.2　安全技术档案

电梯使用单位应当建立电梯安全技术档案。安全技术档案至少包括以下内容：

1）特种设备使用注册登记表。

2）设备及其零部件、安全保护装置的产品技术文件。

3）安装、改造、重大维修的有关资料、报告。

4）日常检查与使用状况记录、维保记录、年度自行检查记录或者报告、应急救援演习记录。

5）安装、改造、重大维修监督检验报告，定期检验报告。

6）设备运行故障与事故记录。

日常检查与使用状况记录、维保记录、年度自行检查记录或者报告、应急救援演习记录、定期检验报告。设备运行故障记录至少保存两年，其他资料应当长期保存。

使用单位变更时，应当随机移交安全技术档案。

8.2.3　安全管理机构和人员

电梯是为公众提供服务的特种设备，其运营使用单位应当对特种设备的使用安全负责，需设置特种设备安全管理机构或者配备专职的特种设备安全管理人员。

使用单位的安全管理人员应当履行下列职责：

1）进行电梯运行的日常巡视，记录电梯日常使用状况。

2）制定和落实电梯的定期检验计划。

3）检查电梯安全注意事项和警示标志，确保齐全清晰。

4）妥善保管电梯钥匙及其安全提示牌。

5）发现电梯运行事故隐患需要停止使用的，有权做出停止使用的决定，并且立即报告本单位负责人。

6）接到故障报警后，立即赶赴现场，组织电梯维修作业人员实施救援。

7）实施对电梯安装、改造、维修和维保工作的监督，对维保单位的维保记录签字确认。

8.3　电梯维护

8.3.1　维护保养和定期自行检查

日常维护保养是指对电梯进行的清洁、润滑、调整、更换易损件和检查等日常维护和保养性工作。其中清洁、润滑不包括部件的解体，以及调整和更换易损件不会改变任何电梯性能参数。

电梯的维护保养应当由电梯制造单位或者依法取得许可的单位进行安装、改造、修理。

使用单位应当根据电梯安全技术规范以及产品安装使用维护说明书的要求和实际使用状况，组织进行维保。使用单位应当委托取得相应电梯维修项目许可的单位进行维保，并且与维保单位签订维保合同，约定维保的期限、要求和双方的权利义务等。

维保合同至少包括以下内容：

1）维保的内容和要求。

2）维保的时间频次与期限。

3）维保单位和使用单位双方的权利、义务与责任。

电梯的维护保养单位应当在维护保养中严格执行《电梯使用管理与维护保养规则》的要求，保证其维护保养电梯的安全性能，并负责落实现场安全防护措施，保证施工安全。

维保单位对其维保电梯的安全性能负责。对新承担维保的电梯是否符合安全技术规范要求应当进行确认，维保后的电梯应当符合相应的安全技术规范，并且处于正常的运行状态。

维保单位应当履行下列职责：

1）按照本规则及其有关安全技术规范以及电梯产品安装使用维护说明书的要求，制定维保方案与计划。

2）制定应急措施和救援预案，至少每半年针对本单位维保的不同类别（类型）电梯进行一次应急演练。

3）设立24h维保值班电话，保证接到故障通知后及时予以排除。接到人员被困故障报告后，维修人员及时抵达所维保电梯所在地实施现场救援，直辖市或者设区的市抵达时间不超过30min，其他地区一般不超过1h。

4）对电梯发生的故障等情况，及时进行详细的记录。

5）建立每部电梯的维保记录，并且归入电梯技术档案，至少保存4年。

6）协助使用单位制定电梯的安全管理制度和应急救援预案。

7）对承担维保的作业人员进行安全教育与培训，按照特种设备作业人员考核要求，组织取得具有电梯维修项目的《特种设备作业人员证》，培训和考核记录存档备查。

8）每年度至少进行1次自行检查。自行检查在特种设备检验检测机构进行定期检验之前进行，检查项目根据使用状况情况决定，但是不少于本规则年度维保和电梯定期检验规定的项目及其内容，并且向使用单位出具有自行检查和审核人员的签字、加盖维保单位公章或者其他专用章的自行检查记录或者报告。

9）安排维保人员配合特种设备检验检测机构进行电梯的定期检验。

10）在维保过程中，发现事故隐患及时告知电梯使用单位；发现严重事故隐患，及时向当地特种设备安全监督管理部门报告。

电梯的维护保养单位应当对其维护保养的电梯的安全性能负责；接到故障通知后，应当立即赶赴现场，并采取必要的应急救援措施。

电梯的维保分为半月、季度、半年、年度维保，其基本项目（内容）和达到的要求分别见表8-1~表8-4。维保单位应当依据各附件的要求，按照安装使用维护说明书的规定，并且根据所保养电梯的使用特点，制订合理的维保计划与方案，对电梯进行清洁、润滑、检查、调整，更换不符合要求的易损件，使电梯达到安全要求，保证电梯能够正常运行。

现场维保时，如果发现电梯存在的问题需要通过增加维保项目（内容）予以解决的，应当相应增加并及时调整维保计划与方案。

如果通过维保或者自行检查，发现电梯仅依靠合同规定的维保内容已经不能保证安全运行，需要改造、维修或者更换零部件、更新电梯时，应当向使用单位书面提出。

半月维保项目（内容）和要求见表8-1。

表8-1　半月维保项目（内容）和要求

序号	维保项目(内容)	维保基本要求
1	机房、滑轮间环境	清洁,门窗完好、照明正常
2	手动紧急操作装置	齐全,在指定位置
3	驱动主机	运行时无异常振动和异常声响
4	制动器各销轴部位	润滑,动作灵活
5	制动器间隙	打开时制动衬与制动轮不应发生摩擦
6	编码器	清洁,安装牢固
7	限速器各销轴部位	润滑,转动灵活;电气开关正常
8	轿顶	清洁,防护栏安全可靠
9	轿顶检修开关、急停开关	工作正常
10	导靴上油杯	吸油毛毡齐全,油量适宜,油杯无泄漏
11	对重块及其压板	对重块无松动,压板紧固。
12	井道照明	齐全、正常
13	轿厢照明、风扇、应急照明	工作正常
14	轿厢检修开关、急停开关	工作正常
15	轿内报警装置、对讲系统	工作正常
16	轿内显示、指令按钮	齐全、有效
17	轿门安全装置(安全触板,光幕、光电等)	功能有效
18	轿门门锁电气触点	清洁，触点接触良好,接线可靠
19	轿门运行	开启和关闭工作正常
20	轿厢平层精度	符合标准
21	层站召唤、层楼显示	齐全、有效
22	层门地坎	清洁
23	层门自动关门装置	正常
24	层门门锁自动复位	用层门钥匙打开层门手动开锁装置释放后,层门门锁能自动复位
25	层门门锁电气触点	清洁，触点接触良好,接线可靠
26	层门锁紧元件啮合长度	不小于7mm
27	底坑环境	清洁,无渗水、积水,照明正常
28	底坑急停开关	工作正常

季度维保项目（内容）和要求除符合表8-1的要求外，还应符合表8-2的要求。

表8-2　季度维保项目（内容）和要求

序号	维保项目(内容)	维保基本要求
1	减速机润滑油	油量适宜,除蜗杆伸出端外均无渗漏
2	制动衬	清洁,磨损量不超过制造单位要求
3	位置脉冲发生器	工作正常
4	选层器动静触点	清洁,无烧蚀
5	曳引轮槽、曳引钢丝绳	清洁,无严重油腻,张力均匀
6	限速器轮槽、限速器钢丝绳	清洁,无严重油腻
7	靴衬、滚轮	清洁,磨损量不超过制造单位要求
8	验证轿门关闭的电气安全装置	工作正常
9	层门、轿门系统中传动钢丝绳、链条、胶带	按照制造单位要求进行清洁、调整
10	层门门导靴	磨损量不超过制造单位要求
11	消防开关	工作正常,功能有效
12	耗能缓冲器	电气安全装置功能有效,油量适宜,柱塞无锈蚀
13	限速器张紧轮装置和电气安全装置	工作正常

半年维保项目（内容）和要求除符合表8-1和表8-2的要求外，还应符合表8-3的要求。

表8-3　半年维保项目（内容）和要求

序号	维保项目(内容)	维保基本要求
1	电动机与减速机联轴器螺栓	无松动
2	曳引轮、导向轮轴承部	无异响,无振动,润滑良好
3	曳引轮槽	磨损量不超过制造单位要求
4	制动器上检测开关	工作正常,制动器动作可靠
5	控制柜内各接线端子	各接线紧固、整齐,线号齐全清晰
6	控制柜各仪表	显示正确
7	井道、对重、轿顶各反绳轮轴承部	无异响,无振动,润滑良好
8	曳引绳、补偿绳	磨损量、断丝数不超过制造单位要求
9	曳引绳绳头组合	螺母无松动
10	限速器钢丝绳	磨损量、断丝数不超过制造单位要求
11	层门、轿门门扇	门扇各相关间隙符合标准
12	对重缓冲距	符合标准
13	补偿链(绳)与轿厢、对重接合处	固定、无松动
14	上下极限开关	工作正常

年度维保项目（内容）和要求除符合表8-1~表8-3的要求外，还应符合表8-4的要求。

表8-4 年度维保项目（内容）和要求

序号	维保项目(内容)	维保基本要求
1	减速机润滑油	按照制造单位要求适时更换,保证油质符合要求
2	控制柜接触器,继电器触点	接触良好
3	制动器铁心(柱塞)	进行清洁、润滑、检查,磨损量不超过制造单位要求
4	制动器制动弹簧压缩量	符合制造单位要求,保持有足够的制动力
5	导电回路绝缘性能测试	符合标准
6	限速器安全钳联动试验(每2年进行一次限速器动作速度校验)	工作正常
7	上行超速保护装置动作试验	工作正常
8	轿顶、轿厢架、轿门及其附件安装螺栓	紧固
9	轿厢和对重的导轨支架	固定,无松动
10	轿厢和对重的导轨	清洁,压板牢固
11	随行电缆	无损伤
12	层门装置和地坎	无影响正常使用的形变,各安装螺栓紧固
13	轿厢称重装置	准确有效
14	安全钳钳座	固定,无松动
15	轿底各安装螺栓	紧固
16	缓冲器	固定,无松动

注：1. 如果某些电梯没有表中的项目（内容），如有的电梯不含有某种部件，项目（内容）可适当进行调整。
2. 维保项目（内容）和要求中对测试、试验有明确规定的，应当按照规定进行测试、试验，没有明确规定，一般为检查、调整、清洁和润滑。
3. 维保基本要求，规定为“符合标准”的，有国家标准的应当符合国家标准，没有国家标准的应当符合行业标准和企业标准。
4. 维保基本要求，规定为“制造单位要求”的，按照制造单位的要求，其他没有明确的“要求”，应当为安全技术规范、标准或者制造单位等的要求。

维保单位进行电梯维保后，应当进行记录。记录至少包括以下内容：

1）电梯的基本情况和技术参数，包括整机制造、安装、改造、重大维修单位名称，电梯品种（型式），产品编号，设备代码，电梯原型号或者改造后的型号，电梯基本技术参数。

2）使用单位、使用地点、使用单位的编号。

3）维保单位、维保日期、维保人员（签字）。

4）电梯维保的项目（内容），进行的维保工作，达到的要求，发生调整、更换易损件等工作时的详细记载。

维保记录应当经使用单位安全管理人员签字确认。

维保记录中的电梯基本技术参数主要包括以下内容：

1）对于曳引或者强制式驱动乘客电梯、载货电梯，为驱动方式、额定载重量、额定速度和层站数。

2）对于液压电梯，为额定载重量、额定速度、层站数、油缸数量和顶升型式。

3）对于杂物电梯，为驱动方式、额定载重量、额定速和层站数。

4）对于自动扶梯和自动人行道，为倾斜角度、额定速度、提升高度、梯级宽度、主机功率和使用区段长度（自动人行道）。

维保单位的质量检验（查）人员或者管理人员应当对电梯的维保质量进行不定期检查，并记录。

电梯使用单位应当对其使用的电梯进行经常性维护保养和定期自行检查，并记录。

电梯使用单位应当对其使用的电梯的限速器等进行定期校验、检修，并记录。

8.3.2　定期检验

电梯使用单位应在检验合格有效期届满前一个月向特种设备检验机构提出定期检验要求。

特种设备检验机构接到定期检验要求后，应当按照安全技术规范的要求及时进行安全性能检验。电梯使用单位应当将定期检验标志置于该特种设备的显著位置。

未经定期检验或者检验不合格的电梯，不得继续使用。

8.3.3　检查与报告

电梯安全管理人员应当对特种设备使用状况进行经常性检查，发现问题立即处理；情况紧急时，可以决定停止使用特种设备并及时报告本单位有关负责人。

电梯作业人员在作业过程中发现事故隐患或者其他不安全因素，应当立即向特种设备安全管理人员和单位有关负责人报告；设备运行不正常时，特种设备作业人员应当按照操作规程采取有效措施保证安全。

出现故障或者发生异常情况，电梯使用单位应当对其进行全面检查，消除事故隐患，方可继续使用。

8.3.4　安全使用说明、安全注意事项和警示标志及对乘客要求

电梯的运营使用单位应当将电梯的安全使用说明、安全注意事项和警示标志置于易于被乘客注意的显著位置。

电梯乘客应当遵守以下要求，正确使用电梯：

1）遵守电梯安全注意事项和警示标志的要求。

2）不乘坐明显处于非正常状态下的电梯。

3）不采用非安全手段开启电梯层门。

4）不拆除、破坏电梯的部件及其附属设施。

5）不乘坐超过额定载重量的电梯，运送货物时不得超载。

6）严禁其他危及电梯安全运行或者危及他人安全乘坐的行为。

8.3.5　电梯投入使用后，制造单位的义务

电梯投入使用后，电梯制造单位应当对其制造的电梯的安全运行情况进行跟踪调查和了解，对电梯的维护保养单位或者使用单位在维护保养和安全运行方面存在的问题，提出改进建议，并提供必要的技术帮助；发现电梯存在严重事故隐患时，应当及时告知电梯使用单

位，并向负责特种设备安全监督管理的部门报告。电梯制造单位对调查和了解到的情况，应当做出记录。

8.3.6　报废

特种设备存在严重事故隐患，无改造、修理价值，或者达到安全技术规范规定的其他报废条件的，特种设备使用单位应当依法履行报废义务，采取必要措施消除该特种设备的使用功能，并向原登记的负责特种设备安全监督管理的部门办理使用登记证书注销手续。

前款规定报废条件以外的特种设备，达到设计使用年限可以继续使用的，应当按照安全技术规范的要求通过检验或者安全评估，并办理使用登记证书变更，方可继续使用。允许继续使用的，应当采取加强检验、检测和维护保养等措施，确保使用安全。

8.3.7　法律责任

特种设备使用单位有下列行为之一的，责令限期改正；逾期未改正的，责令停止使用有关特种设备，处1万元以上10万元以下罚款：

1）使用特种设备未按照规定办理使用登记的。

2）未建立特种设备安全技术档案或者安全技术档案不符合规定要求，或者未依法设置使用登记标志、定期检验标志的。

3）未对其使用的特种设备进行经常性维护保养和定期自行检查，或者未对其使用的特种设备的安全附件、安全保护装置进行定期校验、检修，并做出记录的。

4）未按照安全技术规范的要求及时申报并接受检验的。

5）未按照安全技术规范的要求进行锅炉水（介）质处理的。

6）未制定特种设备事故应急专项预案的。

特种设备使用单位有下列行为之一的，责令停止使用有关特种设备，处3万元以上30万元以下罚款：

1）使用未取得许可生产，未经检验或者检验不合格的特种设备，或者国家明令淘汰、已经报废的特种设备的。

2）特种设备出现故障或者发生异常情况，未对其进行全面检查、消除事故隐患，继续使用的。

3）特种设备存在严重事故隐患，无改造、修理价值，或者达到安全技术规范规定的其他报废条件，未依法履行报废义务，并办理使用登记证书注销手续的。

违反本法规定，特种设备生产、经营、使用单位有下列情形之一的，责令限期改正；逾期未改正的，责令停止使用有关特种设备或者停产停业整顿，处1万元以上5万元以下罚款：

1）未配备具有相应资格的特种设备安全管理人员、检测人员和作业人员的。

2）使用未取得相应资格的人员从事特种设备安全管理、检测和作业的。

3）未对特种设备安全管理人员、检测人员和作业人员进行安全教育和技能培训的。

电梯的使用单位有下列情形之一的，责令限期改正；逾期未改正的，责令停止使用有关特种设备或者停产停业整顿，处2万元以上10万元以下罚款：

1）未设置特种设备安全管理机构或者配备专职的特种设备安全管理人员的。

2）客运索道、大型游乐设施每日投入使用前，未进行试运行和例行安全检查，未对安全附件和安全保护装置进行检查确认的。

3）未将电梯、客运索道、大型游乐设施的安全使用说明、安全注意事项和警示标志置于易于被乘客注意的显著位置的。

未经许可，擅自从事电梯维护保养的，责令停止违法行为，处1万元以上10万元以下罚款；有违法所得的，没收违法所得。

电梯的维护保养单位未按照本法规定以及安全技术规范的要求，进行电梯维护保养的，依照前款规定处罚。

8.4　电梯常见故障排除

8.4.1　电梯故障类别

1. 设计制造和安装故障

当电梯发生故障以后，维修人员应找出故障所在的部位，然后分析故障产生的原因。如果是由于设计、制造和安装等方面所引起的故障，此时不可妄动，必须与制造厂或安装维修单位取得联系，商讨解决方案。

2. 操作故障

由于电梯使用操作者不遵守操作规程致使电梯发生故障，如随意玩弄安全装置和开关等。

3. 零部件损坏故障

此类故障现象是电梯中常见的，如机械部分传动装置的相互摩擦，电气部分的接触器、继电器触头烧灼，电阻过热烧坏，以及其他元器件失效等。

8.4.2　电梯常见故障分析及排除方法

因电梯产品型号不同，略有差异，现以国产电梯为例，简要介绍。电梯常见故障分析及排除方法见表8-5。

表8-5　电梯常见故障分析及排除方法

故障现象	可能原因	排除方法
1. 电梯不能起动	电源开关未接通	接通电源开关，提供三相交流电
	供电电压低于330V，使控制屏上各种继电器无法吸引动作	提高供电电压，保证供电质量
	三相交流380V电源中有一相断路	接通断相电源
	因电源相序颠倒而使相序继电器未动作	检查调整电源相序
	轿门和各层层门中有一层层门未关闭妥当	检查关闭各层层门及轿门
	门联锁开关故障，触点不能通电	检修或调换开关或触点
	活板门或安全门未关闭，或者虽然门已关闭，但是其安全开关失灵，使电梯主回路断开	关闭活板门或安全门，检查或更换安全开关
	安全钳开关、限速器开关断开后未复位，或者其开关失灵	使误动作开关复位，或者检修更换已失效的开关
	急停按钮动作后未复位，或失效损坏	使该开关复位，或检修更换开关

（续）

故障现象	可 能 原 因	排 除 方 法
2. 电梯起动时阻力大，且起动和运行速度明显降低	制动器闸瓦局部未松开或全部未松开	检查制动器线路，按技术要求调整制动器
	制动器调整未符合技术要求，松闸间隙太小	调整制动器，使松闸间隙小于0.7mm，保持在0.5mm为宜
	制动器直流电磁线圈损坏或回路断路	检查线路或更换已损坏的线圈
	制动器的直流电源电压过低	检查直流电源电压使其符合要求
	曳引电动机三相电源中有一相接触不良	检查线路连接紧固情况，消除接触不良情况
	曳引电动机运行接触器触点接触不良	检查或更换接触器
	电源电压过低	调整电源电压使压降不超过5%
	减速器中蜗杆径向轴承间隙过小，或润滑不良而与轴产生胶合现象	拆开减速器修刮径向轴承，保持规定的间隙加注规定的润滑油消除胶合现象
	导轨松动，导轨接头处发生错位，导靴通过时阻力增大，甚至不能通过	校正导轨消除松动和接头处错位的情况
3. 电梯曳引钢丝绳打滑及超速向下运行	制动器断电后因制动力矩太小而制动失效	检修和重新调整制动器，使其符合技术要求
	对重侧重量过轻，未满足 $W=P+KQ$ 的要求	重新做电梯平衡试验，正确配置对重侧重量
	制动器未失效，但因对重侧重量太重，空载轿厢上行时发生溜车，对重向下滑动	处理方法同上
	轿厢内载荷超重产生下行溜车	按额定载荷值工作，不准超载，抹除轮槽与钢丝绳表面多余的润滑油
	曳引轮与曳引钢丝绳上过度润滑，使摩擦系数减小而发生打滑现象	处理方法同上
	对半绕式电梯，由于导向轮安装位置不对，致使曳引钢丝绳在曳引轮上的包角减小而发生打滑	调整导向轮位置加大包角值，使包角尽可能大于150°以上
	曳引轮绳槽槽形选择不符合要求或被磨损	按标准重新加工槽形，或更换符合要求槽形的曳引轮
	限速器或安全钳不动作，使电梯速度不能限制而打滑	检修或更换已失效的限速器，以及夹绳装置、拉杆或和安全钳有关的安全开关
4. 电梯虽能起动，但无法开出上行车	操纵盘上选层按钮或手柄开关失效，使控制屏上的层楼继电器或上行继电器无法动作或电气原理图中向上方向环节发生故障	检修或更换选层按钮或手柄开关以及上行方向继电器、层楼继电器及有关线路
	上行限位开关未复位或下行方向接触器未释放，导致上行方向接触器未动作	检修上、下行方向接触器及上行限位开关及有关线路，更换已损坏的接触器和开关
5. 电梯虽能起动，但无法开出下行车	操纵盘上选层按钮或手柄开关失效，使控制屏上的层楼继电器或下行继电器无法动作或电气原理图中向下方向环节发生故障	检修或更换下行方向继电器、层楼继电器、选层按钮，检修有关电气线路
	下行限位开关未复位或上行方向接触器未释放，导致下行方向接触器未动作	检修上、下行方向接触器及下行限位开关及有关线路，更换已损坏的接触器和开关
6. 电梯停车断电后再送电开车，发现运行方向反向	电梯控制系统无相序保护装置，而外线三相电源相序接反	控制系统增加设置相序保护装置

（续）

故障现象	可 能 原 因	排 除 方 法
7. 双速电动机驱动的电梯，只有快车，无法开出慢车	慢车接触器失效不能动作；由快车到慢车的换速距离太短，或层楼选层器错位	检修或更换慢车接触器，检查校正有关线路调整换速距离，使减速感应开关动作之前层楼选层器相应触头立即可靠地接通，并保持到减速动作正确发生
	轿顶干簧管失灵，感应板进入楼层感应器后，干簧管触头不能闭合	检修或更换干簧管
	楼层继电器和方向继电器未释放，造成慢车接触器不动作	检修或更换层楼或方向继电器及有关线路
8. 电梯运行时有摩擦响声	轿厢滑动导靴的靴衬磨损，导靴金属外壳与导轨发生摩擦	更换靴衬，调整导靴弹簧压力，使金属外壳与导轨间不摩擦
	滑动导靴靴衬中卡入杂物	清除杂物
	安全钳楔块与导轨间隙过小，因此与导轨产生摩擦	调整楔块与导轨的间隙，符合制造商要求
	轿门上的开门刀与层门地坎间隙过小产生摩擦	测量各层间隙，检查轿厢有无倾斜情况，必要时用平衡块调平轿厢
	开门刀与门锁滚轮碰擦	检查轿门倾斜度，调整开门刀与滚轮位置
	曳引轮绳槽不均匀磨损，失去原有形状	重新加工车削绳槽或更换曳引轮
	曳引钢丝绳有断股，共同悬挂的钢丝绳中某1~2根严重断丝，各根钢丝绳所受张力大小不等甚至相差过大，未调整妥当	更换钢丝绳，调整各根钢丝绳张力使之受力相等
	导轨工作面有杂物	清洗导轨，在导轨表面涂抹润滑脂
	井道两边导轨工作面的间隙过大	调整导靴，使其与导轨工作面保持正常间隙
9. 轿厢平层达不到要求	上行平层过高或下行平层过低，其原因是制动力不够，制动瓦与制动轮间隙过大，以及四周间隙不均匀	调整制动弹簧压力，并使制动器松闸间隙的四周间隙相同且小于0.7mm
	上行平层过低或下行平层过高，其原因是制动力过大，制动间隙小，且四周间隙不均匀	调整制动弹簧压力，并使制动器松闸间隙的四周间隙相同，保持在0.5mm左右，并调整平层感应器与平层板的距离和间隙
	上行平层过高，下行平层也高，其原因是对重侧重量过重	调整对重侧重量校核平衡系数，使其符合规定的技术要求
	上行平层过低，下行平层也低，其原因是对重侧重量过轻	
	平层精度低，由于制动力矩过小	调整制动力矩
	平层精度低，由于电动机自高速档转到低速档时，串入电动机低速绕组的电抗器匝数过多，未能产生足够的再生制动力矩，平层区域内电梯仍为高速运行未能降速运行	调整低速起动延时继电器使其延迟动作时间缩短。减少低速绕组电抗器抽头匝数
	平层精度低，由于上下两个平层感应器与平层板距离过大或平层板安装位置不对	减小平层感应器与平层板之间的距离，调整平层板安装位置
	平层精度低，由于快慢车接触器触点烧坏或线圈有剩磁	检修更换触点或线圈
	平层需要两次以上反平层才能到位是由于制动力矩过小	调整制动力矩
	平层需要两次以上反平层才能到位，原因是上、下平层感应器与平层板距离太小	调整平层感应器及平层板之间的距离

（续）

故障现象	可能原因	排除方法
9. 轿厢平层达不到要求	平层需要两次以上反平层才能到位，原因是主接触与平层中间继电器动作迟缓	断电清洗有关的接触器、继电器和铁心吸合面上的油污，或更换已损坏的元件
	轿厢不能平层，原因是平层感应器的干簧管损坏	检修更换干簧管
	轿厢不能平层，原因是运行继电器未释放，因此慢车接触器也未释放	检修运行继电器及有关线路
	轿厢不能平层，原因是方向接触器未释放，使制动器电磁线圈不能通电	检修方向接触器及有关线路
	轿厢不能平层，原因是制动器失灵，或调整不当	检修或调整制动器
10. 电梯层门和轿门启闭不正常	不能自动开门，原因是开关门机的电动机或开门感应器损坏	检修或更换电动机或感应器
	不能自动开门，原因是开门限位开关未复位	检查排除未复位原因，使其能正常复位
	不能自动开门，原因是开门接触器损坏，不能动作	检修更换开关接触器
	不能自动开门，原因是停层感应器触点未断开致使运行继电器未释放	检查原因使运行继电器释放
	不能自动开门，原因是方向运行继电器未动作，使开门继电器未通电	检查有关元件与线路，使开门继电器得电
	不能自动关门，原因是开关门机的电动机或关门接触器损坏	检修或更换电动机或接触器
	不能自动关门，原因是关门限位开关未复位	检查排除未复位原因，使其能正常复位
	不能自动关门，原因是手柄操纵箱中关门开关和中间继电器不动作	检查更换中间继电器和关门开关并检查线路
	不能自动关门，原因是操纵盘上选层按钮动作，但选层继电器不动作	检查线路或更换继电器
	开关门速度降低或跳动，原因是开关门电动机励磁线圈串联电阻值过小或电阻丝折断	适当增大电阻值，一般调到原设计全电阻阻值的3/4。更换已断的电阻丝
	开关门速度降低或跳动，原因是开关门机的胶带轮与胶带打滑	调整开关门机上胶带轮偏心轴或开关门电动机机座的螺栓
	开关门速度降低或跳动，原因是开关门机钢丝绳与门滑轮打滑使门移动时，出现跳动情况	清除钢丝绳与滑轮上过多的润滑油。加宽滑轮，增大钢丝绳在滑轮上的包角
	开关门速度降低或跳动，原因是吊门滚轮磨损或门导轨偏斜或吊门滚轮下的偏心轴挡轮间隙过大	更换磨损的吊轮。调整门导轨及门导轨下的偏心轴挡轮间隙
	开关门速度降低或跳动，原因是门地坎滑道积尘过多或卡有异物	清扫门地坎滑道排除卡阻异物
	开关门速度过快，原因是开关门电动机励磁线圈串接电阻值过大	适当减小所串接的电阻值
	门安全触板失效，原因是安全触板微动开关失效不动作	检修或更换微动开关，使其动作灵活
	门安全触板失效，原因是安全触板接触短路	检修线路，排除短路
	门安全触板失效，原因是安全触板传动机构损坏	检修传动机构的链条、转轴等，使其动作灵活

（续）

故障现象	可能原因	排除方法
11. 选层故障	预选层站不停车，可能原因是选层继电器失效，或选层器上滑块接触不良，滑块碰坏或接不上	更换选层继电器。调整滑块距离，使其接触良好
	未选层站却停车，可能原因是快速保持回路接触不良	检查调整快速回路中的继电器触点
	未选层站却停车，可能原因是某些层站换速滑块连接线与换速电源相碰，或由于选层器上的层间信号隔离二极管击穿短路	调整滑块连接线或更换二极管，并使其动作灵活接触良好
	呼梯按钮或选层按钮失灵或不复位，可能原因是按钮连接线接触不良或断开	检查线路，紧固接头
	呼梯按钮或选层按钮失灵或不复位，可能原因是按钮与其底板有卡阻	调整安装位置，清除边框孔的卡阻制动异物
	呼梯按钮或选层按钮失灵或不复位，可能原因是隔离二极管接反	调整或更换二极管
	呼梯按钮或选层按钮失灵或不复位，可能原因是呼梯或选层继电器失灵	检修或更换
12. 限速器和安全钳故障	轿厢未超速下行时限速器误动作或有响声，可能原因是限速器弹簧或其压紧螺钉松动	检修和校验限速器排除故障使其在轿厢达到规定速度时动作
	轿厢未超速下行时限速器误动作或有响声，可能原因是限速器转动轴油路不通导致缺油或磨损锈蚀	疏通油路，经常加油并检修磨损的转动轴
	在额定速度以下安全钳动作，可能原因是限速器动作速度过低	重新检验标定限速器的动作速度
	在额定速度以下安全钳动作，可能原因是安全钳复位弹簧刚度过小	更换符合规定刚度的弹簧
	在额定速度以下安全钳动作，可能原因是导轨发生位移，使安全钳与导轨间隙变小	检查校准导轨，打磨接头消除台阶，保证正常间隙
	电梯超速下行时安全钳不动作，可能原因是限速器失灵	检修或更换限速器
	电梯超速下行时安全钳不动作，可能原因是限速器钢丝绳断裂	更换限速器钢丝绳
	电梯超速下行时安全钳不动作，可能原因是安全钳拉杆的杠杆系统锈蚀，无法拉动安全钳动作	检查清洗杠杆系统，使杠杆动作灵活正确
13. 信号灯不亮	灯丝烧断	调整电压，更换灯泡
	线路连接点断开或接触不良	检查线路，紧固连接点
14. 主熔丝（片）经常烧断	容量太小，压接松，接触不良	按额定电流值更换相互匹配的熔丝（片）
	接触器接触不实有卡阻现象	检修或更换接触器排除卡阻现象
	起动、制动时间过长	按规定调整起动、制动的时间
	起动、制动电阻（电抗器）接头压片松动	紧固有关连接点，压紧压片
15. 局部熔丝经常烧断	回路导线或元器件有接地点	检查回路接地点，加强元器件与接地体的绝缘
	某继电器绝缘垫片击穿	加强绝缘垫片绝缘或更换继电器

8.4.3　三相异步电动机常见故障分析及排除方法（见表8-6）

表8-6　三相异步电动机常见故障分析及排除方法

故障现象	可能原因	排除方法
1. 不能起动	过电流继电器整定值太小	适当提高电流整定值
	负载过大或传动机械被卡阻	减轻负载;如传动机械被卡阻,应检查机械部分消除障碍
	轴承磨损严重,造成气隙不均,通电后定转子吸住不动	检查轴承,更换轴承
	槽配合不当	将转子外圆适当减小或选择适当定子线圈跨距;重换转子,槽配合应符合要求
2. 电动机带负载运行时转速低于额定值	负载过大	减轻负载
	电源电压低于额定值	检查调整电源电压
3. 电动机外壳带电	电动机绕组受潮、绝缘老化或引出线与接线盒碰壳	对电动机绕组进行干燥处理,绝缘严重老化者则更换绕组,连接好接地线
	铁心槽内有未清理掉的铁屑,导线嵌入后即通地或嵌线的槽绝缘受机械损伤	找出铁屑,进行局部修理
	绕组端部太长碰机壳	将绕组端部刷涂绝缘漆,垫上绝缘纸
	铁心槽两端的槽口绝缘损坏	缓慢板动绕组端部,耐心找出绝缘损坏处,将绕组加热撬开,垫上绝缘纸,再刷涂漆
4. 电动机运转时声音异常	定子与转子相互摩擦	锉去定子、转子硅钢片突出部分;轴承如果松动(走外圆或走内圆),可采取镶套办法,更换端盖或更换转轴
	电动机断相运转,有嗡嗡的响声	检查熔丝及开关接触点,排除故障
	转子摩擦绝缘纸	修剪绝缘纸
	轴承严重缺油	清洗轴承,加新润滑油
	轴承损坏	更换轴承
5. 电动机振动	转子不平衡	校准平衡
	轴头弯曲	校直或更换转轴,弯曲不严重时,可车削切去1~2mm,然后配上套筒(热套)
	转子内断线(拉掉电源,振动立即消失)	短路测试器检查
	气隙不均,产生单边磁拉力	测量气隙,校正气隙使其均匀
6. 轴承过热	轴承损坏	更换轴承
	轴承与轴配合过松或过紧	过松时转轴镶套;过紧时重新加工至标准尺寸
	滑动轴承油环轧煞或转动缓慢	查明轧煞处,修理或更换油环;若系油质过厚应更换较薄的润滑油
	电动机两侧端盖或轴承盖未装平	将端盖或轴承盖止口装进装平,旋紧螺钉
7. 电动机温升过高或冒烟	电动机风道阻塞	清除风道油垢灰尘
	电源电压过高或过低	用万用表等检查电动机输入端电压并调整
	绕组内部有线圈接反	检查每相电流,也可检查每相的极性,查出接反的线圈并改正

（续）

故障现象	可能原因	排除方法
7. 电动机温升过高或冒烟	定子、转子之间气隙太大	更换合适的转子
	电动机轴承磨损、引起定子、转子间隙不均匀或碰外壳	检查更换轴承
8. 空载电流三相严重不平衡	重绕定子绕组后三相匝数不相等	重绕定子绕组
	定子绕组接线内部有错误	检查每相极性，纠正接线
9. 电动机空载电流偏大	电动机本身气隙较大	重新调整气隙
	定子绕组匝数未绕足规定数	重绕定子绕组，增加匝数
	电动机装配不当，转子转动不灵活	用手试转电动机转子，若轴向窜动过多，可用木块垫上敲打即可；若端盖螺钉没有平衡旋紧，可放松螺钉试转校正
	润滑油干涸	重新换润滑油
10. 绝缘电阻降低	潮气侵入或雨水滴入电动机内	用摇表检查绝缘电阻后，进行烘干处理
	绕组上灰尘污垢太多	清除灰尘及污垢后，浸漆处理
	引出线或接线盒接头的绝缘即将损坏	重新包扎引出线或接头线
	电动机过热后绝缘老化	7kW以下电动机可重新浸漆处理

8.4.4　直流电动机常见故障分析及排除方法（见表8-7）

表8-7　直流电动机常见故障分析及排除方法

故障现象	可能原因	排除方法
1. 电刷下火花过大	电刷不在中心线上	调整刷杆座位置
	电刷与换向器接触不良	研磨电刷接触面，并在轻载下运转0.5~1h
	刷握松动或位置不正	紧固或纠正刷握位置
	电刷与刷握配合太紧	略微打磨电刷减小尺寸
	电刷压力大小不当或不匀	用弹簧秤校正电刷压力，应力$(1.47 \sim 2.45) \times 10^4 N/m^2$，或调换刷握
	换向器表面不光洁	洁净或研磨换向器表面
	换向器片间云母凸出	换向器刻槽、倒角、再研磨
	电刷磨损过度或所用牌号及尺寸与技术要求不符	按制造厂原用牌号及尺寸更换新电刷
	过载时换向极饱和	恢复正常负载
	电动机底座松动，产生振动	紧固地脚螺栓
	换向极绕组短路	检查换向极绕组，修复绝缘损坏处
	电枢过热导致电枢绕组的接头片与换向器脱焊	用毫伏表检查换向片间的电压是否平衡，如某两片间电压特别大，则该处可能脱焊，查明重焊
	检修时将换向极绕组接反	通入12V左右直流电，用指南针判别主磁极（N、S）和换向极（N、S）的极性顺序，并按下列顺序加以纠正，即顺电机旋转方向，发电机为N-S-S，电动机为N-S-S-N
	刷架位置不均衡，引起电刷间的电流分布不均匀	调整刷架位置，做到四等分，如系电刷牌号尺寸不一致，应更换符合要求
	转子平衡未校好	重新校正转子动平衡

（续）

故障现象	可能原因	排除方法
2. 发电机电压无法建立	剩磁消失	外加直流电通入并励绕组，产生磁场
	旋转方向错误	改变旋转方向
	励磁绕组接反	按照接线图纠正励磁绕组的接线
	励磁绕组断路	检查励磁绕组及磁场变阻器的连接是否松脱或接错，磁场绕组或变阻器是否断路
	电枢短路	检查换向器表面及接头片是否有短路处或用毫伏表测试电枢绕组是否短路
3. 发电机的空载电压较额定电压偏低	并励绕组回路中的磁场变阻器的阻值过大	调整变阻器的阻值
	他励绕阻中的励磁电流较额定值低	增大励磁电流
	并励磁场部分短路	分别测量每一绕组的电阻，修理或调换电阻特别低的绕组
	电刷位置不在中性线上	调整刷杆座位置
4. 发电机加负载后，电压显著下降	电刷位置不在中性线上	调整刷杆座位置，使火花情况最佳
	换向极绕组接反	将换向极绕组引线对调
	主磁极与换向极安装顺序错误	通入 12V 直流电用指南针判别顺序后，加以纠正
5. 电动机不能起动	无电流	检查线路是否完好，调速器连接是否准确，熔丝是否熔断
	过载	减少负载
	电刷接触不良	检查刷握弹簧是否松弛，若是则予以调整或改善接触面
	励磁回路断路	检查磁场绕组是否断路，更换绕组
6. 电动机转速失常	电动机转速过高，伴有强烈火花	检查磁场绕组与调速器连接是否良好、是否接触、内部是否断路
	电刷不在中性线上	调整刷杆座位置
	电枢及磁场绕组短路	检查是否短路（须分别测量磁场绕组每极电阻）
	磁场回路电阻过大	检查磁场变阻器和励磁绕组电阻，并检查接触是否良好
7. 电枢冒烟	长时间过载	立即恢复正常负载
	换向器或电枢短路	用毫伏表检查是否短路，是否有金属屑落入换向器或电枢绕组
	电动机端电压过低	调整发电机输出电压
	定子、转子相互摩擦	检查电动机气隙是否均匀，轴承是否损坏
8. 磁场线圈过热	磁场绕组部分短路	分别测量每一绕组电阻，修理或调换电阻特别低的绕组
	电动机转速过低	提高转速至额定值
	电动机端电压长时期超过额定值	调整端电压至额定值
	电机绝缘电阻过低	测定绕组对地绝缘电阻，如低于 0.5MΩ，应予以烘干
9. 机壳漏电	出线头碰壳	修理
	出线板、绕组绝缘损坏	修复绝缘
	接地装置不良	予以检修
10. 轴承转动异常	润滑油加得太多或润滑油质量不符合要求	更换润滑油

参 考 文 献

[1] 蒋春玉，等. 电梯安装与使用维修实用手册 [M]. 北京：机械工业出版社，2000.

[2] 毛怀新. 电梯与自动扶梯技术检验 [M]. 北京：学苑出版社，2012.

[3] 国家质量监督检验检疫总局. GB/T 10060—2011 电梯安装验收规范 [S]. 北京：中国标准出版社，2011.

[4] 国家质量监督检验检疫总局. GB 7588—2003 电梯制造与安装安全规范 [S]. 北京：中国标准出版社，2012.

[5] 陈路阳，等. 电梯制造与安装安全规范——GB 7588 理解与应用 [M]. 北京：中国标准出版社，2012.

[6] 朱昌明，等. EN81-1：1998《电梯制造与安装安全规范》解读 [M]. 北京：中国标准出版社，2007.

[7] 朱昌明，等. 电梯与自动扶梯——原理、结构、安装、测试 [M]. 上海：上海交通大学出版社，1995.

[8] 刘锡奎，等. EN115-1：2008+A1 自动扶梯和自动人行道的安全　第 1 部分：制造与安装 解读 [M]. 北京：中国标准出版社，2012.

[9] 史信芳，等. 自动扶梯 [M]. 北京：机械工业出版社，2014.

[10] 龚肖新，吴冉. 液压传动 [M]. 北京：北京大学出版社，2010.

[11] 杨华勇. 液压电梯 [M]. 北京：机械工业出版社，1996.

[12] 王尽余，潘妙琼，钟梅. 防爆电器手册 [M]. 北京：化学工业出版社，2009.

[13] 张显力. 防爆电气概论 [M]. 北京：机械工业出版社，2008.

[14] 陈家盛. 电梯结构原理及安装维修 [M]. 北京：机械工业出版社，2006.

[15] 深圳市中研普华管理咨询有限公司. 2014—2018 年中国电梯行业市场需求预测与投资机会分析报告 [M]. 北京：机械工业出版社，2014.

[16] 索军利. 电梯设备施工技术手册 [M]. 北京：中国建筑工业出版社，2011.